U0136352

時裝史

History of Fashion

SHOU ZHI WANG　王受之　編著

藝術家

目錄
Contents

（前頁圖）品牌科利紮（Krizia）早期作品主要為貴族服飾設計製作，轉型普及之後仍以優雅細緻品味風行全球。

前言 流行・時裝・設計師

自從古代以來，人們就會利用各種材料製作蔽身的服裝，從動物的皮毛到紡織品，已經有數千年的歷史了。社會形成之後，權貴的服裝自然與平民百姓不同，所謂上層社會的服裝，自從古羅馬以來就極其講究，特別是變化多端的女性服裝。綜觀歐洲的歷史，二千多年來，都有無數漂亮的服裝湧現，而且每個時代都有該時代男女服裝的特別式樣，歷代的服裝，自然構成了服裝發展的歷史資料。

但是我們在這裡所討論的「時裝」（fashion）卻與傳統意義上的服裝定義不同，它僅僅是廿世紀才出現的現象。在廿世紀之前，服裝類型林林總總，不同階級、不同社會地位、不同家庭的人都穿著不同，宮廷內的人的衣著與中產階級的衣著非常不同，法國的衣著與英國的非常不同，更不要說歐洲的衣著和亞洲衣著的區別之大了。衣服上也沒有設計和製造商的品牌，人們僅僅是靠固定的關係去找服裝設計師，而設計師同時也就是裁縫，是服裝的製造者。法國人稱這些為上等人設計的衣服為「高級服裝」（haute couture），直到1900年以前，所謂的時裝設計，其實都是「高級服裝」的設計，既沒有名家品牌，也沒有年年變化的時髦式樣。

法國皇后烏潔妮與宮廷貴婦衣著
巴登公爵宮廷畫家法蘭茲・克沙瓦・威達哈達作
1855年　油彩畫布　300X420cm
法國康比尼宮美術館藏

（左圖）默其諾的設計：以紡織布料做的花朵構成裙身，透明塑膠紙的披肩也是神來之筆

宮廷貴族階級淑女穿著的緊身胸衣服飾
英國威廉・隆斯戴爾（William Logsdail, 1859-1944） 庫倫佐小姐
油彩、畫布 約1902-1903

十九世紀末期，社會經濟成熟，已經逐漸形成一個能夠具有相當消費能力的新消費階層，資本主義的發展，造成了富裕的工業資產階級，他們有別於人數不多的舊貴族階級，一方面具有越來越多的收入，同時在生活方式上也與舊貴族慢條斯理的貴族生活大相逕庭，資產階級婦女希望更多地參與社會活動，更多地參與原來由男性壟斷的社會圈，對於服裝有更多變化、個性化的要求。而對於長期以來束縛她們身體的緊身胸衣越來越不滿，希望能夠從束縛之中解脫出來，成為真正自由的個體，讓服裝為身體服務，為人服務，而不是人、身體為服裝形式所束縛，這種背景，是現代時裝出現的重要因素。

要進入時裝時代，首先要有品牌意識和流行風格意識。在這兩方面，英國人查爾斯・沃斯具有重要的奠基作用。他首先在他為法國皇室和貴族階級的淑女設計服裝上簽名，確立了服裝品牌的意識，是一個重大的突破。多少年來，設計服裝的匠人僅僅是裁縫（fournisseur）而已，透過他的創造，裁縫終於被社會承認為「服裝設計師」（couturier），是一個重大的進步，從這個角度來看，沃斯推動了現代意義的時裝形成。

時裝起源於巴黎，時裝最主要的特徵是不斷地改變，沒有改變就無所謂「時」裝了。時裝這個名詞，在英語中是fashion，它又是「時髦」、「流行」的意思，英語中說「現在正流行」是in fashion，而「現在已經不流行了」是out of fashion，可見時裝和流行、時髦的密切關係。時裝的核心就是不斷地變化。變化的本質，也就是時裝和成衣、服裝之間的區別。

表面看來，時裝是服裝設計師個人喜好、個人才能和智慧的創造結果，是時裝設計師的個人創造，事實上，時裝僅僅是這些設計師在捕捉到時代所需要的形式和內容的最後結果而已。好像藝術一樣：如果藝術家的創造正好是時代的需要，那就出現了藝術潮流，在成功的

背後，有無數沒有捕捉到時代需要而失敗的藝術家和時裝設計師。關鍵並不是某個設計師多麼具有天才和想像力，而是他（她）的創作與時代需要的變化恰恰吻合。

雖然時裝的起源是1905年前後，但是，現代意義上的時裝真正地成為設計師可以駕馭的創造和取得商業上的成功、時裝真正成為國際性的大產業，是1960年代之後的事情。在大量生產（mass production）、大規模消費（mass consumption）的背景下，時裝界認識到：無須每件衣服都與眾不同、獨一無二，品牌的作用是推動流行，一旦成為流行、變成時髦，就可以批量生產，利潤比苦苦經營、絞盡腦汁創造不知道要高多少萬倍。由於這個觀念的改變，時裝設計師和市場人員、廣告策畫人員密切配合，也和新聞媒體配合，製造流行、製造時髦，時裝因此進入了以國際市場營銷為中心，以樹立和推廣品牌為核心的活動，這種方式，不僅僅在服裝上，也包括了各種衣著的飾件，比如眼鏡、太陽眼鏡、內衣、胸罩，以至煙灰缸、花瓶等等，原來的時裝設計師現在設計的範圍也就自然擴大到難以想像的範圍了。

「時裝」既然成為「流行」的同義詞，因此也就國際化，所謂流行，是國際性的流行，時裝是國際流行的款式，色彩是國際流行的色彩，現在世界各地的人們所講的時髦語彙是一致的。從紐約到東京，大家都視同樣的品牌和服飾為時髦，世界上出現了好幾個製造時髦的中心：巴黎、倫敦、紐約、米蘭、漢堡等等。其實，現代的時裝、流行式樣、流行色彩未必需要經過時裝設計師之手，未必需要某個具有時裝傳統文化的國家發起，僅僅一、兩個經營精明的市場經銷部門、市場公司就能夠把一個品牌炒熱，成為流行品牌，人為製造流行風格。這種流行波及所有服裝和飾品，無論是Ｔ恤（文化衫）還是運動便鞋，都可以變成時髦的物件，英語稱為cult，即所謂可以膜拜的商業對象，雖然並沒有時裝設計師的參與，但是經過這樣推動起來的時髦風氣，在程度上絕對不亞於早年沃斯，或者布瓦列特、香奈兒這些人設計的時裝。

在現代時裝業中，由於中心已經不是服裝設計本身，而是品牌的推動，因此品牌成為整個運作的核心。現代時裝利用品牌做為推動的力量起於在法國的英國服裝設計師查爾斯‧沃斯。沃斯曾經利用品牌來保護自己的設計，利用名牌來拉動市場，品牌意識自然重要無比，品牌成為時裝的保護神，但是到現在，他的這種創意卻反過來破壞嚴肅的時裝設計了。因為人們發現：無需設計太多的時裝，甚至無需設計任何時裝，僅僅靠推動品牌，就可以把原來一文不值的汗衫推成價值相當高的時髦物件，因此，當代時髦品牌的過度發展，反成為時裝發展的壓抑和障礙，到了現在，這個製造名牌的行業變得如此昂貴和程式化，而絕大部分的資金是放到市場運作、媒體炒作上，服裝設計本身倒有些顯得可有可無，時裝設計師本身反而變成多餘的東西了。導致時裝成為炒作的同義詞，而目前有不少重要的時裝設計師不願意把自己的名字做為自己設計的服裝的品牌，因為害怕品牌化會一方面給自己帶來炒作的名聲，同時過度的市場名牌炒作又會影響自己設計的原創力。時裝設計走了方才一百年的路，

卻不禁到了這個地步，倒是始料未及的。

時裝起源於法國巴黎，1904年前後，法國設計師保羅‧布瓦列特（Paul Poiret）透過廢除使用了將近兩百年的緊身胸衣，參照東方和歐洲古典風格的服裝，而設計出新的女裝，並且定期推出自己的時裝系列，而成爲世界第一個現代意義的時裝設計家。這個時期的一些法國設計師，比如瑪利亞諾‧佛圖尼（Mariano Fortuny）、捷克‧杜塞（Jacques Doucet）、簡‧拉文（Jeanne Lanvin）、簡‧帕昆（Jeanne Paquin）都對時裝的形成具有重要的促進和推動作用，1910至1919年期間，由於社會的巨大變革，女性對於把自己的身體從束縛型的服裝解放出來的強烈要求，以及第一次世界大戰前後婦女參加社會生活的潮流促成了時裝的發展，其中，女性的褲子第一次成爲正式的服裝部分，導致了服裝設計的重大改革。出現了新一代的時裝設計師，比如愛德華‧莫林諾克斯（Edward Molyneux）、讓‧巴鐸（Jean Patou）和麥德林‧維奧涅特（Madeleine Vionnet）等等，服裝設計經歷一個從早期到成熟期的過渡階段。

1920至1929年被稱爲「女男孩」（La Garçonne）年代，時裝達到第一個高潮，出現了世界第一個時裝設計大師——香奈兒（Chanel），利用品牌爲工具，透過講究的設計，使時裝成爲社會的潮流。這個時期流行的女性小小的黑色上衣，成爲一個時髦的象徵，流行的物件。服裝華貴、誇張、豔麗，不但在歐洲、美國成爲時尚，甚至在亞洲，特別在中國的上海等地也風靡一時。直到1930至1939年期間，女性服裝的設計才重新出現典雅風格的回復，出現了另外一些講究典雅風格的時裝設計師，比如號稱「震撼的艾爾薩」（shocking Elsa）、大名鼎鼎的西雅帕和可可（Schiap & Coco），還有蓮娜‧莉姿（Nina Ricci）、阿利克斯‧格理斯（Alix Gres）、梅吉‧羅夫（Maggy Rouff）、馬謝‧羅查斯（Marcel Rochas）、明波切（Mainbocher）、奧古斯塔伯納德（Augustabernard）、路易斯布朗吉（Louiseboulanger）等等。在這個期間，女性服裝的改革核心從黑色上衣轉變爲寬大的白色上衣，與上一個十年形成對比。電影在這個時候發展得很迅速，電影對於時裝造成了相當大的促進和推動。

1940至1949年期間經歷了殘酷的第二次世界大戰和戰後艱苦的恢復階段，時裝業雖然受到很大的影響，但是也依然發展。戰後初年，法國時裝業在一些設計師，比如克理斯托巴‧巴蘭齊亞加（Cristóbal Balenciaga）、皮艾爾‧巴爾門（Pierre Balmain）、雅克‧法斯（Jacques Fath）等人的領導下，依然維持發展，更加強調典雅面貌，從而使時裝設計逐步走向恢復。到1950至1959這個十年，終於產生了另人耳目一新的嶄新風格——「新面貌」（New Look），長A字裙、緊身上衣，典雅無比，但是其觀念依然是傳統的淑女型方向，溫柔的風格，突現女性的特點，時裝大師迪奧（Dior）以優柔典雅的風格，而被稱爲「溫柔的獨裁者」，這個時期時裝設計，是第二次世界大戰殘酷的、男性主導的強烈反彈的結果。除了「新面貌」先聲奪人的絢麗之外，這個時期也是以女性內衣設計爲中心的新時代，內衣的改革意義是重大的，女性內衣第一次成爲時裝設計的重點，內衣從此開始了非常不同的面貌。在這個時裝設

1993　1995　1979　1989　1992

計的黃金時代中，湧現出不少新大師，比如紀梵希（Hubert de Givenchy）、路易斯·費勞德（Louis Feraud）和范倫鐵諾（Valentino）等等。時裝設計在這個時期的里程碑焦點還包括雞尾酒服（cocktail dress）和婚紗。由於時裝業在這個時期已經初舉規模，因此服裝設計的程式和產業的結構都開始程式化了。

　　1960至1969年是一個極為動盪的時代，在主張「反文化」、反潮流、反權威的意識形態主張下，這個時期的時裝走向非主流化、追求驚世駭俗的表現，同時更加突出設計師個人的風格和主張，這個時期出現的一系列設計大師，包括聖·羅蘭（Yves Saint Laurent）、安德列·科拉古（André Courrèges）、皮爾·卡登（Pierre Cardin）、帕科·拉巴涅（Paco Rabanne）、伊曼努爾·烏加諾（Emmanuel Ugaro）、卡爾·拉格菲爾德（Karl Lagerfeld）、馬克·波漢（Marc Bohan）、姬龍雪（Guy Laroche）、桑尼亞（Sonia Rykiel）、瑪麗·匡特（Mary Quant）等等，他們的設計開創了時裝設計一個異化的時代，把時裝引導到一個更加具有藝術表現味道、更加與社會思潮結合的階段。他們在當時的確具有震撼力，衝擊主流、改變潮流、影響極大，但是也不敵商業主義的潮流，他們逐步也都成為商業的偶像，衝擊力逐步減弱。這個時期的突出時裝設計的里程碑是狹窄的「迷你裙」和褲腳寬大的「喇叭褲」，成為時尚，影響世界各地青年人的服飾流行。

科利紮(Klizia)於米蘭三年展場的歷史性回顧展，展示服裝結構學(藝術家出版社提供)

科利紮(Klizia)
於米蘭三年展
場的歷史性回
顧展,裙子的
演變

　　1960年代是現代意義的時裝真正形成的年代,無論從產業的成熟、時裝業運作的結構、媒體炒作的方式來看,時裝做為一個國際產業的真正形成都是在這個時期。

　　1970至1979年被稱為「反時裝運動」時期,但是從反主流的力度來看,已經不敵1960年代。在服裝設計還保留了一些傳統的因素,特別是服裝的滾邊,表現了持續的內涵。這個時期的設計家出現了國際化的情況,日本時裝設計家高田賢三(Kenzo)、花繪森(Hanae Mori)、三宅一生(Issey Miyake)等等第一次被視為國際大師,使日本成為第一個打入國際時裝界的亞洲國家。其他設計名家還有特利・穆格勒(Thierry Mugler)、讓－查爾斯・德・卡斯特巴捷克(Jean-Charles de Castelbajac)、克勞德・蒙塔拿(Claude Montana)、讓・保羅・高提耶(Jean Paul Gaultier)等等。

　　英國時裝在戰後逐步形成氣候,與法國不同的是英國的設計師更多具有強烈個人運作特點,也更加具有六〇至七〇年代反潮流的氣息。具有代表性的英國時裝設計師有如諾爾曼・哈特耐爾(Norman Hartnell)、哈蒂・阿密斯(Hardy Amies)、比巴(Biba)、薇薇安・魏斯伍德(Vivienne Westwood)、贊德拉・羅德斯(Zandra Rhodes)、加斯帕・康蘭(Jasper Conran)、凱瑟琳・哈姆涅特(Katherine Hamnet)、拉法特・奧茲別克(Rifat Ozbek)、約翰・加理亞諾(John Galliano)、亞歷山大・麥昆(Alexander McQueen)、斯提拉・麥卡特尼(Stella McCartney)、胡森・查拉揚(Hussein Chalayan)等等,都是一時在國際時裝界具有很大影響的人物,在時裝史上具有推動作用。英國時裝在國際時裝中獨樹一幟,引人注目。

　　1980至1989年是西方經濟成熟的時代,也是東亞國家開始進入經濟繁榮的時代,職業階

級（或者稱為「白領階級」日益成為時裝的顧客群，極大地促進了時裝業的發展，人們不僅僅是為美觀而穿衣服，也更加為成功而穿，時裝設計自然出現了不同的走向。這個時期的設計家更加具有職業意識，比如克理斯提安·拉克羅克斯（Christian Lacroix）、阿澤丁·阿萊亞（Azzedine Alaia）、羅密奧·吉格理（Romeo Gigli）、川久保玲（Rei Kawakubo）、山本耀司（Yohji Yamamoto）和比利時的「安特衛普六人」（The Antwerp Six）等等，都代表了這種新的潮流。

義大利時裝在這個時期進入全盛發展階段，名家層出不窮，比如羅伯多·卡普奇（Roberto Capucci）、芳塔納（Sorelle Fontana）、艾米羅·普奇（Emilio Pucci）、古馳（Gucci）、喬治·亞曼尼（Giorgio Armani）、密索尼（Missoni）、吉亞佛蘭科·費利（Giafranco Ferré）、凡賽斯（Gianni Versace）、默其諾（Moschino）、多切和加巴納（Dolce & Gabbana）、普拉達（Prada）、科利紮（Klizia）等，都是時髦的崇尚對象。義大利還造成了另外一個重要的時裝現象，就是超級名模現象，自此之後，成為時裝界不可缺少的附庸。

1990至1999年期間，時裝發展呈現國際化和多元化的情況，國際經濟的波動、世界金融危機的突起，對於時裝業帶來了很大的衝擊，而美國經濟在這十年之中經歷了史無前例的繁榮，進入了「新經濟」時期，時裝出現了走向小型化、超小形式的情況，是否說明人們開始追逐體現新時代簡練、資訊化風格的情況呢？這個時期的時裝設計家層出不窮，其中美國的

巴黎的吉亞佛蘭科·費利專賣店櫥窗

MOSCHIN

時裝更加引起世人的注意。

　　美國時裝設計長期以來都不敵歐洲時裝，美國是時裝的巨大市場，但是本身的設計水準依然不如歐洲。但是，自從1980年代以來，美國時裝異軍突起，設計水平日益提高，加上美國的國力鼎盛，市場巨大，美國大眾文化席捲世界各國，造成美國時裝發展的巨大依託，使美國時裝業日益成爲主流。產生了許多重要的、具有世界地位的時裝設計大師，比如克萊爾‧麥卡德爾（Claire McCardell）、查爾斯‧詹姆斯（Charles James）、奧列格‧卡西尼（Oleg Cassini）、魯迪‧簡萊什（Rudi Gernreich）、羅依‧哈爾斯頓（Roy Halston）、比爾‧布拉斯（Bill Blass）、卡文‧克萊（Calvin Klein）、拉爾夫‧勞倫（Ralph Lauren）、諾爾曼‧卡瑪利（Norma Kamali）、多納‧卡蘭（Donna Karan）、安娜‧蘇（Anna Sui）、別西‧約翰遜（Betsey Johnson）等等。美國時裝走出了自己與歐洲不同的道路，對於世界潮流和流行風尚造成越來越大的影響。

　　站在廿一世紀的開端，回顧一百年時裝發展的歷程，我們具有良多的感觸和體會。在時裝消費方面，遠東是最龐大的市場，無論日本、韓國、東南亞各國，還是中國大陸、台灣、香港，隨著經濟的持續繁榮，時裝流行程度驚人。但是在設計上依然受西方主流的牽制，自己的設計品牌依然差強人意，對於歷史的瞭解，一方面能夠提供發展的借鑒，另外一方面也

可以認識到今日所謂的時裝業的運作模式，以減少探索的費耗。

我個人對於時裝的認識非常有限，對於時裝的真正興趣是這個行業的品牌推動手法，因為在現代時裝中，市場運作的作用遠遠大於設計本身，時裝是透過市場炒作達到時興的最極端例子，設計在很多情況下是內容之一，在一些情況下甚至是無需的細節。因此，時裝業是一個市場運作和設計的組合，成功和失敗主要是兩者的協調關係，而不僅僅是設計的天才和創造的獨特。

我在多年前曾經接觸過時裝理論，那是在1980年代，當時我在中國的廣州美術學院設計系擔任副主任和學院的工業設計研究室副主任，為了彌補中國大陸當時設計理論著作方面的空缺，我集中力量撰寫了《世界工業設計史》，第一次系統介紹了世界現代設計發展的脈絡，同時也針對當時的具體情況和需求，編輯了針對廣告專業的著作《廿世紀廣告藝術》，這兩本書都在1980年代中期正式出版，前者是在上海人民美術出版社出版，後者則在廣州的嶺南美術出版社出版，對於當時的設計教育具有細微作用。由於當時廣州美術學院設計系組建服裝專業，而除了剪裁、預想圖描繪、設計基礎課程、面料研究之外，史論的方面是極為缺乏的，大家對於世界時裝的發展並無瞭解，為了蒐集史論資料，

吉亞佛蘭科·費利的時裝秀，展現建築結構渾然一體的恢弘氣勢

我曾與大陸當時主要的具有服裝設計專業的院校接觸，發現它們在世界時裝發展的歷史上也依然是比較缺乏，認識片面、不系統，對於把握整體發展的脈絡顯然是不足的，在國內基本沒有這方面的著作之前提下，我不得不自己編輯，因此在當時的百忙之中，我還是抽時間來編寫一本時裝簡史，在撰寫的過程中，受香港理工大學的太古設計學院院長麥克爾·法爾和設計理論專業教授馬修·透納（Matthew Turner）的邀請，到理工大學講學，與學院時裝設計專業的教師交流，也多少接觸了一些來訪問的英國和歐洲其他國家的時裝教育家，特別是倫敦的皇家藝術學院（Royal College of Art, London）時裝專業的幾個教授，收益匪淺。結果就是《廿世紀世界時裝設計》一書，在1986年由廣州的嶺南美術出版社出版，也可以算是當時中

國最早的時裝史著作了。雖然從目前的條件來看，那本書已經顯得相當簡陋，但是從歷史的脈絡和對於時裝的認識來看，依然不太出軌，具有結構上的正確性。

從那本著作出版到現在，十五年過去了，中國大陸對於時裝的瞭解可以說相當成熟了，但是綜觀大陸、台灣和香港，全面闡述時裝業的著作依然是極為缺乏，這與這個地區龐大的服裝業和龐大的時裝市場是格格不入的。人們對於時裝的認識也依然是不完整的，我在2000年曾經訪問過北京的北京服裝學院，與幾位教授交談過，史論的缺乏依然是教學中的大問題。因此才動心重新撰寫一本新的、比較完整的時裝史。這個計畫得到台灣《藝術家》雜誌社負責人何政廣先生的大力支持，在出書之前先在《藝術家》雜誌上分期連載，對於我來說是一個很大的鼓舞和支持。

其實，一本完成的時裝理論著作，除了歷史的闡述之外，還應該包括時裝設計所依賴的新面料介紹，包括時裝插圖的風格和流派，和極其重要的時裝攝影三方面，只是因為我對於面料、製作工藝才粗學淺，無法提供這方面的闡述，只有等其他專家來做這個工作了。

《時裝史》是我一系列著作中應用性比較大的一本。我從九〇年代開始，就有計畫地撰寫設計叢書，目的是彌補中文在這方面的不足。其中《世界現代設計史》、《世界現代平面設計史》和《世界現代建築史》均在中國大陸和台灣出版，其中台灣版的版面和彩色版圖相當好，《世界現代建築史》在北京出版之後，一年之內三次再版，說明社會對於設計理論的需求之大。為了適應對於設計理論的需求，我在2000年還完成了《當代商業住宅區的規畫和設計——新都市主義論》一書，於大陸出版。在此期間，我還與台灣《藝術家》雜誌配合，完成了《世界現代美術發展》著作，而《時裝史》是我最新的研究成果，也是叢書最新的一本。

撰寫期間，我與國際著名的時裝學校研究部門都有學術聯繫，其中包括德國慕尼黑的時裝學院（Meisterschule für Mode, München）、比利時的安特衛普時裝學院（Adademie Voor Schone Kunstern, Antwerp）、柏林的服裝學院（Lette-Verein, Berlin）、巴黎的艾斯莫德學院（Esmod, Paris）和慕尼黑的艾斯莫德學院 （Esmode, München）、德國布萊梅藝術學院（Hochschule für Kunste in Bremen）、倫敦的中央聖馬丁藝術和設計學院（Central Saint Martin's School of Art and Design, London）、倫敦的哥德史密斯學院（Goldsmiths University of London）、倫敦的皇家美術學院（Royal College of Art, London）、義大利米蘭的多穆斯學院（Domus Acadmy, Milan）、巴黎的綜合時裝學院（École de Chambre Syndicale de la Couture, Paris）、紐約和巴黎的帕森斯設計學院（Parson's School of Design, New York and Paris）、紐約的時裝技術學院（Fashion Institute of Technology, FIT, New York）、日本東京的多摩美術大學（Tama University of Fine Arts, Tokyo）和日本東京的Bunka Fukuso Gakuin時裝學校等。在此表示對他們支援的由衷感謝。

位於巴黎的吉亞佛蘭科‧費利專賣店櫥窗

　　時裝設計已經一百年了，我們從這個過程中可以學習到什麼呢？有些人說經歷了一百年的發展，時裝目前又回到開始的狀態，是一個周而復始的過程。好像廿世紀剛剛開始一樣，緊身胸衣又開始流行，服裝設計中女性的臀部又成為爲了達到吸引異性的強調重點。這些事實上只是人們習慣的反復而已，服裝設計畢竟不再是當年，社會變化、流行式樣來來去去，時髦的動機已經不同了，比如現在穿緊身胸衣的婦女是志願的選擇，而不是十九世紀婦女不得不穿束縛自己身體的緊身胸衣。今日對反對品牌炒作，隱名埋姓而創作的時裝設計師也是自己的選擇，處於自願，而不再是社會壓力的結果。事物的否定之否定發展，其實是一個不斷的、螺旋狀的向上過程，而不再是歷史的簡單重複。進入廿一世紀，其實時裝設計的所有因素都有外表或者內涵的改變，真正不變的，是人們希望穿得漂亮、穿出個人的性格、穿出魅力的動機，正是這個驅動力，保證了時裝設計的不斷發展和進步。

2006年9月於美國洛杉磯

◆ 第一章

反緊身胸衣—現代時裝的出現：1900-1909

1 · 導言

現代意義的「時裝」這個術語，是英文的fashion，與法文稱爲時髦服裝、高等服裝的haute couture中的couture並不一樣。couture是名家設計的流行服裝，講究haute，也就是「高級」和「上層人」，與社會大眾格格不入，而fashion是流行，可能是名家的設計，但也可能是商業炒作的結果，針對面既上也下，社會總需求是它的訴求，具有大眾化和商業化的強烈色彩。fashion不僅僅是服裝，也包括各種日常用品、衣著配件，比如手提袋、錢包、首飾、小電子產品，也影響到家居的風格，是一種生活方式的流行內容，因此涉及面相當廣泛。而couture則是名設計師爲少數有錢的顧客的服裝設計，範圍比較窄得多。

在現代時裝設計出現之前，歐美上層社會的婦女也穿著講究，她們的服裝是由講究的裁縫精心製作的，而這些裁縫並不具名在服裝上，也沒有自己的品牌或者服裝店，她們是傳統的匠人，法文稱爲fournisseur，也就等於中文的「裁縫」。服裝的形式基本一樣，都是稱爲裙衫（crinoline）的女裝，包括緊湊的上身部分、寬大的裙子，強調胸部，臀部也突出，小腹平直、衣領高聳，加上帽子的誇張和帽上

緊身胸衣束縛婦女身體將近兩百年，現代服裝的開端就是從廢除它開始的，圖為羅特列克名畫作品

(左圖) 沃斯設計的女裝，沃斯是時裝設計上，第一個利用自己的名稱做為服裝品牌推廣的設計家

19世紀歐洲的
女裝

複雜而龐大的鴕鳥毛裝飾，形成所謂的Ｓ型服裝式樣，由於上身極為緊湊，而下部的裙子則寬大拖迤，因此也稱為Ａ型服裝。整個設計的核心內涵，就在於緊貼身體必須有緊身胸衣，或者緊身馬甲，法文稱為corset，胸衣把女性的身體都束縛成為一個標準的式樣。服裝的設計不是要達到個性、特徵，而恰恰相反，是要使女性在穿著上顯得一樣，模式化和標準化，是當時整個社會崇尚的方式。

時裝設計是從女性服裝開始的，而時裝設計的發源地是法國的巴黎。十九世紀末葉，女性要求參與社會活動的呼聲越來越高，而緊身胸衣為核心的服裝卻妨礙了她們的參與，因此對於服裝設計的改革訴求越來越強烈。從改良女性服裝的設計，到完全拋棄Ｓ型或Ａ型服裝，把服裝設計的核心放到強調女性身體的本身優美上，導致服裝設計的轉折性革命，催生了現代的時裝。在廿世紀初期出現了「服裝設計師」（couturier），他們以新穎的設計為中心，以自己名稱為品牌，並且還開設以自己名字命名的服裝店，為少數富裕的女性或者演藝界女性服務，透過她們促進流行式樣，是這個十年中最具有革命意義的變化。把婦女從緊身胸衣中解放出來，是這個時期開創時裝設計的先驅的響亮口號，從而使統治女性服裝達上百年之久的Ｓ型服裝終於壽終正寢，為新一代的女性服裝開拓了發展的道路。

現代服裝設計的形成是十九、廿世紀之交，法文稱為「高等服裝」（haute couture）的女裝。其最早出現的時間是在1900年在巴黎舉行的世界博覽會上。這個世紀之交的大型世界博覽會琳琅滿目，為了展出典雅和華貴的女裝和男裝，博覽會在當時特別設立了一個展廳，稱

19世紀西歐國家的S型和A型女裝，以緊身胸衣為結構中心

現代舞蹈是時裝產生的重要刺激因素之一，舞蹈家鄧肯的赤足表演，舞蹈服裝僅僅是薄紗，體現了人體的美，對於服裝設計來說，是非常重要的觀念啟發

為「典雅廳」（the Pavilion of Elegance），專門展出服裝，這個廳內展出的眾多服裝之中，其中以兩個專門設計「高等服裝」的設計師捷克・杜塞（Jacques Doucet）和查爾斯・佛列德理克・沃斯（Charles Frederick Worth）的作品最吸引人的注意。他們的服裝具有比較突出的變化，雖然還是採用傳統的緊身胸衣為形式的核心，但是形式變化多樣，並且細節裝飾也很獨到，與人們眼熟能詳的S型服裝大相徑庭，不少當時參觀展覽的女性都非常喜歡這些設計。

杜塞和沃斯的主要顧客並不是真正的上層婦女，而是著名的舞台演員，包括歌劇女演員和歌舞劇演員，比如依利諾拉・杜瑟（Eleonora Duse，1859-1924）、莎拉・伯恩哈特（Sarah Bernhardt，1844-1923）等等，他們為這些女演員設計參加晚會和其他正式場合的禮服和舞台表演用的戲裝，他們在設計上都極盡奢華之能事，服裝裝飾華貴無比，在展覽中引起人們的驚歎和羨慕。巴黎當時的報章雜誌都專門撰文介紹和稱讚他們的服裝。由於媒體的推崇，他們的服裝設計更加引起社會的重視。由於他們的設計，使不少前來參

沃斯是長期在法國工作和設計的英國服裝設計家，且是最早期的時裝設計師

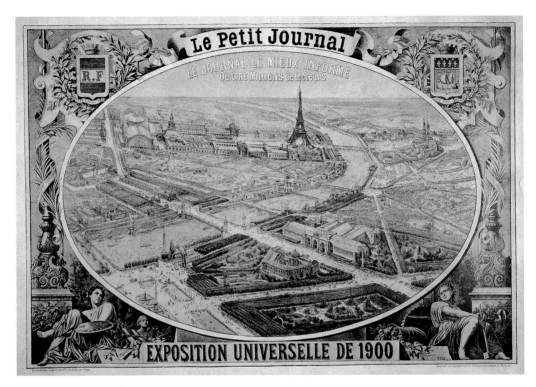

1900年巴黎國際博覽會對時裝業來說,具有重大促進作用
圖為1900年巴黎國際博覽會海報
1900年巴黎小皇宮美術館藏

觀的外國人對巴黎的服裝另眼相看,更有報紙說這個展覽上展出的服裝顯示:只有巴黎是世界服裝的中心。服裝設計成為國家活動的中心之一,大約開始於此時。

「只有巴黎是世界服裝的中心」這個講法後來經過一百年的歷史證明是正確的,從1900年開始到目前為止的一百年之中,巴黎的確成為世界時裝的中心。巴黎造就了時裝的顧客群,無論是上層社會的淑女還是娛樂、風流圈中的女子,都是時裝的主要服務對象;巴黎也造就了時裝設計師,造就了時裝行業,並且形成了時裝的流行風氣,從而從硬體和軟體兩方面建立和鞏固了時裝。

具有諷刺意味的是,在巴黎開創「高級服裝」設計的第一人並不是法國人,而是一個英國人,名字叫查爾斯・佛列德理克・沃斯。

沃斯小時侯曾經在倫敦的紡織貿易行業中做過七年學徒,對於服裝面料有一定的專業知識,對於女性服裝感興趣。他在廿歲的時候來到巴黎,1858年,也就是他到達巴黎的十三年以後,他與一個瑞士的同行波伯一起開始了自己的服裝店(稱為couture),地點在巴黎的和平路(Rue de la Paix),專門為女性顧客定作服裝,自己也從裁縫開始,逐步學習服裝的結構和式樣,並且逐步著手設計女裝,生意越來越大,顧客也越來越多。1871年他與波伯分開,

自己當服裝店的老闆。他的主要顧客是演藝界的當紅女星，這些女性希望能夠利用穿著華貴和特別來吸引公眾的注意，也希望自己的服裝能夠給她們一個社會地位的界定，不豔俗但華貴，不下流而性感，不一般但也不破格。沃斯專門根據她們的具體要求為她們設計服裝。沃斯深知這些女性一旦在演藝圈中成功的時候，他的服裝就可以得到推廣，因此他在給她們設計的服裝上簽名。逐漸地，沃斯建立了自己的服裝品牌，他在服裝設計上的聲名不脛而走。找他定作服裝的女士越來越多。沃斯成為時裝設計上第一個利用自己的名稱做為服裝品牌推廣的設計家。

沃斯在十九世紀末葉到廿世紀初葉在時裝設計上做出了幾個重大的創建：第一，他創立了自己服裝的品牌，利用自己的名稱做為服裝品牌，從而達到促進服裝流行的目的；第二，他每年推出本年的流行式樣。沃斯每年都推出自己的作品專集，採取系列方式來促成流行風格的建立，從而刺激消費，這樣，他形成了最早期的服裝流行風格。這些方式依然是當今時裝界最基本的市場手段、促銷手段。

沃斯在巴黎的服裝設計界穩固發展，業務開展相當可觀，前後有四十年的歷史，是巴黎當時人所皆知的名牌服裝店。廿世紀初期，他由於年齡日大，漸漸不能每日操勞，因此把時裝業務逐步交給自己的兩個兒子加斯東·沃斯和讓－菲利普·沃斯，由他們接替設計和剪裁工作，由於品牌已經奠立，「沃斯」的名字長期以來都是巴黎城裡當仁不讓的「服裝」（couture）代名詞和同義詞，巴黎上層社會的女士和娛樂圈、演藝界的女子依然找他設計服裝，沃斯奠立了最早的時髦服裝設計業，也形成了最早的固定時裝顧客群。

1900年前後的Ｓ型女裝在1990年代的時裝界中得到復興，這是法國時裝設計師讓·保羅·高提耶1997年根據Ｓ型和Ａ型服裝設計的新時裝。

嚴格地來說，這個時期並沒有現代意義的「時裝」，也沒有現代意義的時裝設計師，沃斯是服裝設計師，法文稱為couturier。但並不具有我們現在談到的品牌全面推廣、時髦風格的樹立和媒體推波助瀾的功能，因此，沃斯還是處於一個過渡性時期的設計師。

沃斯建立了個人品牌，推出個人年度服裝設計專集，這些都足以使他在時裝發展的歷史上具有一席地位，不過，雖然沃斯在市場經營上具有這些重要的、革命意義的創建，但是他設計的服裝本身卻依然是陳舊的、保守的。他沒有觸動緊身胸衣這個核心問題，他還是依照陳舊的Ｓ型、Ａ型女裝路線設計，設計傳統結構的裙衫，裙衫誇張、拖拉，特別是背後拖了長長的裙裾，完全不符合新一代婦女要求參與社會活動、參加傳統男性控制的社會的要求。特別是裙衫內部依然是以緊身馬胸衣束縛女子的身體，這些都是急待改革的。

捷克‧杜塞設
計的女裝，具
有講究上層社
會品味的特點

服裝設計的根本改變，其實與婦女在服裝式樣上的心理訴求有密切關係：十八世紀歐美上層社會的女子在穿著上刻意模仿，她們希望能夠類同，而不是差異；而十九世紀末葉的女性刻意求變，體現自己個性。經濟的發展，也造成了新的發展可能：富裕的資產階級——中產階級形成社會的一股重要力量，使得比較高貴的服裝消費層面變得廣闊多了。這個社會背景是1900年前後，時裝形成可能性所在。1900年的巴黎世界博覽會上，沃斯、杜塞的服裝固然有保守的方面，但是也出現了比較強烈的探索趨勢，而其他服裝設計師送展的服裝，更加具有比較大膽求變的新氣息。

1900年的巴黎世界博覽會在時裝的發展上具有奠基的作用，時裝展出部分「典雅廳」展出了沃斯、杜塞的作品，影響了設計界和消費層面，而負責這次博覽會的「典雅廳」組織，直接負責選擇參展的服裝的是女設計家簡‧帕昆（Jeanne Paquin），帕昆獨具慧眼，她在這次博覽會上決定參展作品，透過她的選擇，形成了展覽中強烈的時裝氣氛，從而促進社會對於時髦服裝的認同和興趣。帕昆因此在推動時裝發展上具有非常重要的作用。她在選擇參展作品的時候，更加從流行的角度做決定，而不僅僅從工藝、面料這些傳統考慮。使得不少傑出的、具有創意的設計能夠脫穎而出。由於透過她的精心選擇，展出的服裝自然具有很強烈的時髦傾向，使這個博覽會成為促進時裝形成的歷史轉折。除此之外，帕昆還非常注重展示的方法，比如她打破原來習慣把服裝和面料平鋪直述的展示方式，而採用了蠟製的女模特兒來展示服裝、抽紗花邊和絲綢面料，在這種新的展示方法表現下，服裝和面料都得到很好的表現，吸引了大量的女士來觀看。好的設計和好的展示應該配合，才能得到流行，是從這個時候建立起來的認識。

1900年巴黎世界博覽會對於時裝業來說，的確具有重大的促進作用，但是卻依然沒有能夠打破緊身胸衣這個束縛。當時社會傳統觀念依然非常牢固，女性在穿著的時候也很慎重，很少有人敢於打破傳統的模式，在穿著上社會普遍還是認為婦女的服裝應該以束身的緊身胸衣為核心，形成上緊下鬆、上束下放的形式，女性的服裝應該趨同，而不是求異，設計的變

化應該在細節裝飾，而不是整體的變化。服裝應該廣泛採用抽紗花邊裝飾，裙衣應該是長裙拖地式的，女性的服裝應該造成類同甚至是統一的式樣：大帽子、長脖子、誇張的胸部、平坦的小腹、突出的臀部、拖地的裙裾和華麗的抽紗裝飾，加上手上的遮陽傘或者晚上使用的扇子，形成所謂的S型服裝，核心是內層都有緊身胸衣的束縛，把不同的體型壓縮成同樣的S型。

胸衣變成了婦女活動的噩夢，體態豐盈的女性連呼吸都困難，少女穿著胸衣也影響身體的發育，穿著內部有緊身胸衣的女士，連動作的姿勢也受到限制：她們必須昂胸抬頭，保持僵硬的筆直狀態，這樣方才能夠形成服裝要求的S型態，這個與當時婦女日益要求廣泛參加社會活動，比如騎自行車、打網球、打高爾夫球、郊遊，以及參加工作都是格格不入的，新時代已經來臨，而服裝還遠遠落後於社會改革的要求，因此，在1900年巴黎世界博覽會上，人們一方面看到時裝的雛形，同時也感到了改革的壓力。

由於必須有緊身胸衣束身，因此這個時期的女性服裝設計僅僅集中在面料、裝飾、花邊、帽子等等這些細節方面，而不在於整個服裝的總體造形。沃斯雖然做了一些改革，但是他的服裝依舊是傳統多於變化的。衣服領子又高又窄又直，使頭部不得不高昂直立，毫無鬆懈的可能；帽子裝飾誇張，不但高且大，並且頂部還裝飾了大蓬的鴕鳥毛，原因僅僅是因為鴕鳥毛是進口的，所以價格昂貴，與其說美觀，不如說是一種社會身分的象徵而已。緊身胸衣完全包裹整個身體，在背後用帶子束緊，一些比較肥胖的婦女自然因此呼吸也有些困難，有些時候，設計允許肩部裸露，算是最解放的部位，但是由於胸衣的約束和其他沉重的裝飾附件，女子的身體完全得不到自然活動的餘地，服裝的衣袖一直延長到手指附近，衣袖緊緊包裹手臂。女子的襯衣是全長的，到臀部方

S型服裝的帽子上廣泛使用高聳的鴕鳥毛裝飾，是當時的風氣

才放開，上緊下寬，形成鐘鈴形狀。女鞋包括到踝部的靴子和鞋子兩大類型，都是尖頭形式的，跟部往往採用巴洛克式的跟，長絲襪非常普遍和標準，但是由於服裝的嚴密掩蓋，因此也無法看到襪子。沃斯的設計，其實是在十八世紀女裝上加上了許多典雅的裝飾，但是並沒有帶來真正的革命。

當時裸露皮膚是被視為大逆不道的行為，因此在傳統的女裝中，身體部分基本是遮蓋得嚴嚴實實的，晚禮服上雖然有露肩和手臂的設計，但是卻採用長長的手套把裸露部分完全包裹起來，僅僅肩膀裸露。白天除外必須帶的配件是遮陽傘（parasol），不但是裝飾品，同時也是必須用品，因為社會對於婦女的要求是皮膚絕對白皙，任何太陽曬的紅色都被認為不適當，因為紅彤彤的皮膚，或者曬了太陽的健康皮膚色彩會產生勞動婦女的聯想，勞動婦女的膚色自然是上層社會不齒的。

衣服材料不講究四季，亞麻、天鵝絨、羊絨等是日裝面料，最流行的色彩是暗黑（subdued dark）或者粉色系列，比如粉紅、粉藍、紫紅等色彩。服裝裝飾華貴，編織物、緞帶、褶子、裝飾結、貼花（appliques）、荷葉邊（flounces）都是常用的裝飾。

晚裝必須是絲綢和緞子、薄棉布（muslin）、薄紗（tulle）、薄綢（chiffon）、緞（satin）、縐紗（crepe de China）等，大量用刺繡裝飾，頸部開得低，一般整個頸部和部分肩部暴露，最主要的裝飾首飾是珍珠，無論是垂掛式的耳環（droplet earrings），還是項鍊都以珍珠為主，項鍊有些是單行珍珠鍊，也有多串珍珠鍊的組合。如果去劇院，女士用大扇子或者裝飾的望遠鏡來打扮自己。這些就是所謂的上層婦女的穿著，她們被稱為femme ornee或者belle epoque，與此相對的是追求自由和服裝改革的新一代婦女，被稱為自由派（femme liberee），她們希望擺脫傳統，擺脫束縛她們身體的緊身胸衣和緊身馬甲，正因為她們的需求，才促成了包括保羅·布瓦列特（Paul Poiret）這樣的開拓新時代、新風尚的時裝設計家的出現。

2·保羅·布瓦列特——全世界第一個時裝設計家

保羅·布瓦列特曾經說：「時裝需要一個獨裁者」，他自認自己受天命，應該擔任這個位置。從十九世紀末期到廿世紀初期，布瓦列特的確是時裝方面的獨裁者，他以摧枯拉朽的能力推翻了女用緊身胸衣控制服裝的長期壟斷，創造了新的時裝，從而成為時裝設計的第一人。他的口號「把女性從緊身胸衣的獨裁壟斷中解放出來」成為時裝革命的號角，啟發了

布瓦列特早期設計的例子，雖然已經沒有使用緊身胸衣，但是服裝結構依然以S型為基礎

設計家，也啓發了女性，使她們對於服裝開始有了全新的看法和體驗，因而開創了新的時代——時裝的時代。

保羅・布瓦列特生於1879年4月8日，父母是法國勒哈維地區的面料商，由於勒哈維臨近巴黎，加上紡織和食品工業的發達，這個地區逐步成爲法國最主要的面料基地和最大的面料市場，迄今依然如此。布瓦列特從小喜歡藝術，也自認要成大事，父親一方面支援他的這種雄心，同時加以引導，幫助他培養自己的藝術品味。每天必須穿乾淨的襯衣，領子必須漿得平整，襯衣必須是雪白的，這是他的父親從小培養出來的。他喜歡漂亮的衣服，夢想有一天能夠設計女裝，讓女孩子們穿得漂漂亮亮的。他小時侯曾經在一個製傘工場打工，經常把製傘的邊角絲綢面料帶回家，用這些廢料設計華麗的玩具女裝，把這些女裝套在十五英吋大小的娃娃上，送給妹妹做禮物。從小開始，他已經知道如何討女孩子的喜歡。設計這些女裝，也展示了他早期的服裝設計的天才。

布瓦列特喜歡畫畫，從小就在紙上塗抹，逐漸練出比較成熟的速寫功夫。他在紙上描繪衣著華貴的女孩，設想服裝的式樣，他的繪畫技巧、對於服裝的興趣，最後使他成爲當時著名的藝術收藏家捷克・杜塞的助手，杜塞是一個富有的藝術收藏家，一個藝術鑑賞家（法文稱爲connaisseur），他生活講究、衣著講究、儀表講究，待人處事體貼恰到好處，事事處處講究上等人的品位，透過爲杜塞工作，多才多藝的布瓦列特不但學習到剪裁衣服，學習到上層社會的生活方式——一種相當講究但是極爲煩瑣的方式，也學會與娛樂圈和上層社會的女性打交道。

1901年，布瓦列特從軍隊服役退伍，被當時法

世界第一個時裝設計師布瓦列特爲顧客設計服裝

布瓦列特的新設計開創了時裝的先河，徹底拋棄了緊身胸衣，服裝的形式就完全不同了，這是1906年巴黎婦女的新時裝

國最重要的服裝設計師沃斯雇傭到自己的服裝店當學徒，原意是讓他參與自己的服裝設計業務，但是沃斯由於年事已高，很快把自己服裝店的業務交給兩個兒子——讓－菲利普·沃斯和加斯東·沃斯處理，兩個兒子是很平庸的人，他們並不賞識布瓦列特的才幹，因此布瓦列特在沃斯的公司中毫無發展的機會，落落寡歡。

布瓦列特的母親知道兒子在服裝設計上的才能，她不願意浪費這個天才，因此自己投資五萬法郎，讓兒子開始了自己的時裝沙龍，時間是1903年。母親的這個投資是布瓦列特能夠走上時裝設計的關鍵。他的服裝設計雖然具有新意，但是頃刻還沒有多少人知道。當時巴黎著名的女演員列珍（Rejane）對他的設計極富好感，因此放棄了自己原來的服裝設計師沃斯，而成為布瓦列特的第一個顧客，列珍當時在巴黎演藝界是個燦爛的明星，知名度高，她好像一塊磁鐵，吸引了其他各種類型的女士來到布瓦列特的店來，布瓦列特很快形成了自己的顧客群，業務也就蒸蒸日上。列珍自然是他的座上客，她的馬車是由兩頭葡萄牙國王送給她的白色驢子拉的，只要這馬車去他那家服裝店，總有好多時尚的女子會追隨她而去，因此，布瓦列特的客戶立即增加了許多。

布瓦列特透過初期的設計，開始積累經驗，他感受到女裝的改革關鍵不在細節的裝飾，而在擺脫緊身胸衣、打破S型或者A型的總形式，創造能夠自由表達自己身體、容許婦女自由活動的服裝，才是當時之急需。在開創自己的時裝店的兩年之後，布瓦列特開始嘗試不用緊身胸衣來設計女裝，他提出：「把婦女從緊身胸衣的暴君中解放出來」的口號，導致服裝設計上的革命，從而產生了現代的時裝。

（上圖）布瓦列特設計的新時裝，從古希臘的服裝中吸取了不少靈感
（下圖）布瓦列特設計的新時裝，輕鬆、典雅、大方，色彩明快

　　布瓦列特的重大貢獻首先是對緊身胸衣的宣戰，徹底放棄緊身胸衣，他從古典的希臘、羅馬和東方的服裝上找尋靈感，從而開創了服裝自由化、個性化的新時代。但他的創造在很大的意義上來說主要還是審美層次的突破。

　　布瓦列特認為傳統的女裝強調兩個方面都是問題的癥結所在：第一是突出甚至誇張的臀部（稱為：jutting derriere）的女裝設計；第二則是過分強調高聳的胸部，這些方式都是荒誕的、不正常的、誇張、不自然，也違反了女性身體本來的素質和形式，因此，在設計中必須完全摒棄。他受到當時流行的「新藝術運動」（Art Nouveau）風格的影響，也受到十八世紀法國的「執政風格」（Directoire style）的影響，他更加對英國的服裝設計和當時流行的女權運動（suffragettes）所主張的服裝進行了研究，從而提出自己服裝設計的新方式。他設計了簡單的、窄狹的上衣和長裙，兩件上下密切關聯，裙緊緊包裹身體，在小腿下部突然垂直放開，直到地面。這個設計成為他永垂不朽的設計，他稱這個設計為「模糊」（La Vague），因為這套服裝好像一陣輕輕的旋風一樣包裹身體。「模糊」裝其實在設計思維上毫不模糊，它具有明確的革命內容：摧毀緊身胸衣的壟斷，把服裝設計核心放到女性身體的自然表達上，自然美才是真正的美。

　　與那些以絲綢、抽紗煩瑣裝飾的舊式女裝相比，布瓦列特的服裝使女性看來樸素、年輕和溫柔。輕盈的服裝下是真實的軀體，而不再是緊身馬甲或者胸衣了。在經歷了數百年把人體包裹得嚴嚴實實的服裝之後，人體本身的美第一次被透過服裝突現出來，恢復到古希臘和古羅馬的風尚，突出人體本身的美成為他設計的中心。布瓦列特服裝一出現，立即受到巴黎

布瓦列特的妻子丹妮絲・布瓦列特，她嬌美的身材和儀表啟發布瓦列特的時裝設計熱情

布瓦列特在1906年開始的真正革命化服裝設計，不但擺脫了緊身胸衣的束縛，在服裝形式上也具有完全不同的創意

1910年布瓦列特設計的「緊口裙」，束縛了女子腿部的運動，是他開始走向形式主義道路的開端，這種裙子開口如此狹窄，使穿著的人不得不像穿和服一樣邁小步走動，這種設計並沒有流行

布瓦列特的東方風格系列設計，穿著者是美國的億萬富翁佩吉·古根漢

婦女的喜愛，很快成為風尚。

　　一年之後，也就是1906年，布瓦列特自己已經成為一個明星人物了。他在街上、在餐館中都會有不少人認出他來，在巴黎所有主要的社交場合、正式或者非正式的宴會上都有他出現。他成為社會焦點，這種地位，自然也就促成了相當客觀的顧客群，因而他的業務蒸蒸日上，店也開大了。

　　布瓦列特知道要在當時突出自己的設計理念，發展自己的設計，必須組織當時最好的設計界和藝術界菁英來參與自己的設計。他不惜代價，聘僱了巴黎當時最好的插圖畫家、藝術家、設計師為自己服務，不但服裝設計具有突破性的新意，服裝在表現、細節、廣告等等的推廣方面也都由高手直接處理，因此達到精益求精、十全十美的地步。他雇傭的傑出藝術家和設計家包括保羅·艾利伯（Paul Iribe）、喬治·理帕普（Geroges Lepape）、艾特（Erte，原名為羅曼·鐵托夫〔Romain de Tertoff〕，是「裝飾藝術」運動的大師）、瑪利亞諾·佛圖尼（Mariano Fortuny）、毛利斯·德·佛拉明克（Maurice de Vlaminck）、安德烈·德朗（Andre Derain）、路阿·杜菲（Raoul Dufy）等等大師。這些人都是現代藝術史上具有劃時代意義的人物，而布瓦列特雇傭他們參與設計自己的服裝，自然能夠達到集思廣益的效果，集中這些菁英的創造，從而使自己的服裝設計得到最佳的水準。由於他這些做法的正確，加上他在服裝設計上的獨到眼光和才能，他自此成為法國和國際時裝界第一個大師，並且佔據了獨一無二的地位，他的名字一度成為「時裝」的同義詞，他在時裝上的統治地位直到1930年代才被

布瓦列特用17世紀女鞋動機設計的鞋子　　　　　　　　　　布瓦列特在自己的馬丁藝術學校中設計的女用手套

可可・香奈兒（Coco Chanel）這個後起之秀取代。

　　人們說：布瓦列特之所以設計這樣的服裝，大約與他有一個身材優美的妻子不無關係。他妻子美麗而身材姣好，天生是個服裝模特兒的架子，加上白皙而細膩的皮膚、飽滿的精神面貌、大家閨秀的風範、落落大方，迷倒不少巴黎社會的名流。布瓦列特因為有這樣一個妻子，因此設計靈感如潮，作品自然傑出。

　　布瓦列特的妻子叫丹妮絲・布列（Denise Boulet），她與布瓦列特是青梅竹馬的朋友，1905年結婚，感情很好，婚後他們一共生了五個孩子，但她一直保持了優美的身段，好像沒有生過一樣，穿著自然不用說都是把布瓦列特設計最講究的時裝，出入容光煥發，被認為是當時巴黎最美麗的女子之一。她身材苗條、青春燦爛、不施粉黛而容光煥發，她穿著布瓦列特設計的服裝，簡直美豔無比。因此巴黎的女性都希望能夠像丹妮絲一樣好看，布瓦列特的時裝自然大行其道。

　　布瓦列特放棄了緊身胸衣，是一個革命，但是他也不得不對女性的服裝進行更多結構性的、技術性的改造。比如沒有了胸衣，自然解放了身體，但就不得不設計胸罩來托住乳房，這是他改造服裝之後帶來的最直接的新創造。為了使女士看來更加青春，布瓦列特以彈性的胸罩和輕盈的吊帶取代緊身胸衣。由於採用彈性材料，因此舒適也自然，採用吊帶而不採用背後的束帶，不但簡單穿用，也更加安全。

　　在服裝的色彩上，布瓦列特採用了強烈的色彩，取代了傳統S型服裝流行的的淡色、粉色系列，圖案也不再是以往的淡雅花卉（festoons），而是具有強烈表現色彩的花紋。以往與S型服裝搭配的女性襪子是黑色過膝蓋的長襪，他放棄了這種女性長期使用的黑色長襪，而採用了肉色的襪子，給人以皮膚的印象，既自然又性感。這幾個創造，在目前的女裝同類附件中——胸罩和肉色襪子，依然是主要方式。

現代時裝設計家
約翰‧加理亞諾
是布瓦列特的崇
拜者，這是他模
仿布瓦列特東方
系列風格設計的
時裝，在1998
年迪奧公司以系
列方式推出

布瓦列特的設計不但改變了原來服裝的基本結構，使女裝輕鬆、自然，同時在對身體的強調上也進行了大幅度的改革，他提高了服裝的腰線，提高了胸部的位置，衣領（decolletage）也越開越低，這些造成了他的服裝和傳統的巨大差異。

1910年，布瓦列特創造了裙口非常狹小的「緊口裙」（bobble skirt，法文稱為jupe entravee），裙子下部開口如此地窄，以至無法大步走路，穿這種裙子的女士不得不小步走路，好像日本的藝妓一樣。這個設計，其實已經開始違背了他原來以自然、功能為中心的原則。就此，布瓦列特並沒有感到不安，也不認為這樣設計有什麼問題，他曾經說：「我把女性身體解放出來了，但是我卻束縛了她們的腿。」他依然認為自己是可以主宰時裝潮流的領袖，他認為自己是影響法國女士穿著潮流的唯一大師，他要女人怎麼穿，她們都會跟隨他的設計的。但是這次他錯了，婦女並沒有追隨他，他設計的緊口裙遭到廣泛的批評，由於影響走路，即便喜歡布瓦列特的女士也難以適應，因此緊口裙很快就不流行了。這件事，其實應該是一個警訊，但是布瓦列特並沒有從中得到任何啟發。

布瓦列特的另外一個重大創造是在服裝設計中採用了許多東方風格，特別是日本、中國、印度和阿拉伯世界的服裝特點和風格。這種借鑒加上他早期引用的古希臘、古羅馬的風格，形成非常突出的形式，對於傳統的歐洲女裝來說，自然具有很大的衝擊力量。這種東方風格的借鑒有時候僅僅是形式的，缺乏對於東方風格與西方生活方式結合的合理考慮，上述的「緊口裙」就是由於模仿日本和服造成的問題。但是，他對於其他東方衣著的借鑒，卻都有很好的結果。

俄羅斯的芭蕾舞演出是影響布瓦列特和巴黎時裝的重要刺激因素。1909年，俄國芭蕾舞編導迪亞吉列夫（Diaghilev）的俄羅斯芭蕾舞團（Ballet Russe）在巴黎演出兩個芭蕾舞劇——〈一千零一夜〉（Scheherazade）和〈藍神〉（Le Dieu Bleu），極為成功，服裝和舞台做了

革命化的改革，東方風格、現代藝術氣息混合在一起，影響了整個巴黎的設計界，引發了「裝飾藝術」（Art Deco）運動，也影響了布瓦列特。他對於迪亞吉列夫的舞台和服裝效果感到震撼，因此開始東方式的大改革。1911年，他舉行了自己的時裝晚會，就稱爲「一千零二夜」。這個時期開始，成衣和華貴的服裝之間的區別開始模糊起來。布瓦列特希望把豪華的服裝帶入日常生活，使日常的服裝具有豪華的特點，他認爲沒有必要只在特別場合才可以穿好衣服，日常也應該是穿好衣服的時候。他帶著他的人體模特兒走遍了歐洲的大都會：倫敦、柏林、維也納、布魯塞爾、莫斯科、聖彼得堡和紐約。他在各地的旅行也給他帶來了新的靈感和認識。在維也納他成立了一個裝飾藝術學校，課程包括家具、面料和裝飾品的設計。

布瓦列特設計的東方風格服裝，包括類似採用腰帶的長袖衣衫（caftans）、日本式樣的和服（kimonos）、東方寬大的女子長褲（pantalon）、阿拉伯風格的女子束腰外衣（tunic）、面紗、穆斯林式樣的頭巾（turban），這些設計都非常典雅而流暢，加上鮮豔的色彩圖案，引起巴黎和其他歐洲國家上層女子的喜愛，不少巴黎的女子追隨他的這些設計。

布瓦列特在裝飾上有一個轉變過程，1904、1905年當他剛剛開始創造擺脫了緊身胸衣的新時裝的時候，他也放棄了傳統的煩瑣裝飾，但是在1910年之後，由於他設計東方風格系列，因此重新開始採用華麗的裝飾：色彩鮮豔的刺繡、錦緞、流蘇、珍珠和罕見的羽毛都是他廣泛使用的裝飾品，當時巴黎人人都陶醉於東方藝術，對於這種方式自然也接受和歡迎。

布瓦列特是世界上第一個出品自己香水的時裝設計家，在這個創造上，他比可可‧香奈兒早十年。1911年，布瓦列特設計的長衫裙褲（pantaloon gown），一時成爲轟動社會的新聞，連教皇比烏十世（Pope Pius X）也出來公開點名譴責他。同年，他開始了自己位於巴黎的設計學校，把路阿‧杜菲的藝術創作直接印刷到絲綢面料上去。這是染織和面料工業上一個重大的革命，在此之前，還只能把簡單的圖案染到廉價的面料上去。由於感到設計專利和版權會受到抄襲的侵害，他成立了法國時裝版權保護工會（Le Syndicat

布瓦列特設計的時裝，典型的燈罩型上衣和狹窄的裙子

de Defense de la Grande Couture Francaise），專門從事保護時裝設計版權的工作，在設計上又是一個重大的突破。

到此為止，布瓦列特不再僅僅是一個時裝設計師了，他是廿世紀第一個真正的設計師，在人們的生活中到處留下自己的設計標記，從首飾到室內設計。到1990年代，新一代的設計家，比如卡文・克萊（Calvin Klein）、拉爾夫・勞倫（Ralph Lauren）、多納・卡蘭（Donna Karan）、古馳（Gucci）等等，也把自己的設計推廣到生活的各個層面，從室內陳設到首飾無所不包，而早在八十年前，布瓦列特已經利用他的東方系列設計成功地完成了這種方式。

1914年第一次世界大戰爆發，布瓦列特應徵入伍，四年之後戰爭結束，他回到巴黎之後，發覺事過境遷，什麼都不同了，特別是女人對於時髦的觀念、對於服裝的要求與戰前大相逕庭，在他離開巴黎的四年中，新一代的時裝設計師不但已經湧現，並且還佔據了市場，特別是可可・香奈兒，已經成為時裝設計的超級明星。布瓦列特看不慣香奈兒的服裝，稱她是「豪華得可悲的發明家」。他對於自己的成就估計太高，因此無法認識到第一次世界大戰使婦女得到進一步的解放，她們要求更多的獨立，要求服裝更加的自由。他依然認為婦女等待他的解放，等待他教導她們穿什麼衣服，他反覆地說：「婦女先會抱怨，之後服從，最後會歡呼。」但是在戰後的年代，婦女對他設計的服裝只是抱以嘲笑。

布瓦列特為了重新奪回自己在時裝設計上的權威地位，開始企圖透過大規模的公共關係活動來造勢，把設計上失去的地位透過豪華的、鋪張的社交活動來挽回。他認為組織幾個繪聲繪色的大型舞會就可以挽回以往的顧客。因此，他不但自己傾囊，還到處找投資商贊助、借貸來組織大型晚會，不但以歌舞和山珍海味來吸引顧客，並且還奢侈地在晚會上贈送香檳酒和龍蝦，甚至在龍蝦大餐上奉送珍珠項鍊，

布瓦列特的東方
風格服裝設計

他還邀請了著名的藝術家、演藝家和社會名流出席，如依莎多拉·鄧肯（Isadora Duncan，1878-1927）、皮艾爾·布拉索（Pierre Brasseur）、依維特·吉伯特（Yvette Guibert）等等。這種活動耗資巨大，六個月之後，他欠下了五十萬法郎的債，而顧客並沒有回來。他毫無出路，頹喪之極。

布瓦列特後來只有寄望於1925年的巴黎「裝飾藝術」博覽會，這個博覽會正式打出「裝飾藝術」風格。為了造勢，他計畫雇了三條在塞納河中的遊船，全部展示自己的設計，一條是餐廳船，一條是時裝船，一條是香水和首飾、服裝飾件船，設計豪華，但是價格高昂，他的財務業主拒絕支付費用。他的最後希望也破滅了。

至此，布瓦列特完全破產了，他生活在貧困之中，妻子丹妮絲最後也棄他而去，他在極為落魄的情況下退隱到普羅旺斯去，在鄉下畫畫打發時日。1944年，他在為世人忘卻中去世。

雖然布瓦列特晚年如此令人噓唏，但是他在時裝設計中的開創地位卻是牢固的，他打破了緊身胸衣對女性身體的束縛，創造了具有品牌意識、時髦觀念的美觀大方的新女裝，從而開創了時裝行業，成為現代時裝設計的奠基人，世人對於在時裝業中的奠基功業是永遠不會忘記的。

3·瑪利亞諾·佛圖尼

在十九世紀末、廿世紀初的這個時代，巴黎出現了如布瓦列特這樣摧枯拉朽的大師，同時也還有一些在時裝創造上雖是微風細雨、恬靜安詳，但是其設計風格卻韻味雋永的服裝設計家，他們不爭其位，甚至有些沒沒無聞，但他們的設計卻在時裝史上佔有自己的地位，其中瑪利亞諾·佛圖尼就是這類設計家中的典型代表。

瑪利亞諾·佛圖尼其實並不是一個裁縫，他只是喜歡服裝，感到女裝到了應該改革的時候了。他透過自己的觀察和研究，體會到女裝發展的可能方向，從而探索設計，他的作品非常少，但是卻設計和創作了一件可以說是永恒不朽的服裝，那就是著名的「迪佛斯晚裝」（Delphos evening dress）。這件服裝已經成為時裝設計的經典作品了。

「迪佛斯晚裝」是一件相當簡單的設計，這件簡單的打褶緞子晚禮服，疊起來輕飄飄，可以放在一個小盒子內，捲起來也只是一小卷而

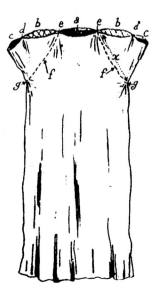

佛圖尼1909年設計著名的女裝，簡單、樸素、大方而新潮，是早期時裝設計中的經典作品

已，但是卻成爲這個時代甚至是最挑剔的時髦女子的最愛，是一個巨大的成功。直到現在，在藝術拍賣會上，佛圖尼的「迪佛斯晚裝」依然是非常搶手的。佛圖尼的「迪佛斯晚裝」從來沒有在任何時裝展覽中展出過，也沒有參加過任何特別的時裝表演，但是「迪佛斯」在1907年推出的時候，專家都立即明白，這是一件會成爲經典的服裝，它沒有任何矯揉做作的地方，也沒有任何要隱瞞的內容，明白而簡單，但是它的優雅和美觀是無可爭議的事實。

「迪佛斯」的設計靈感來自古希臘輕鬆和自由的女裝，它的設計好像古代希臘的「奇通」束腰外衣（Greek chiton tunic）一樣，這件衣服從肩部一直垂到腳面，之間沒有任何褶縫、墊、縫邊裝飾，可以說在設計上簡直是樸實無華，「迪佛斯」完全放棄了緊身胸衣，使穿它的女性得到活動的充分自由，身體可以自由舒展。由於這個特點，「迪佛斯晚裝」成爲當時新一代女性跳舞必須的服裝，從舞蹈大師依莎多拉・鄧肯到瑪莎・葛蘭姆（Martha Graham），這些現代舞蹈的巨匠們，無一不是穿「迪佛斯」跳舞和表演的。

女演員麗麗安・格絲穿著佛圖尼設計的服裝，幽雅大方

佛圖尼的重要貢獻還在於他的設計啓發和教育了時裝設計的第一代人，使他們勇於探索，而開啓了現代時裝設計的大門。當時巴黎的許多服裝設計師受到「迪佛斯晚裝」的影響，受到這件服裝的啓發，他們設計出第一代現代意義的時裝來。受到「迪佛斯」影響的設計家中，第一個就是保羅・布瓦列特，他是佛圖尼的朋友，受佛圖尼的影響也就最大；他的革命性時裝中包含了明顯來自「迪佛斯」啓發的痕跡。之後又有美國服裝設計師瑪麗・麥克法登（Mary McFadden）、日本設計師三宅一生等人從佛圖尼的「迪佛斯」影響中，找到自己設計的定位，而設計出自己的服裝系列來。因此，佛圖尼在現代時裝開創的歷史上具有很重要的啓蒙性地位。

瑪利亞諾・佛圖尼生於西班牙的格

拉納達，父親是一位西班牙傑出畫家，他從小也想成為一個畫家。佛圖尼在美術和其他方面都才華橫溢，天才是多方面的。十七歲那年，他隨家人遷居義大利的威尼斯，先後做過工程師、發明家、攝影師、收藏家和探險家。他對於紡織品和服裝始終具有濃厚的興趣，因此經常用天鵝絨和絲綢嘗試設計女裝，也嘗試在紡織品上設計絲網印圖案，但是對於服裝的複雜形式，他卻毫無興趣。因此，他設計的中心事實上是輕鬆和美麗面料的簡單裁剪，並不重於複雜的剪裁和裝飾。

由於對面料和圖案的興趣，佛圖尼設計了著名的「科諾索圍巾」（Knossos scarf），這是一件輕飄飄的沙麗面紗式的圍巾，上面是佛圖尼設計的絲網印圖案，具有舞台道具的風格，非常戲劇化，這件圍巾也成為時裝設計和面料設計中的經典。

佛圖尼由於工作方向多，因此也並不將全部時間放在時裝設計上，他的少量設計，卻幾乎件件珠璣，是「少即是多」原則的很好典型。

4 · 捷克 · 杜塞

捷克·杜塞天生是法國時裝形成的重要促成人，是法國時裝的催生人。他對於時裝的熱愛，對於優雅的上層生活方式的追求，影響了不少法國早期的服裝設計家，從而促成了時裝的產生和創立。而從設計上來說，他還是屬於講究傳統典雅的一代，但是他獨具慧眼，因此發現了許多傑出的設計天才，透過他的協助和推薦，這些人日後成為時裝設計奠基人，其中一個就是布瓦列特。

杜塞本人就出生於巴黎那條時裝店林立的「和平」大道上，在優雅的、香豔的環境中成長，耳聞目染，對於上層生活方式瞭解透徹。他小時是開創時髦女裝和樹立品牌的巴黎設計家沃斯的兩個兒子加斯東·沃斯和讓－菲利普·沃斯的朋友，穿門走戶，在沃斯家目睹時裝的設計過程，也見過許多香豔的演藝界女子和明星。因此，看來他注定是要走上服裝設計的道路。

杜塞的祖父在巴黎開了一間時裝店，希望孫子能夠繼承家業，但杜塞年輕的時候一直想當個畫家，隨著在「和平路」上的感染越來越多，他後來還是繼承了祖父開設的服裝店，這個服裝店經他父母的努力，發展成相當具有規模的裁縫店。杜塞把這個時裝店繼續擴展，成為一家時裝店，商業上非常成功。他勤奮經營，特別注重女性晚裝的款式，打破了十八世紀以來的傳統晚裝，成為巴黎最講究的晚裝、晚禮服店。他的女裝主要是為那些希望吸引上層社會紳士注意的女士設計的，衣服講究，但是也不過於風流，穿起來好像是一個典雅的主婦，好像一個上校的太太一樣，當時的風氣是希望打扮得像賢慧的主婦、親切的夫人，而不是性感的淑女。杜塞的設計原則就是這種高貴、典雅的賢慧太太風格，而不是香豔情婦的類

拉文設計最成功的時裝「風格之袍」，特點是剪　拉文的「風格之袍」，此為1924年的設計　　　拉文設計的袍裝設計定位介於外套和大披風之間
裁簡單、低腰線、長達踝部，這是1923年的設計

型。具有相當大的市場針對性。

　　其實，杜塞與其說喜歡服裝，還不如說喜歡時髦和講究的生活方式。上流社會的言行舉
止、舉手投足、衣食住行和流行品味都是他的至好。他注意觀察，也透過設計體現出來。他
的女裝因此總是使用粉色的抽紗、刺繡、裝飾品等來做為裝飾，直到巴黎的服裝風格已經流
行比較簡單的時候，他還是設計裝飾華貴的、傳統的女裝。

　　在設計上，杜塞的最大貢獻還是在於他引入了具有傳統形式，但是在裝飾上超越傳統的
時髦女裝，他在廿世紀初期繼續促進了婦女對於時尚的追求。由於杜塞的審美眼界準確，具
有高雅的品味，因此透過自己的時裝店來推動時尚，能夠影響社會的審美品位。另外一個重
要的貢獻是由於他一貫注意人才的選擇而達到的，法國的第一個現代時裝設計家保羅·布瓦
列特、時裝設計家麥德林·維奧涅特（Madeleine Vionnet）都是他發現和推薦出來的。通過這
些時裝設計家，婦女的身體才最終從緊身胸衣中解放出來，新時裝也才最終出現。沒有杜塞
的促進，那些天才的成功是困難和頗費周折的。

　　1912年，杜塞認識到時裝設計的潮流，知道自己向來喜愛和維持的傳統女裝雖然華貴，
但是也已經到了日薄西山的地步，因此他終於放棄了十八世紀的女裝，也逐步退出服裝界，
利用自己的經濟實力，而成為印象主義藝術最主要的收藏家。

拉文1926年設計的晚宴服

拉文1926年設計，被稱為「巴黎之夜」的晚會裝，此為黑色的設計

5・簡・拉文

拉文（Jeanne Lanvin，1867-1946）在時裝設計上可以說是大器晚成，這位女設計家什麼都來得遲：她卅歲那年生第一個孩子，同年才開始服裝設計的生涯，出名就更加晚了。雖然起步晚，但是她在時裝設計上依然具有自己的地位並做出貢獻，是很少見的例子。

其實，當時拉文在出名之前已經在服裝行業工作了半輩子了，不過一直是個沒沒無聞的女裁縫，因此無人知道而已。簡・拉文是家裏十一個孩子中年紀最大的一個。十三歲開始當信差，之後到服裝行業當裁縫，又當過製帽工，十八歲自己開業製作和經銷帽子，長時間的工作使她形成沉默寡言的習慣，人們都以為她冷漠，其實注意她的人都知道她

「巴黎之夜」晚會裝，此為白色的設計，由約翰・加理亞諾複製，在1998年迪奧公司時裝發表會推出

巴黎女演員嘉
比・德絲莉穿著
帕昆設計的服
裝，注意裝飾的
使用和誇張的羽
毛頭飾

很有個性。她的生活在1895年有了一個很大的轉變，那年她嫁給義大利貴族艾米羅・彼德羅，不久就生了女兒瑪格列特（Marguerite），八年後夫妻離婚，當時他們的瑪格列特方才六歲。瑪格列特的小名叫「麗麗特」（Ririte），這個女孩日後成爲巴黎社交界最引人注目的社會名流，也就是大名鼎鼎的波理納克（Marie-Blanche de Polignac）。

「麗麗特」影響拉文的設計生涯，對於她來說，女兒是生活的中心，自從有了女兒之後，拉文注意女裝的時髦和美麗，拉文之所以開始設計亮麗、雅緻的女裝，開始就僅僅是爲這個女兒設計的。對於女兒的愛，使她走向了時裝設計的道路。這些女童裝和當時的童裝差別很大，當時所謂的女童裝不過是成人服裝的小型、縮小本而已，毫無兒童的特點。拉文設計出世界第一個兒童服裝系列，她的女童裝充滿了天真、童稚氣息，浪漫而活潑，極爲受歡迎。自從設計出第一套以來市場趨之若鶩，一發不可收拾，從此開設了以兒童服裝爲主的時裝店。

隨著業務的發展，拉文逐步開始設計正式的女裝，對象是年輕的女孩和成年婦女。拉文在服裝設計上最大的貢獻在於把青春精神、活潑氣氛注入時裝中。她是第一個爲各種不同年齡層的女士設計服裝的設計師，簡單、天真的剪裁，加上新鮮的色彩，特別是被稱爲「拉文藍」的藍色，使得各個年齡層的女子穿上她的衣服都顯得年輕、浪漫、女性味十足而又不輕佻、性感，她設計的裙子、長袍都剛剛長達腳踝，適當而又典雅，在時裝史中被稱爲「風格之袍」（robe de style）。

從1926年開始，拉文開始設計男裝，這使得她的時裝公司成爲全世界第一個爲全家所有成員設計服裝的公司，到現在爲止，拉文的公司還是以家族的方式擁有和營業，是巴黎非常著名的時裝公司。

6·簡·帕昆

帕昆設計的女
裝，衣袖採用
日本和服式樣

簡·帕昆是比布瓦列特稍早出現在巴黎時裝界的女時裝設計師。她在巴黎開設自己的時裝店「帕昆之家」（Maison Paquin），她設計的時裝不但好看、大方、典雅，並且她的公司業務也成熟，生意運作周詳，因此使人們總懷疑後面有個男人在支援她。其實，這個男人就是她的丈夫依西多爾·帕昆（Isidore Paquin，1862-1907）。依西多爾是一個非常精明的財務專家、一個好經理，他不但為妻子的時裝公司打理財務，也負責接待顧客，他們公司的大部分顧客都是歐洲各國的王宮貴族、演藝界的當紅女演員或者名人的情婦，他知道用什麼方式接待他們，而使妻子能夠集中時間和精力從事服裝設計。簡·帕昆的「帕昆之家」時裝店專門設計講究的女裝，事業相當成功。

　　1906年，帕昆設計了她著名的「帝國風格」（Empire-line Dresses）女裝系列，已經開始改變傳統的S型或者A型女裝的套路，試圖探索服裝的新形式。她的探索之一就是「帝國風格」系列，這個系列的出現比布瓦列特成名早一年。她在吸取日本和服設計女外套上也比布瓦列特早一年。帕昆是廿世紀初期法國時裝界相當出風頭的設計師，1900年，帕昆成為第一個被選推為當年巴黎世界博覽會時裝部分的女性負責人；1913年，她又是第一個獲得法國榮譽軍團勳章的女性。她也是法國第一個在紐約、馬德里、布宜諾斯艾利斯設立分店的時裝設計師。這些都使她在早期時裝史上具有相當重要的地位。

　　帕昆對於當代時裝影響最大的莫過於時裝表演的形式。她在1912年前後，創造了新的時裝展出形式：讓時裝模特兒穿著她設計的服裝在歌劇開演前和賽馬比賽開始前走台的先例，之後，這種把時裝演示放在大型活動之前的模式，成為一種很流行的方式。1914年，她在倫

這個時期的女士打扮要強調大而圓的眼睛，表現兒童式的天真無邪，是此時代的女性化妝風尚

敦的「宮殿劇院」舉辦了第一個正式的時裝表演，搭了步台，並且還有音樂伴奏，把時裝的展示提高到新高度，迄今全世界的時裝表演還依舊遵循她的模式進行時裝表演。她當時推出的時裝系列稱爲「探戈系列」，也是符合「裝飾藝術」風格的。

在設計上，帕昆並非像布瓦列特那樣屬革命性的設計家，她並沒有突破緊身胸衣的束縛來創造新女裝。她雖然探索過，但是並沒有突破S型風格的傳統女裝，在新時代到來的時候，她變化太慢，跟不上時代的要求。她的家庭婦女氣質使她往往安於躲在幕後，而布瓦列特這些男子卻在時裝設計中衝鋒陷陣，帶動革命。她自然是落伍了。

帕昆的服裝使用的皮毛沿線和她具有十八世紀雅緻的女性晚禮服都是被人們記憶的傑作。帕昆自己是一個美麗的女人，穿著自己的服裝儀態萬千，人們稱她爲「最好的帕昆服裝模特兒」。第一次世界大戰結束的時候，她所熱愛的丈夫去世，使她心力交瘁，從而把生意交給妹夫，把設計交給瑪德林小姐（Mademoiselle Madeleine）管理，自己退出設計業務。而以她名字命名的時裝店則一直開業到1956年方才結束。

7‧1900-1909期間的西方服裝式樣

這個十年女性服裝經歷了革命化的轉變，從緊身胸衣爲中心的S型和A型傳統式樣轉變爲自由的、輕鬆的新樣式，轉折的時間在1905年前後。

布瓦列特的創造完全拋棄了緊身胸衣，但是其他許多設計習慣和穿著、化妝習慣依然存在了相當一個時期。服裝出現改革，但是對於化妝、髮型、香水、膚色、服裝配件等等的習慣卻並沒有立即改變。

這個時期婦女的標準、理想形象與現在的標準差別很大。做爲妻子和母親的婦女，她們的形象應該是善良、自然的，因此化妝、染髮之類的修飾爲社會不齒，起碼女性的化妝是當時的社會標準不能接受的。皮膚雪白是當時社會認同的標準。穿著晚禮服的時候，皮膚一定要白皙，如果不夠白，就要透過化妝染白，因此白粉、液態的面霜是絕對不可少的化妝。太陽穴、頸部、開低的胸部部位微藍色的血管在化妝的時候刻意強調，撲粉的時候也留出血管藍色痕跡，以表現微妙的敏感。

頭髮顏色卻十分隨意，對於白頭髮更無人在意，甚至有人說：白頭髮會使人看來更年

輕。但是髮型則有講究：直髮型則會被認爲看來性格固執，因此遭到否定。波浪髮型、蓬鬆的髮型被認爲性感，而大行其道。爲了達到大波浪、蓬鬆髮型的目的，因此當時的女士們廣泛使用捲髮熨鐵夾、燙髮器、假髮套等等工具。

對於這樣頭髮蓬鬆、衣服緊紮的美人來說，最適當的香料是薰衣草油（lavender），這種香味典雅、沉靜和新鮮，社會上普遍流行。至於指甲，講究就少了，指甲有時候會塗光油，但是大部分的人都不會塗指甲。

在所有這些相當雅緻的設計中，只有一樣是非常落後和不合適的，並且現在已經完全消失了，那就是當時時興在女子的乳頭上戴環，稱爲「乳環」（piercing）。當時是爲了突出乳房用的，但是由於用了乳環，造成乳頭和服裝的摩擦，倒成了婦女的一種肉體折磨。雖然布瓦列特的設計把緊身胸衣完全放棄了，女裝理所當然應該爲女子帶來全面的解放，但是卻來了乳環這樣不必要的配件，婦女的身體還是得不到完全的解放。

很奇怪的是，恰恰是最提倡婦女完全解放、不當男人附庸的女權主義者使得女性的化妝成爲社會現象和社會接受的方式。她們要求婦女在道德上的平等地位和自然的美，因此在穿著上強調簡單自然而講究，而化妝則精細，目的是突出自然的美。越是獨立的、越是著名的女性就越講究衣著和化妝的這個原則。演員在台上自是濃妝豔抹，而逐步在台下也如此打扮，演員成爲中產階級婦女的偶像，因此她們也使用口紅、染眉油和畫眼線，頭髮也按照時髦的髮型做。

自從布瓦列特推出自己完全取消緊身胸衣的新服裝以後，傳統的女裝很快消失，而爲新時裝取代。

8・此十年中女性的偶像

這個時期時髦的偶像是女演員，演藝界的紅星成爲時髦女性模仿和崇拜的對象。她們的衣著打扮影響社會的潮流。而最能夠突出表現時裝的場所是劇院。由於劇院內燈光明亮，而人又集中，又是社會名流聚集的場合，因此非常可以突出時髦打扮和

女演員莎拉・伯恩哈特

衣著。必須注意的是：在巴黎的劇院中，不僅僅舞台上是表現服裝和化妝的最好地方，劇院的包廂也是極為受人注目的焦點，女士穿著華貴、化妝入時，在包廂中左顧右盼，會成為當時社會議論和模仿的中心。當時巴黎的歌劇院在演出的時候也保留著包廂中的燈光，並不關閉，因此人們不但看演出，也可以時時看包廂中的時髦女子。1905至1906年以前，巴黎還沒有現代意義的時裝，因此所有的服裝都是由裁縫定作的，雖然大形式相似，均為S型，但其實每件都不同，可以說每件都是獨一無二的。

當時豪華女裝的主要顧客也是女演員，她們不但在舞台上光彩照人，在私下也活躍於社交場合，因此不但是時髦服裝的最好顧客群，也是時髦服裝的推動力量。其中最著名的是莎拉・伯恩哈特，她在歌劇〈托斯卡〉、〈聖女貞德〉等劇中演主角，在當時的影響很大。1900年，年輕的布瓦列特為她設計了一套歌劇中的服裝，當時他還在為杜塞打工，為了莎拉，他失去設計助理的工作，但是莎拉卻跟隨他，繼續要求他為自己設計服裝，還由此帶了一批她的崇拜者到布瓦列特的工作室來，從而促使布瓦列特的成功。這個演員無疑促成了布瓦列特的事業。

另外一個重要的女演員是依利諾拉・杜瑟，她是時髦服裝的忠實顧客，她早先穿沃斯設

女演員依利諾拉・杜瑟

計的服裝，所有的服裝都由沃斯設計，但是後來感覺沃斯的服裝不適合自己，方才千道歉萬道歉地辭謝了這個設計師，轉而向其他更加先進的設計師。

時裝不但在巴黎的社會有很大的影響，在歐洲和美國其他大都會也都有類似的情況。1900年，美國著名的雜誌《哈潑時尚》選出愛理絲・德・沃爾芙（Elsie de Wolfe，1865-1950）為美國舞台上穿著最好的女演員。其實，沃爾芙的表演拙劣，幸虧有了華麗的服裝，觀眾才能忍受她的演技。沃爾芙喜歡穿杜塞、沃斯、帕昆的服裝，之後她自己轉行從事室內設計，推行陳舊的維多利亞風格，對於當時大西洋兩岸的流行風格都有一定的影響。

當時德國的演藝界有不成文的慣例：演員的演出服裝要自己購置，柏林的觀眾喜歡看巴黎的服裝，因此德國的演員不得不設法

舞蹈家、現代舞
蹈的奠基人鄧肯

到巴黎定作大量服裝，以吸引觀眾。但是，按照當時演員的正常收入來說，這些女演員是無法負擔起如此昂貴的戲服的，因此德國女演員必須設法另外開闢財路，來維持服裝費用。為此，德國的演藝界鬧出不少桃色新聞來，不少知名的明星都暗地做有錢人的情婦，成為社會八卦新聞的主題。直到1919年，德國通過了「劇院法」，明文規定戲服由演出單位製作，演員無需自備戲服，這種扭曲的情況才有些好轉。但是德國演藝界倚賴巴黎服裝，則成為風氣了。

除了女明星的影響之外，現代舞蹈家也是當時社會的偶像，現代舞蹈家的服飾前衛、解放和灑脫，一時是新潮女性的崇尚對象。當時一些著名的現代舞蹈家，比如依莎多拉·鄧肯、瑪塔·哈理（Mata Hari，1876-1917）的現代舞不但在編導上前衛，並且幾乎是裸體的表演，驚世駭俗，她們表演的時候僅僅以紗巾包裹身軀，充分體現了人體的美，因此對當時的女性是極大的鼓勵和啓發，知道自己身體的美其實是應該做為服裝設計的要點。特別是鄧肯，她是第一個赤足上台演出的舞蹈家，在當時是驚世駭俗之舉。她的現代舞姿和輕盈的薄紗裹身衣著，不知道使多少青年女子驚異和暗喜，也因而帶動了新時裝的啓動。

◆ 第二章

身體解放的時裝：1910-1919

1・導言

從1910至1919年期間的這個十年是非常動盪的，這個十年可以分為兩個不同的階段，第一個階段是1910至1914年期間，也就是第一次世界大戰爆發以前的階段，基本上處於穩定和繁榮，而第二個階段是從1914至1919年，也就是第一次世界大戰期間，整個歐洲處於大動盪和大改組，變化巨大，並且還孕育了第二次世界大戰的伏因。

在1914年以前，整個歐洲基本上處於相對的繁榮穩定之中，德國、法國、英國這些國家都達到經濟發展的高潮。科學技術的發展，大大地促進了生產力的解放，從而造成了社會總財富的急遽增加。歐洲國家的海外殖民地也為這些國家的資本積累帶來了積極的促進。做為一個新興的資本主義國家，美國從1864年結束內戰之後逐步形成新的強權。這個時期充滿了浪漫氣氛，也充滿了幻想、財富、安定、和平和繁榮，使人們習慣稱這個階段為「美好年代」（法文la belle époque，相當於英文的the beautiful epoch）。

這件女裝是第一次世界大戰前的設計，採用多褶的裙褲，非常自由，而裙褲是用釦子和上部聯繫，解開釦子就是短褲裝。這種方式，很能代表當時服裝設計注重身體解放的重點

1914至1918年的第一次世界大戰是人類歷史上最大的浩劫之一，它造成了歐洲和其他地區數以千萬計的人員傷亡，使英國政治家溫斯頓・邱吉爾說：戰爭如此慘烈，使得勝者和敗者之間看來沒有什麼區別。相對地歐洲穩定了半個世紀的權力均衡也完全破壞了，戰後，不但歐洲的格局變化巨大，連政治地圖也重新劃分，戰前的奧匈帝國、沙皇俄國、哈布斯堡德

（左圖）俄羅斯芭蕾舞團演出〈一千零一夜〉的廣告劇照，女芭蕾舞演員是維拉・佛金娜、男演員是米凱依爾・佛金，他們的服裝給巴黎的時裝設計界造成衝擊和轟動

瑪塔‧哈理演
出的〈面紗
舞〉，服裝設
計單薄大膽，
對於當時的時
裝設計也是一
個很大的衝擊

國全部瓦解，一些民族國家在擺脫了大國的控制之後形成。對於自從1871年以來一直享受和平發展的歐洲大陸來說，這次的變化可以說是翻天覆地的。而美國在1917年第一次派遣軍隊遠赴歐洲參戰，是美國開始捲入世界事務的開端。

　　這個巨大的社會變化，自然對於方興未艾的時裝行業產生了很大的影響。婦女直接參加生產和戰爭，對於傳統的服裝是一個直接的打擊，服裝的觀念、形式、剪裁、生產、面料都與前一個十年大相逕庭，這個階段應該視為現代服裝的真正開端。

　　現代時裝出現，是在許多因素的催生下而形成的，其中對於服裝功能的新需求，社會觀念的急遽改變是重要的原因，而在形式和設計上，有一些其他的因素也是非常重要的。比如東方風格的影響，當時流行的「裝飾藝術」運動風格的影響等等，其中「俄羅斯芭蕾舞團」的服裝和設計對於服裝設計的影響上顯而易見。

　　對於巴黎的服裝界來說，謝爾蓋‧迪亞吉列夫（Sergei Diaghiliev）的「俄羅斯芭蕾舞團」是一個革命化的衝擊演出，此芭蕾舞團在巴黎演出的令人耳目一新的劇目中，鮮豔、特殊的服裝對於服裝設計師來說是一個巨大的震動，也是一個重大的啓發。在這個衝擊之下，巴黎的傳統女裝已經無法維持了，時裝設計的車輪開始轉動起來，並且一發不可收拾。傳統女裝的灰暗、典雅和粉色系列，淑女裝扮、少女的老成衣著也一去不復返，在布瓦列特這些設計師的帶動之下，服裝出現了一個前所未有的新潮流，受到芭蕾舞設計、新潮的現代舞蹈的影響，特別是演員依利諾拉‧杜瑟、莎拉‧伯恩哈特和傑出的現代舞蹈家依莎多拉‧鄧肯、瑪塔‧哈理驚世駭俗的前衛服裝造成的衝擊，帶動了服裝行業的革命。「俄羅斯芭蕾舞團」

的演出，對許多人來說其衝擊和震動都是相當巨大的，比如著名的攝影家比頓（Cecil Beaton）就是一個例子，他在觀看「俄羅斯芭蕾舞團」的前衛演出的時候還是一個小孩，但是他對此的影響卻極為深刻，他說：這個演出在我的眼前展開了一個全新的世界，我從來沒有如此激動和興奮過。

艾特設計的舞蹈服裝，大膽而新奇，充滿了異國情調，對當時服裝設計有相當的影響

世界第一個國際化妝品企業家赫倫娜‧魯賓斯坦（Helena Rubinstein）在觀看「俄羅斯芭蕾舞團」演出的時候，為芭蕾舞服裝大膽使用紫色、金色而震動，從而改變了自己化妝品系列的色彩和包裝。她在看完演出之後，衝回家中，把自己房間的白色織錦窗簾拉下來，立即定作新的、色彩強烈的窗簾，她說：「我要用使我墜入情網的那種強烈色彩」來裝飾自己的房間。可見俄羅斯芭蕾舞團的設計造成的震動。

芭蕾舞造成的這種轟動使巴黎人好像觀看一場盛大而絢麗的焰火表演一樣。迪亞吉列夫不僅僅設計了俄羅斯芭蕾舞團演出的服裝，並且還設計了演員的化妝，他的設計很快成為整個巴黎的時尚和風格，迪亞吉列夫的口頭禪是「讓我吃驚吧」（法文：Étonnez-moi，相當於英語的Surprise me），他強烈地希望自己的設計能夠達到登峰造極的水平，震撼觀眾。他雇傭了一些傑出的設計師，比如藝術家理昂‧巴克斯特（Léon Bakst）、亞歷山大‧貝諾茨（Alesander Benoits）參與他的設計，在這些天才設計師的協助下，他的服裝設計作品達到當時在創造性和設想上的最高表現。不但服裝設計大膽而創新，他的芭蕾舞設計、音樂和舞台設計也都出現了革命性的變化，安娜‧巴甫洛娃（Anna Pavlova）、瓦斯拉夫‧尼津斯基（Vaslav Nijinsky）參與「俄羅斯芭蕾舞團」的音樂和舞蹈設計，帶來巨大的變革。這個舞蹈團的服裝、道具和舞台設計都具有濃厚的東方風格，因此震動了巴黎。特別是服裝，這些演出服裝的色彩絢麗、燦爛，打破了傳統巴黎上層社會陰暗、沉悶、保守、一成不變的服裝形式，為巴黎服裝設計帶來了春天的氣息。在芭蕾舞服裝的刺激下，巴黎的服裝也因此告別了裝飾華貴、式樣保守的舊時代，告別了「美好年代」時期的服裝時代，服裝設計進入具有創意的、新鮮的、年輕的、簡單和樸素的、自然而生動的新階段。

從時裝設計的角度來看，布瓦列特的影響是長期而巨大的，直到第一次世界大戰結束之後，他的影響方才逐步淡出。布瓦列特一些設計的手法，比如他設計的頭巾、他設計獨特的正式場合的女長褲和具有滾邊裝飾的束腰外衣等等，在時裝設計上的影響就更加長久。布瓦

艾特設計的舞蹈服裝

列特的東方系列，與其說受到東亞的影響，還不如說受來自俄羅斯的影響更大，而「俄羅斯芭蕾舞團」的演出設計對他的影響是顯而易見的。

在早期的時裝設計上，舞蹈對於服裝設計的影響相當大，並且相當直接。除了俄羅斯芭蕾舞團的服裝對包括布瓦列特在內的設計家有相當程度的影響之外，現代舞蹈的服飾也有相當大的影響作用。

比如現代舞蹈家鄧肯利用寬鬆的絲綢薄紗纏身演出現代舞蹈，就是布瓦列特的靈感來源之一。這種靈感形成了他著名的「模糊式線」（La Vague line）的設計，透過服裝設計顯示含糊不清的身體輪廓線，具有非常現代的感覺。鄧肯本人知道自己的演出服裝影響了布瓦列特的時裝設計，因此也別出心裁，想創出自己的服裝路線來，她採用薄紗包裹身體，雖然輪廓模糊，但是卻採用強烈豔麗的色彩，企圖挑戰尼津斯基的芭蕾舞服裝和布瓦列特的「一千零二夜」系列，但是並不成功。

這十年之中，巴黎充滿了藝術和設計的革命氣息，畢卡索的立體主義、馬諦斯的野獸派都在這個時期產生，「新藝術」運動也起源於巴黎，並且在短短時間之內席捲西方國家，在服裝上，巴黎的風格也就成為西方服裝的影響根源。

在巴黎，女裝改變是非常迅速的，比如原來高領的傳統女裝，這時讓位給低開口的新服裝，雖然當時低開口的女裝，與現代的坦胸露背裝依然尚有距離，但是已經足以使保守的教會憤怒而出面譴責，說此類衣服造成道德的淪喪。但是風氣正在改變，教會已經無力回天了。社會上充滿了保守勢力和前衛女士們就服裝、化妝問題的衝突。比如這個時期巴黎有一些膽大的女子濃妝豔抹，被保守的社會人士視為形同暗娼（demimonde）。由於新時裝剛剛形成，新化妝也剛剛開始，在淑女和娼婦之間還沒有形成衣著上的明確區分，最前衛的女演

員、舞蹈家、風月場所的女子，和上層社會不甘寂寞的貴婦人都穿時裝和濃妝豔抹，很是混亂。

　　服裝設計上有兩個方面的影響最基本和重要，一個是東方風格大行其道，無論服裝的剪裁還是色彩，都受其影響。另外一個影響是體育活動的要求，成為改變服裝設計的動力。當時的婦女越來越多參加各種體育活動，因此造成服裝設計的變化。婦女打網球、騎自行車、騎馬等等，在這些活動中，傳統的女裝已經成為阻礙，那些狹窄的上衣、長及腳面的裙子，顯然不適合運動，不僅僅是剪裁妨礙運動，傳統的衣服面料也總是過於結實、不透氣，與運動服裝對於吸汗、鬆軟的要求格格不入。因此服裝上產生了設計和生產符合運動要求的女裝要求，這種要求造就了新一代的時裝設計師。

　　1913年前後，法國出現了第一批專門設計女性運動服裝的設計師，這年，法國女設計師加布利爾・香奈兒（Gabrielle Chanel）在杜維爾（Deauville）地方設計和生產了自己的運動裝（jersey sportswear），這種服裝以寬鬆內衣的基本結構加以演化而成，寬鬆、簡單，並且採用鬆軟的棉質面料，符合體育運動的要求，這種寬鬆服裝（jersey）的設計方式，其實原來是用來做女性內衣的，而香奈兒把它變成外衣，顯然是一個突破。

　　與此同時，另外一個女設計師麥德林・維奧涅特創造了同樣具有突破意義的新女裝，她注重的並不是香奈兒關心的方便或者寬鬆，而是新型服裝的美觀，她從古希臘女性服裝中吸取營養，創造了獨特的設計，典雅大方而又美觀，1912年維奧涅特開設了自己的時裝店，設計和出售自己的古希臘風格的女裝，作品從目前的角度來看，非常大方典雅，但是第一次世界大戰之前，她還是一個沒沒無聞的裁縫，直到第一次世界大戰結束之後，由於戰爭改變了婦女對服裝的觀點，使時裝設計走上了不同的新階段，維奧涅特的設計才開始日益流行。

　　第一次世界大戰對於服裝造成很大的衝擊，對於面料和服

「裝飾藝術」風格的設計師艾特設計的舞蹈服裝，大膽而新奇，充滿了異國情調，對當時服裝設計有相當的影響

第一次世界大戰之前參加賽馬的淑女，明顯可以看到
她們穿著沒有緊身胸衣的新服裝，輕鬆自如而自信得
多了

當時打高爾夫球的女子服裝，雖然還是有些臃腫拖
拉，但是比起以前的服裝來說，顯然輕鬆得多

裝的加工和生產方式也造成影響。特別是女性的白天正式服裝和上
班服裝，變化更加巨大。1914年8月9日，德國宣戰的時候，巴黎正
在準備爲秋季服裝沙龍開幕，戰爭打破了這個時裝界的活動。由於
戰爭的爆發，服裝業賴以生存的上層社會受到很大的震動，影響了
這個市場的穩定，歐洲時常萎縮，而另外一個龐大的時裝市場美國
，服裝的出口也由於海上的戰爭，特別是德國潛水艇攻擊運輸船隊
受到直接的影響。戰爭迫使大量的男性入伍參戰，國內的大量日常
工作轉而由婦女承擔。大批婦女參加工作，從而徹底改變了婦女傳
統的社會地位和生活方式，也從而使她們的傳統服裝受到衝擊。

　　美國直到1917年才參戰，因此國內市場並沒有像歐洲那樣受
到很大的打擊。即便參戰，美國本土經濟依然繁榮。美國人長期
以來依賴和崇尚法國時裝，也大量進口法國服裝，他們認爲法國
是時裝的領導。戰爭開始以來，美國服裝界、出版界、輿論界還
組織過不少支援戰爭的義演籌款活動，這些活動都在大百貨公司
舉行，美國《時尚》（Vogue）雜誌的總編輯艾德納·柴斯（Edna
Woolman Chase）在1914年11月份舉辦了這種募捐時裝表演活動，稱
爲「時裝節」，是美國一個叫國家慈善的機構舉辦的募捐籌款活動
(Fashion Fetes for the national charity of Secours National)，目的是支援
法國的戰爭和法國的時裝業。第一次表演在紐約著名的亨利·班德
爾(Henri Bandel)百貨公司舉行，展出美國時裝設計師的作品，包括
一些剛剛出頭的新人，比如梅森·賈奎林（Maison Jacqueline）、塔
帕（Tappe）、根特（Gunther）、庫茲曼（Kurzman）、茉莉·奧哈
拉（Mollie O'Hara）和百貨公司老闆、設計家班德爾本人。雖然這
次活動的目的是要強調美國時裝要繼續跟隨法國時裝走，但是卻給
法國時裝界造成恐慌，法國人認爲美國人可能要利用戰爭的機會來
取代法國時裝。爲了安撫法國人，班德爾在1915年11月又舉辦了一
次時裝展，全部推出法國時裝。除此之外，還有一些類似的活動在
戰時舉行，表示美國人對於法國的支援和對於法國時裝的支援。

　　雖然第一次世界大戰對於巴黎的時裝界造成了衝擊，表面上看
來巴黎和法國的時裝業會暫時中斷發展，但是，事實上巴黎的時
裝業受到的影響並不如想像的那麼大，整個時裝業在戰時繼續存
在，並且少有發展，巴黎的時裝雙年展也繼續舉行，並無中斷。世

界的服裝雜誌依然大篇幅地報導時裝展的新聞和流行款式，而其他國家的時裝業也持續發展。1916年，就在大戰期間，科第·納斯特（Conde Nast）開創了在紐約為中心發行的《時尚》雜誌的英國版，是巴黎時裝業在戰爭期間繼續發展和拓展的例子。戰爭開始的第一年，也就是1915年中，當時歐洲一些重要的時髦雜誌，包括法國的《流行》（La Mode）、英國的《皇后》（The Queen），幾乎連戰爭都沒有提及。時裝還是它們的議題中心。

第一次世界大戰初期，服裝的設計基本是延續了1910至1914年戰前的軌跡發展，毫無太大的影響。當時時裝的形式基本還是戰前的筒形為基本結構，設計基本是從上而下的直身，中間以帶裝飾的短衣裙（peplums）、多層的裙子、下垂的皺褶為變化因素。帕昆夫人是當時唯一的例外，她採用了十九世紀的緊身襯裙衫（tiered crinoline skirts）做晚禮服設計，為1920年代的「風格之袍」奠定了基礎。這個時期，衣服的花邊依然非常講究並且重要，裝飾依然華貴，晚裝使用金色和銀色的金屬飾帶和刺繡非常時髦和流行。

戰爭的影響是逐步形成的。1915年，一批歐洲的服裝設計師把軍隊制服的元素引入時裝設計，造成具有軍隊色彩的軍用卡其布裝開始逐步形成時髦。而剪裁精細的軍隊制服裝逐步受到女性的喜愛，這些制服裝剪裁講究、腰身清晰，服裝雜誌推崇這些服裝是時髦的、合乎社會精神的、並且也不會隨潮流變化而消失流行。女上衣在臀部比較寬敞，採用寬鬆的皮帶扣在腰部。出外穿雙排扣的水手式上衣，稱為四分之三裝（three-quarter-length reefer），或者「諾佛克上裝」（Norfolk-style jackets），傳統的正式女裝是沒有口袋的，但是這個時期由於受到軍隊制服的影響，實用的插手口袋（patch pockets）成為正式女裝的必須和基本內容。軍隊標準尺寸，比如三圍大小此時都成為女裝的基本要求，而服裝上面採用部分編織，以達到更加舒適和良好的使用功能，這種手法也是從軍隊制服中發展出來的，在此時也相當普遍了。隨意的草帽（forage cap）流行，因為比戰前的正式女帽（millinery）更加簡便。軍隊制服最普遍使用的斜紋卡其面料（serge）和燈心絨也成為流行的服裝面料。軍隊使用的所謂作戰服式樣的設計，包括緊束的袖口也被英國大公司阿誇斯庫圖姆（Aquascutum）和布伯利（Burberry）引入

第一次世界大戰前的射箭服裝

香奈兒設計的運動式寬鬆服，這位女士穿著來滑冰

1910年，英國皇帝愛德華七世去世，但是他希望
不要因為他的去世而取消賽馬，因此，當時在阿
斯科特舉行的馬賽中，所有出席的人都穿著黑色
的衣服，稱為「黑色阿斯科特」。此為當天拍攝
的照片，顯示所有的男女都穿著黑色衣服

第一次世界大戰時期德國鐵路女工的服裝，顯然
男性化

第一次世界大戰期間德國女性郵政工人制服

正式時裝。

　　1914年一個最突出的發展是緊口裙發展為鐘口裙，裙口由戰前的緊小狹窄突然變得寬敞
方便了。這些裙有些是多褶式（tiers）的，或者百褶式的（pleating），或者是類似蘇格蘭方
格呢裙（kilting）的開口式。這種造形的變化改變了女性的外型輪廓，因此促使小而緊身的短
上衣出現，造成上緊下鬆的形式。1916年，裙的下邊緣線在腳踝上向上提升了二至三吋，裙
子長度僅僅到小腿部，臀部收緊，而流行鞋帶的小靴子，非常典雅。靴子的鞋帶一般兩種顏
色：米色和白色，而靴子本身是黑皮，或者黑漆皮（patent leather）。

　　戰爭漫長，到1916年，戰爭已經影響到歐洲最富有的階層。歐洲各國的國內勞動力短
缺，那些需要仔細清洗、熨燙、折疊的傳統服裝已經成為奢侈品，一般富裕家庭也難以維
持，因此，必須考慮如何設計出比較隨意的服裝，無需過多的整理和清洗，來解決這個問
題。當時，正式的晚裝和晚禮服需求已經很小，而碩果僅存的一些需求都來自美國。整個社
會對於穿著習慣也有很大的改變，戰前上層女性一天要換四次服裝，在戰爭期間這已經不可
能了。下午茶原來是上層社會的習慣，因此也有茶裝，現在也不可能了。色彩黑暗的服裝變
得受歡迎，因為容易整理、耐髒，與時代的氣氛也吻合。在當時頻繁舉行的喪事中穿黑色依
然如故，黑色縐紗非常流行。但是婚喪儀式一律從簡，因為婦女都要工作，沒有太多時間參
與儀式。

　　戰爭使許多服裝設計師轉而設計隨意和舒服的日常服裝，這個時期出現了非常特殊的一

種服裝，稱爲「水手裝」，或者「海員裝」（jumper-blouse），是一種寬鬆的女襯衫，尤爲受歡迎，既時髦、又隨意，下面既可以穿裙子，也可以穿長褲，搭配方便。「海員裝」採用過頭穿的設計流行，不再採用舊式的背帶式。因此穿和脫都簡單方便。採用水手制服領，用皮帶或者腰帶束腰。「水手裝」這個名稱在1919年縮短爲「水手」（jumper）這個稱謂，基本是棉質或者絲質的，成爲戰後1920年代女裝的主要流行式樣之一。戰後針織的開襟羊毛衫（Knitted cardigans）非常流行，戶外活動也流行比較沉重的針織運動外衣。縫紉機開始普及，不少婦女自己用縫紉機做衣服，襯衫和內外衣領口依然開低，經常採用Ｖ領開口設計，但是貼身還是常常穿緊身內衣（chemisettes），也是習慣。

2・第一次世界大戰期間的時裝

第一次世界大戰殘酷而漫長，轉移了婦女對於服裝的注意力。由於男性大部分都上了戰場，不少女性必須參加工作，工作制服取代了時髦的服裝。1910年，英國皇帝愛德華七世去世，但是他希望不要因爲他的去世而取消賽馬，因此，這次在阿斯科特舉行的賽馬中，所有出席的人都穿著黑色的衣服，稱爲「黑色阿斯科特」（Black Ascot）。這個事件成爲時裝史上很突出的事件，也奠定了第一次世界大戰期間黑色服裝的風氣。戰爭期間，但凡戰爭中陣亡將士的遺孀都穿黑色服裝，成爲風氣，時裝雜誌《巴黎風格》（Le Style Parisien）還專門設專題介紹典雅的遺孀服裝款式：高領、黑色和比較寬鬆，全長裙子，帶面紗的帽子。戰爭越長，受難者越多，對於服裝的標準也就越鬆懈。很少有人全年穿黑色了，灰色、紫紅色（mauve）逐步被認爲也適當，即便是遺孀，也逐漸開始穿戴鑽石和珍珠項鍊外出。

戰前去劇院是表現時裝的最佳場所，而在戰爭期間，即便去劇院，所穿的服裝也越來越自由，越來越不講究。當然，比較典雅和正式的晚禮服雖依然受歡迎，但不再是必須了。當然，在戰爭期間，演出也不多，因此去劇院的機會也少了。在巴黎，第一次世界大戰期間比較突出的演出是迪亞吉列夫的芭蕾舞〈遊行〉，舞台設計是畢卡索，演出宣傳的口號是「擺脫戰爭」，顯然吸引了很多人的注意。但是總的來說，演出比戰前少了很多。

當大量的男子在前線作戰的時候，婦女填補了男人離開造成的工作空缺，她們當工人、農民、司機、建築工人，她們開火車、輪船，在城市裡承擔了公共事務工作，巴士司機、市政工作人員，她們也參加了軍事工作，擔任醫療、情報、助理工作，部分婦女還上前線參加戰爭。因此，越來越多的婦女習慣制服和長褲了。

軍隊制服的簡單，甚至是簡陋逐漸在時裝上得到反映。戰前女裝上衣一般比較短，突出下面的長裙，而軍隊制服的女上衣則非常長，遮蓋下部，戰前的高領現在讓位於翻領（lapels），服裝整個來說變得更加功能化了，比如原來狹窄的直身裙在戰時被長達小腿部的

打褶裙(calf length pleated skirt)取代。帽子也小了,並且完全沒有裝飾,首飾完全沒有人用了。

第一次世界大戰期間,英國服裝設計界推行「任何時候都可以穿的服裝」(dress for all occasions)觀念,新的服裝觀念是那些日常和工作都適合、正式和非正式場合都適合的服裝,這些服裝應該可以從早到晚穿著,戶內和戶外穿著都適合,甚至工作和睡覺都可以兼用,這種類型的女裝成為時髦。這些服裝基本都剪裁寬鬆,並且採用廉價和可以洗滌的面料,不用鈕釦而用束腰帶和帶釦,這種風氣不僅僅在英國,而且在其他參戰的歐洲國家都有所流行。

雖然大多數勞動婦女穿制服式的服裝,但是時髦和講究的服裝在這個時期依然存在,部分設計師還是從事這類型「高時尚」服裝的設計、製作和銷售,但是在戰爭時期,穿時裝招搖過市實在是非常不合時宜的,因此,「高時尚」服裝比較少見,也不是社會關心的重點。一般來講,女孩子無論在正式還是非正式場所還是穿工裝裙或者背帶裙更加合適。對於戰前寬大的時髦裙子,在戰時是很多女性懷念、回憶的東西,這些服裝會勾引起她們對於往昔的好時光的留戀。

1915年出現過短暫的時裝上的輕鬆時期,英語中稱為「frivolity」,當時出現了時髦的「戰時襯裙裝」(war crinoline),這是一種長及小腿的裙子,採用華貴的面料製作,是十九世紀襯裙裝的回光返照,面料不但昂貴,同時使用的面料量也相當大,與一切材料都緊張的

戰爭時期格格不入。因此，這種設計僅僅存在兩年就消失得無蹤無影了。「戰時襯裙裝」的長度由於實際且合理依然保留，但是裙子本身已經轉爲直身式了。

不少時裝店，包括布瓦列特和維奧涅（Vionnet）的時裝店都在戰爭期間關閉了，而新起的香奈兒則開始以自己簡樸的設計取得成功，她的運動衫（jersey suits）套裝銷售得很火熱，在杜維爾開設了第一家時裝店之後，她又在比亞理茲（Biarritz）開設了第二家店，對那些在戰時逃到法國濱海市鎮的外國難民來說，香奈兒的服裝完全不用首飾珠寶，是最適合她們的服裝。在某種意義上來講，香奈兒的成功，其實與第一次世界大戰期間對於簡樸、方便服裝的需求有密切的關係，她是順應了時勢而發展起來的。

長期以來，法國特別是巴黎的服裝領導歐洲整個行業的潮流，直到第一次世界大戰期間，這種情況才開始有所改善。在這個時期，德國服裝第一次無需參照法國的設計，在沒有受法國影響的前提下取得自己的成功。以柏林爲中心的德國服裝業不但在剪裁、設計技術上達到高水準，德國設計師們的信心也得到鞏固。1916年，德國服裝業成立了德國時裝工業協會（the Association of the German Fashion Industry），這個協會主要針對服裝的設計和創造性進行探討，而不僅僅關心服裝的生產問題，因此，它是世界上最早的時裝協會。這個協會的目的是要與巴黎競爭，爭奪時裝的領導地位。德國開始形成了要與法國一決高下的態勢，德國這個舉動導致1923年德國抵制法國時裝的行動。但是，時裝設計畢竟是一個綜合文化的成果，單靠組織活動是不足以形成設計核心的。在第一次世界大戰結束之後不久，德國的時裝設計依然不敵法國，德國時裝設計師在設計上再次歸隨巴黎。

雖然使用土耳其燈籠褲方式改造裙裝，但婦女騎自行車還是不容易

第一次世界大戰後最早出現的女性套裝，在當時是非常引起爭議的

3‧第一次世界大戰後的時裝

第一次世界大戰結束，按照常規的道理來看，服裝設計應該回歸到戰前的式樣上去，但是事實上大部分婦女並不願意輕而易舉地交出在戰時得到的穿著自由的權利。服裝觀念已經改變了，服裝的式樣自然也隨即改變了。服裝觀念和服裝設計都更加寬鬆和自由，這是一個趨向，誰也扭轉不了。戰後的服裝設計顯然和戰前有很大的不同。

戰後初期的設計出現了不少新氣象，比如裙子和裙裝都比較短小，露出腳踝，這種裙子比長褲更加受到歡迎。這種裙子使她們回憶起戰時物資短缺的情況。在戰爭期間的長期壓抑之後，戰後的婦女希望歡樂，忘記戰時的苦難，她們想跳舞、想運動，而穿短小寬大的衣服使她們能夠運動自如且輕鬆，因此簡單的直身裙裝非常流行，這種服裝簡單到無以復加的地步，從上到下直身，好像一個筒一樣，這種服裝還有一個好處，就是容易模仿製造，不少婦女在家裏用縫紉機就可以製作。

時裝業在這個時候需要新的設計觀念和新的顧客，在歐洲，上層階級和中上層階級人數不斷下降，而富有的美國人充斥巴黎，成為時裝的新顧客，與美國人一起光顧新時裝的還有歐洲的演員、藝術家、作家、風月場中的女子，他們希望服裝與這個時代的氣氛吻合，希望能夠具有爵士樂的節奏和色彩。這些人構成了戰後時裝消費階層的主要部分。

1919年，在巴黎出現了三家具有國際影響意義的時裝店：可可‧香奈兒的時裝店。香奈兒當時在坎朋路（Rue Cambon）開設了最具有影響的時裝店，這個店今日還在那裡，是法國時裝的老字號。另外一個設計師愛德華‧莫林諾克斯（Edward Molyneux）也在皇家路（Rue Royale）開設了自己的時裝店，他的英國血統和英國品位吸引了不少上層顧客，特別是歐洲的舊貴族和一些世族家庭，在戰後出現的所謂「瘋狂時代」（Années Folles，英語的crazy years）中特別受到這些人的喜愛。而讓‧巴鐸（Jean Patou）從1907年開始就活躍在許多時裝行業中，1919年，他也在巴黎開設了自己的時裝店。他設計的舒適運動服裝具有他獨有的字母組合（monogram），因此特別受到歡迎。這三家時裝店成為戰後法國時裝設計的中心，並且推動了時裝設計的發展。

阿美麗亞‧布魯麥（Amelia Bloomer）穿著土耳其燈籠褲（英語稱為bloomers，或者Turkish pants），上面再加裙子，這是她在1851年引入歐洲的女裝

4 · 時裝設計的里程碑——女性正式長褲

或許從來沒有人想過，長褲會在時裝設計史上具有如此重要的地位。因為長褲在現代女裝中已經佔有一個牢固的地位，其實，在第一次世界大戰之前，女性是不太在正式場合穿長褲的，長褲成為正式女裝是戰後的新發展。

自從廿世紀開始以來，婦女服裝上的一個重大突破就是長褲逐步成為時裝的重要內容之一，自從1900年以來，少數婦女為了參加工作、體育運動而穿長褲，從而逐漸把長褲當做正式服裝穿著，她們大搖大擺地在巴黎的豪華大道上招搖過市，引起非議，也為大多數法國女性所拒絕。

第一次世界大戰是長褲成為理所當然的女裝的部分轉捩點。如果穿裙子，工作困難，行動不便，因此長褲成為自然的選擇。雖然如此，但是很少女性會把長褲做為一種時裝來看，長褲固然有功能，但是畢竟不美觀，戰前大部分女性都認為長褲不能用在正式場合。雖然女裝長褲已經被少數婦女穿去上班，但是最為正式的禮服，長褲在晚會和其他正式的社交場合依然是受到排斥的。但是，在第一次世界大戰結束之後，越來越多的女性開始視長褲為正式服裝，時裝設計因此也把長褲做為一個設計的要素來看待。

女性長褲的發展和普及與婦女的解放程度相輔相成。婦女越解放，長褲也就越流行。

第一次世界大戰剛剛結束的時候，正式女裝出現了一個新的設計趨向，就是採用男性的燕尾服和長褲搭配的正式晚禮服，婦女穿男式燕尾服是無尾

（上二圖）正式長褲成為時裝：這兩件是第一次世界大戰後流行的馬褲裝

式的，女性服裝的男性化設計，在這個時候達到第一個高潮。當時，巴黎的社交界容忍這種設計，穿這種晚禮服的女士可以登大雅之堂，可見當時人們對於時裝探索的容忍程度之高。大家都記得，1966年時裝設計家聖·羅蘭也曾使用這種設計，設計正式的女式晚禮服，結果搞出笑話來，當時穿了這個禮服去參加晚會的女士都被擋駕了，晚會的主持人要求她們脫下內面的長

第一次世界大戰後在英國南部的托普海灘穿著完全裸露背部的長褲裝的女性，在當時引起廣泛的注意和非議，卻是現代時裝的重要發展轉折

正式長褲成為時裝：1936年的沙灘裝

1925年設計供晨跑穿的運動套裝，採用無袖上衣和短褲

長褲成為時裝：1925年的沙灘裝

長褲裝的繼續發展，這是1930年代的長褲套裝，極其典雅

裙，方能入內，可見1960年代為止，依然還是有人頑固不化，認為長褲不是女性服裝的部分。相比之下，1919年後的巴黎反而要前衛和先進得多了。

對於女性長褲，其實長期以來都存在爭議，不少人依然認為長褲不適宜女性在正式場合穿著，裙子才是正式的女裝。而對於女性穿男性化的服裝，社會的反應更加強烈，不少人視為異端，抱反對態度。比如在1931年，當時的巴黎市長要求瑪林·底特理奇離開巴黎，原因是她在公共場合穿男性的服裝。但是那時法國的服裝已經出現的變化，女性服裝的男性化設計是一個很受人注意的方向，而女性長褲自然是改革的先鋒，剪裁寬鬆，而式樣趨於男性化，成為當時服裝的風氣，這種男性化的女裝無論做為便裝、休閒裝還是運動裝都非常適合和舒適。

其實，女裝長褲被社會真正接受為正式時裝，還拖延了相當長的一段時間。直到1990年代，西方才正式接受婦女在所有的正式場合下穿著裙裝或長褲裝。

長褲裝的繼續發展：1965年百慕大裝，不但使用
長褲為中心，並且強調男孩特色，是當時反叛精
神的體現

1950年代，短衣短褲也成為時髦的服裝了

長褲成為時裝：從第一次世界大戰結束後開始，
直到現在，長褲裝成為一種時髦，這是英國肯特
郡公主亞歷山德拉公主1954年穿牛仔褲打網球的
鏡頭，英國貴族也接受長褲裝

（左圖）1920年代
的海灘長褲套裝

（右圖）1920年代
的打獵長褲套裝

5 · 愛德華 · 莫林諾克斯

長褲裝的繼續發展：1960年代嬉皮文化的著名歌手遜尼和切爾穿著的長褲裝

其實，早在1901年已經出現長褲裝的先兆，這張照片顯示了英國最早出現的男女長褲休閒裝

時裝設計師愛德華·莫林諾克斯由於曾經在軍隊中擔任過上校，因此人們在他從事時裝設計的時候，依然習慣稱他為莫林諾克斯上校。他原籍愛爾蘭，是唯一在巴黎時裝界得到成功的愛爾蘭人。他原來幻想成為一個畫家，但是在第一次世界大戰前的「美好年代」時期被上層社會的時裝界中十分活躍的杜佛·戈頓夫人發現，認為他具有時裝設計的才能，因此把他送到自己在紐約的分店工作，之後又把他調回巴黎的總部。透過這些工作關係，莫林諾克斯上校學習到時裝設計的技巧，也掌握了市場的脈絡，決心自己開創服裝設計業務。第一次世界大戰結束之後，他即在巴黎開設了自己的時裝店，從業務角度來看，他是相當幸運的，從公司一成立開始起就有一些顯赫和富有的顧客來光顧，當時的希臘公主瑪麗娜到他這裡訂作婚紗，在她與英國的肯特郡公爵結婚儀式上用，這樣顯赫的顧客自然帶來了許多其他上層社會的顧客，因此自從業務開始以來，他的時裝店的顧客絡繹不斷，而由於從希臘公主以來，不少人都找他設計具有特點的婚紗，因而，莫林諾克斯也就開創了現代婚紗設計業的先河。

莫林諾克斯在設計上走上層路線，他的設計都是為上層顧客的，他設計的女裝都非常典雅，正式晚裝、晚禮服都具有貴族氣息，面料名貴、色彩比較鮮豔，狹窄的長裙採用高腰線，加上短小的上衣配合。他的晚裝都採用短袖或者無袖設計，加上長手套配合，與十九世紀曾經流傳過的法蘭西「帝國風格」非常接近，因此能夠透過形式的相似而與貴族氣派聯繫起來。

莫林諾克斯個人在服裝設計上具有很高的品味，而他的剪裁也非常精到，因此很受當時上層婦女的喜愛。他的服裝比較正式和嚴肅，即便晚禮服也總是有一種典雅大方的嚴肅感，從來不輕佻。他的晚禮服套裝包括長裙、緊身的小上衣和緊身的小外套三部分組成，外套短小，被稱為「四分之三裝」，這種短小的「四分之三」外套是他的發明，體積小、簡單，而容易攜帶，但同時具有儀態萬方的氣息，因此非常受經常旅行的貴族婦女、上層社會女士和女演員歡迎。

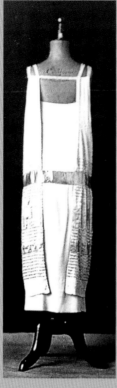

莫林諾克斯的作品具有明顯的英國特徵，他的設計比當時的法國服裝更加緊湊，輪廓也更加清晰

這是莫林諾克斯當時設計的一套服裝，具有其典型風格特徵

　　莫林諾克斯具有明確的時裝行業的經營觀念，他知道要成就一個時裝品牌，必須推出自己的系列產品，而不僅僅是服裝，因此他設計了女子的貼身內衣、帽子，也設計和生產自己的香水，其中比較出名的是1926年出品的「五號」香水（Numéro Cinq），雖然當時可可·香奈兒的著名「五號香水」已經面市了，但他這個牌號的香水依然具有很好市場。為了擴展業務，莫林諾克斯於1920年代在法國南部和倫敦開設了好幾家分店，生意都非常好。他與艾爾沙·馬克斯維爾（Elsa Maxwell）開設的兩間夜總會成為當時八卦新聞的中心。

　　莫林諾克斯上校在1939年回到倫敦，躲避德寇的佔領，但是在戰爭一結束後，他又返回了巴黎，時裝店直到1950年才關閉。

　　莫林諾克斯在設計上推出的四分之三裝具有重要的意義，他在剛剛擺脫了緊身胸衣之後，一方面在保持典雅形式的前提下，發展傳統正式晚禮服雍容大方的氣質，同時也使這種服裝設計賦予穿著的女性身體的自由，達到雙贏的目的，影響後來許多設計師的設計。

莫林諾克斯最典型的時裝設計，非常緊身的長裙、短小的上衣、半截袖外衣和長手套搭配，極為典雅大方

典型的巴鐸設計的時裝，包括比較長的外衣、衣領上採用刺繡裝飾

6 · 讓 · 巴鐸

讓·巴鐸是法國重要的早期時裝設計師。他的成功設計與運動服裝有關，在婦女追求解放自己、解放身體的時候，他的設計具有非常重要的作用和意義。

自從1907年以來，讓·巴鐸曾經在好幾家時裝店工作，積累了經驗，也學習到服裝剪裁的技法，從而產生了自己從事時裝設計的願望。在第一次世界大戰結束之後，他終於在巴黎開設了自己的時裝店。巴鐸本人長於具有民族風格的刺繡設計，特別是具有當時流行的「新藝術」運動的形式，再加上強烈的色彩，這些動機使他的設計一開始就吸引了不少那時的注意和青睞。而他很快注意到婦女參加體育運動的強烈願望和當時傳統服裝的障礙，因此開始轉而研究和設計女性的運動服裝。他設計了不少運動服裝，這些服裝使他的事業獲得迅速的成功，而他所具有的商業意識，又使他在業務上取得很好的業績。他很早就在運動服裝上印上自己的名字，做為品牌推廣。這種品牌推廣方式，使他的時裝業務能保持蒸蒸日上的條件和原因。

巴鐸因為他為當時網球名將蘇珊·蘭利（Suzanne Lenglen）設計網球服而出名，他的設計包括白色絲質的打褶短裙、白色開襟羊毛衫（cardigans）和後來著名的白色頭帶，當時這些設計都成為網球界不可缺少的服裝。直到現在，不少女網球手都依然穿多褶的白色短裙、戴頭帶，這是巴鐸設計的影響結果。

巴鐸早期的設計嘗試其實並不成功，他真正開始確立自己的設計事業，是在第一次世界大戰結束之後，當時他開始從現代藝術和現代設計中吸取營養和參考，他在藝術上的「立體主義」和設計上的「裝飾藝術」運動兩個潮流中找尋借鑒，有意識地採用兩者強烈的色彩和線條、突出的幾何圖形，來設計自己的服裝。他的這種設計，加上他簽名所構成的標誌，具有強烈的現代感，很受當時一些前衛女性的喜愛，因此在戰後時期逐步形成風氣，加上他的運動服裝系列，從而確定了自己成功的基礎。巴鐸使用自己獨到的強烈色彩、強烈而誇張的圖案，由於他設計成功，這些色彩和圖案也成為時裝的流行，比如著名的「巴鐸藍」和他設計的「黑大麗花」圖案，在當時都非常時髦。

FRAICHEUR. — *Robe d'organdi blanc garni de rubans bleu et bouquet multicolore.*

Création Jean Patou

Robe d'organdi rose garni de rubans de velours du même ton.

Création Jean Patou

Robe de crêpe de Chine rubis plissée garnie blanc.

Création Doucet

巴鐸設計的時裝，腰帶上採用花束裝飾，新鮮而輕鬆。圖上這三套女裝都採用了低腰線方式，這種方式是從1924年開始流行起來的，這張插圖是由畫家Christopher Demiston為當時的時髦生活雜誌《Art, Goût, Beauté》所創作的

法國當時著名的網球女選手蘇珊‧蘭利在1926年10月6日的美國公　這是巴鐸在1926年參加一項網球比賽時的照片
開賽上，穿的是巴鐸設計的運動服，她一向都只穿巴鐸設計運動服

　　為了能夠保證自己獨特的圖案和色彩在面料上得到準確的詮釋，巴鐸與面料製造商比安齊尼－法利爾（Bianchini-Férier）一直保持非常密切的合作關係，除了色彩、圖案、面料的質材之外，巴鐸還特別關心面料下垂的情況。他的服裝輕盈，如果不考慮下垂的狀況，會使效果大打折扣。他一直努力設計簡單的、柔軟的服裝，他的設計宗旨就是：服裝應該非常簡單而雅緻。這種宗旨使他成為第一個真正的運動服裝設計師，他的設計特點是簡單的外型、舒服的剪裁。他的設計開創了女性運動服裝的先河。

7‧麥德林‧維奧涅特

麥德林‧維奧涅特在現代時裝上具有很重要的地位，她設計的正式晚禮服完全改變了這類型正式服裝的形式，她的設計對於露肩和交叉過肩兩種類型的晚禮服具有奠基作用，如果沒有她的設計，今日好萊塢的電影女明星們在出席奧斯卡頒獎儀式時的服裝可能就大減風采了。維奧涅特夫人創造了斜線剪裁方式(bias cut)和精緻的下垂式衣裾下擺式樣，這兩個設計迄今依然無人能夠出其之右。她設計出最精彩的正式女裝，不但大方典雅，並且僅僅只有一條縫線，其設計和剪裁上的獨到和精彩，令人驚歎。

　　與其他時裝設計師不同，維奧涅特的設計集中在剪裁上，而她的剪裁又集中在簡單的三角形和長方形這類型的幾何形式上，如此簡單的形式，卻達到極為典雅的結果，可以說她在設計上具有他人難以達到的高度。

維奧涅特在模型上設計服裝，主要研究剪裁的方式，她是現代時裝史上剪裁方面達到最高水準的一個設計大師

　　維奧涅特是於1876年出生於一個相當貧困的家庭之中，從小聰明過人，在小學和初中時的成績突出，數學尤其優異。但是由於家境困難，她不得不在十二歲的時候輟學，當一名裁縫的學徒。她在巴黎工作到十六歲，之後到倫敦找尋發展。生活困難，她在倫敦一直是當洗衣服的女工，當時的艱辛不堪回首。她在倫敦結婚，但是婚姻維持很短時間就以離婚告終，而她短暫婚姻所得的小女兒也夭折，對她來說是非常大的打擊。

　　在廿歲那年，維奧涅特在倫敦在成衣製造商凱特‧奧萊利（Kate O'Reilly）的商店當經理，1900年回到巴黎，開始為巴黎當時最著名的服裝店之一「卡洛姊妹」（Callot Soeurs）工作，這個服裝公司由三姊妹掌管，大姐是瑪麗－加洛‧吉貝（Marie-Callot Gerber），她是生意的主管人，而維奧涅特成為她最主要的助手。吉貝對維奧涅特帶來非常大的影響，對於她日

維奧涅特為了保護自己的專利，因此每件自己設計的時裝都有三個不同角度（前、後、側面）的照片存檔，此為她的設計存檔照片，1924年所設計的背面

維奧涅特1924年所設計的正面

維奧涅特1924年所設計的側面

後走上時裝設計道路具有絕對的作用。她日後回憶其影響的時候說：「吉貝教我如何製造一輛勞斯萊斯，如果沒有她，我只能造福特車了。」

1907年，捷克‧杜塞委託維奧涅特協助他振興自己的時裝生意，維奧涅特接手之後，立即把服裝的緊身胸衣完全去掉，並且改短了裙裾，但是她的這些設計不但遭到一些保守顧客的反對，也遭到杜塞公司的反對，因此她知道必須建立自己的服裝店，才能達到推動時裝改革的目的。經過好幾年的準備和籌畫，她終於在1912年開設了自己的服裝店，生意逐步展開，她感到非常高興和興奮，但是，她的服裝店生意在第一次世界大戰時中斷，直到1918年在大戰結束之後，才重新開業。

人們說，維奧涅特好像一名醫生般去看待女性的身體，盡量發揮女性身體的自然美，她的服裝剪裁是按照身體合適進行的，特別是縫線的設計，都盡量達到表現人體自然美的目的。這是服裝設計上的一個大革命，因為在她以前，所有的服裝設計中心都是要求人體去適應服裝式樣，而她卻把人體做為中心，使服裝適合人體。這種功能主義的方式，終於把長期以來本末倒置的關係扭轉過來了。她自己做了一個小人體模型，在上面試驗面料與身體的關係，研究最恰當的剪裁方式，研究縫線的最恰當位置，最終達到能夠把身體的曲線淋漓盡致地體現出來的目的。這種試驗使她至終能夠設計出彎曲的縫線方式，並且最終設計出斜線剪裁的方法，斜線剪裁方式當時僅僅用於領口，從來沒有被用到全身的服裝剪裁上。而她的的剪裁和設計，完全改變了時裝發展的途徑。

當然，由於她的特殊剪裁方式，因此她的衣服雖然能夠體現身材的美，但是要穿上去卻不容易，不少她的顧客在買了她的服裝之後都去找她，問她如何穿上。不少貴婦人在買了維

維奧涅特設計的「希臘瓶子」時裝，強調身材的高䠷感

維奧涅特設計的服裝細部，採用「馬圖案」（法文Aux Chevaux，相當於英語的horse-motif），圖案受到古希臘裝飾藝術的影響

奧涅特的服裝之後，因為無法穿上，而不知道如何是好，這也是她設計的缺點所在。

　　維奧涅特設計的第二個突出貢獻是對面料的研究和使用。她認為：要突出身材的美觀，只有柔軟的面料才能達到目的。她因此使用輕盈而柔軟的面料來設計服裝，比如絲綢的縐紗（silk crêpe）、真絲薄綢（mousseline）、天鵝絨、緞子等材料，為了達到飄逸的效果和能夠方便特殊的剪裁，她特別訂作了比一般面料要寬兩碼的特殊尺寸面料，因此可以斜線剪裁。1918年，專門為她製造面料的廠商比安齊尼－法利爾特別為她製作特殊面料，是用羅沙巴縐紗（Rosalba crêpe）製作的。這是用絲和醋酸纖維（acetate）混紡做成的，是世界上最早採用化學纖維的面料。

　　維奧涅特對於色彩興趣不大，她對於純度不同的白色比

維奧涅特的目標是使用僅僅一塊面料製作一件服裝，這件女裝上衣就是使用一塊面料剪裁而成的，領口採用蝴蝶結，束緊整件衣服，從而使服裝能夠體現出設計要求的造形

維奧涅特1928年設計並且存檔的服裝

較喜歡，由於古希臘的女裝大部分都是白色的，因此，人們說她設計的長衫與古希臘的服裝具有相似之處。她在裝飾上喜歡刺繡，或者補繡的玫瑰花團，這些裝飾細節還有一個重要的功能，就是可以拼接不同塊面料，刺繡或者補繡圖案下面是不同塊面料的介面，因此無需增加縫線，使服裝整體的縫線減少。她非常小心地不讓這些裝飾使面料墜下去，刺繡要跟隨面料的紋理，因此在運動的時候，面料、刺繡都能夠和身體一致，當時喜歡跳舞的女性在服裝上往往喜歡使用流蘇邊，以增加運動感和韻律感，維奧涅特在晚會服裝上廣泛使用流蘇，她是第一個把流蘇束獨立固定在服裝上的設計師，其他人為了方便、節省而成排地使用流蘇。她把每束流蘇獨立固定，從而使流蘇更加具有運動感。她的設計目的是要使服裝成為女性的伴侶，她曾經說：「當女性笑的時候，她的服裝也應該和她一起笑。」

維奧涅特知道自己的設計非常獨特和傑出，因此一開始就努力保護自己的專利。她的所有服裝都拍攝前面、後面和側面三張照片，放入專利冊中，她一共有七十五本專利冊，這些作品成為法國服裝藝術聯盟（L'Union Française des Arts du Costume）作品集的基礎。

由於自己有過困苦的生活經歷，維奧涅特對於職工和窮人總是充滿了同情心。對於她來說，正義比權利更加重要，她的業務越來越大，職工人數超過一千人，而她總是善待職工，給他們足夠的帶薪假期，上班有休息時間，有病假工資，這些都比後來法國法律要求職工福利規定要早得多。她還在公司裡設立了餐廳、牙醫診所、臨時病房，她還聘用了公司自己的旅行經紀，幫助她的一千多名員工安排假期。

對於維奧涅特的私人生活，我們知道得很少。她從來不注意自己形象的樹立，1939年當她的時裝店關閉的時候，人們很快就忘記她了。她活了很長時間，直到老年，她依然對於時裝興趣盎然。如果沒有她捐獻自己的作品集，巴黎的時裝和紡織博物館（the Museum of Fashion and Textiles in Paris）可能都難以開張。這個博物館在1992年開幕，是在維奧涅特去世

廿年以後。不少時裝設計大師在她的作品面前都感歎說：無人能夠超過她的水準。

與可可‧香奈兒相比，維奧涅特鮮爲人知。如果用維奧涅特自己的形容來說，可能是因爲她設計的是服裝中的勞斯萊斯，而香奈兒設計的是大路貨的福特罷了。

8‧此十年的服裝式樣

在這個十年之中，婦女在穿著上努力達到三個形象：天真純潔的小女孩形象、勇於犧牲自我的聖母形象、豔麗的蕩婦形象。這三個目的構成了當時時裝和化妝的設計焦點。

1910年前後，女性已經廣泛化妝了，但是目的是要不起眼、自然，而不是誇張。化妝品商赫倫娜‧魯賓斯坦創造的粉紅色面粉是一個重大的革命，因爲長期以來，婦女的面粉都僅僅只有白色。而粉紅色完全改變了化妝的基調，從而改變了婦女的傳統形象。

另外一個化妝品設計師依莉莎白‧雅頓（Elizabeth Arden）在1910年開設了自己的化妝品店，她與赫倫娜‧魯賓斯坦成爲當時巴黎化妝品的女皇，她們爲了競爭的目的，不斷推出新的化妝品系列和品種，並透過化妝品的宣傳勸說她們那些屬於上層階級的女顧客每日做面部保養，採用各種類型的面霜、洗面乳和護膚品，特別推廣的是利用蒸汽方法來清理毛孔的治療（pore cleansing treatment），這些護膚保面的護理方法迄今依然大行其道。

時裝設計師約翰‧加理亞諾1998年重新使用維奧涅特的設計特點和剪裁方法爲迪奧公司設計的時裝

第一次世界大戰期間，濃妝豔抹是不適當的，當時婦女的化妝僅僅是淡淡的口紅，眼簾上少許凡士林而已，並無過分打扮。頭髮縮起，模仿當時的電影默片演員瑪麗‧皮特福德（Mary Pickford）的式樣，在前線打仗的男人是不希望自己的妻女濃妝豔抹的，他們喜歡當時打扮清純的少女莉莉安‧吉施（Lilian Gish）的形象，被稱爲「甜蜜的小姑娘」，這種清淡的打扮，符合當時的情況。

戰時要向這些具有犧牲精神的婦女推銷化妝品是相當困難的。因此，戰時化妝

品的推銷方針從能夠使女性豔麗、容光煥發的重點轉移到對人體和皮膚有健康作用這個新重點上。比如用於潤眼簾、嘴唇的凡士林（Vaseline）當時稱爲「油膏」（ointment），當時大部分人因此不知道這種油膏，其實是註冊專利的產品凡士林。當時的女性如果真想美麗，比如減少皺紋，她們寧願去做整容手術（主要是注射Paraffin），也不太信任化妝品的美容作用。

　　戰後，在化妝、打扮和貞節之間形成了一種新的標準界限，戰時人人都盡量淡妝，以表示貞潔和清純，現在則人人都想看起來神祕和危險，髮式流行泡泡頭，眼睛四周用眼影粉（kohl），嘴唇猩紅，隨身的飾品盡量奢華、出奇，恢復到布瓦列特1910年突出他的東方服裝系列時的要求。

9・此十年的偶像

從1914至1918年的第一次世界大戰期間，真正受到婦女崇敬的女性是那些不顧生死、出入戰線的女護士，紅十字會的女護士對於她們來說就好像聖人一樣崇高和令人羨慕。當

這個時期的女性打扮趨向像小女孩，這是當時的偶像莉莉安・吉施的形象

時戰線上女護士的制服是由服裝設計師列德芬（Redfern）設計的，當時女性對於護士的高度喜愛，使不少的女孩子都穿上女護士或者修女制服去拍照，再把照片寄給前線的丈夫或者愛人，表示支援和忠貞，可見當時社會的風氣。

　　第一次世界大戰之後，電影默片的女明星成爲女性的致愛和崇拜的偶像。在美國當時每天有五百萬人去看電影，這種對於電影的喜愛很快就傳播到英國和其他歐洲國家。戰前的舞台劇被戰後的電影銀幕取代，社會偶像也從戰前的女演員成爲戰後的電影女明星了。戰後早期一些電影是反映戰爭中具有獻身精神的女性，比如莉莉安・吉施在〈一個國家的誕生〉中就是扮演這麼一個角色，一度成爲婦女和男

性仰慕的對象。但是之後，這種角色就在電影銀幕上發生了改變，特姐·芭拉（Theda Bara）扮演的女吸血僵屍吸引了新女性和男性，服裝新奇古怪，嘴唇塗成心臟形狀，是罪惡的人格化手法，芭拉在銀幕上扮演類似埃及豔后克麗奧帕特拉、沙樂美這些邪惡的女角色，短短五年之中，芭拉在卅五部電影中扮演這類型邪惡的角色。之後，好萊塢又改造了芭拉，改變了她的邪惡角色戲路，說她是一個公主的孩子。

因此，這個時候女性崇拜的主題改變了，女性的偶像是又邪惡又童貞的女子，既是天使又是魔鬼，新的偶像也隨即出現，那就是電影女演員葛洛莉亞·史旺森（Gloria Swanson）。電影中，她是一個十全十美的女子，天真無邪，但是卻同時非常複雜，她捲入通姦、三人戀、性解放這些醜聞之中，在她犯這些罪的時候，卻依然保持自己的高貴典雅風度，因此迷倒了不少年輕女子。

另外一個受女孩子崇拜的偶像是美國女子德俊娜·巴恩斯（Djuna Barnes），她的過去非常神祕，從來對外不宣，十八歲的時候她曾經發表過自己的最早詩作，學習過藝術，當過記者，畢生都不斷寫作。1919年來到巴黎的時候，在知識圈中已經頗有名氣，她成為作家詹姆斯·喬伊斯（James Joyce）的朋友，與藝術收藏家佩吉·古根漢（Peggy Guggenheim）關係甚密。在性方面，她同時與男性和女性保持關係，是一個著名的雙性戀者，這種離經叛道的出格做法，卻被不少新銳的女性視為楷模。

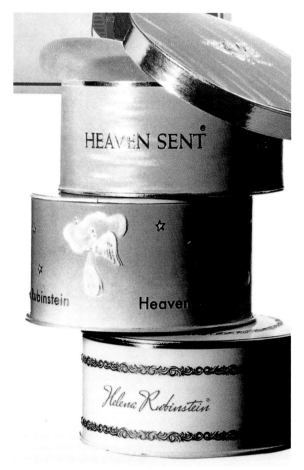

（上圖）當時流行的化妝品，其中底粉是非常重要的基本化妝品

（下圖）插圖畫家喬治·勒帕伯為布瓦列特的設計創作的插圖，顯示了第一次世界大戰後女子化妝和打扮的形式和趨向：土耳其頭巾、紅唇、藍色的眼影

◆ 第三章

「女男孩」的年代：1920-1929

1・導言

從1920年到世界經濟大衰退開始的1929年的這個十年，在時裝設計發展上具有相當重要的意義。這個時期法國時裝上出現了男性化的設計趨向，多少世代以來，女性服裝的重點是突出女性的特徵，而在這個時期，女性服裝反而以男性化為設計中心，可以說是相當地離經叛道，與傳統有極大的差距；而時裝業的成熟，也是在這個時期出現的，那就是可可・香奈兒做為最重要的時裝設計大師在這個時期奠定自己事業的基礎，並且把這個行業做為一個大型企業在世界推廣，建立自己產品系列的品牌，具有明確的設計宗旨和原則，首先提出男性對於女性的性的欣賞立場，不應該做為女性服裝設計的考慮中心，女性自己的舒適、感

不少工作的女性把大部分業餘時間花在化妝上，短頭髮、短裙、男性化的趨向，甚是風行

（左圖）法國時髦雜誌《Art, Goût, Beautè》的插圖表現了
杜塞等人設計的服裝，具有典型的1920年代特徵

很代表這個時代形象的一張照片：好萊塢電影明星格羅麗亞·史旺森，由當時著名的時裝攝影師愛德華·斯坦森拍攝

受才應該是中心，這樣，第一次從婦女自身，而不是從男性的角度來設計服裝，使時裝設計走上更高階段。這些事情，都是在時裝發展史中具有重要影響作用的。

　　這個時代在時裝史上被古怪地稱爲「女男孩」時期。之所以有這個名稱，是翻譯自法文的La Garçonne，法文中的Garçon原是「男孩」的意思，加上陰性詞尾，變成了陰性，意思是指那些女扮男裝的，或者喜歡男人風度、男人穿著的女孩子，加上陰性冠詞，就成爲特指名詞，專門形容1920至1929年這十年中以巴黎爲中心的女性服裝男性化的趨向，以及這個時候

女子崇尚男性化服裝的風氣，是這個十年時裝風格和流行風氣的集中體現，我們在這裡權且翻譯為「女男孩」時期，是西方時裝發展一個非常特殊的階段。

這個時期是爵士樂和查爾斯頓（the Charleston）的演出風靡一時的時代，是女孩子留著稱為「泡泡頭」短髮型和塗著猩紅嘴唇的時代，是自由戀愛、抽菸、避孕、穿短裙的年代，這些離經叛

道的現象是這十年的特徵，但是到這個十年末，當股票市場在1929年崩潰之後，一切都化為烏有——1929年經濟大危機爆發，燦爛的泡沫破碎，醉生夢死，到頭來只是南柯一夢而已。叛逆、奢侈、混亂和探索是這個時期的特點，這些就是為什麼人們稱這個時期為「咆哮的二○年代」（the Roaring Twenties），它給世人所留下的主要印象就是這些。法國人也稱這個時代為「瘋狂時代」，其實，真正的「瘋狂年代」只有短短五年，就是從1924至1929年，在這

第一次世界大戰結束後，人們縱情生活，努力忘記剛剛過去的苦難，服裝設計因而有很好的市場機會

個短暫的時期裡，人們物欲橫流、醉生夢死，五年好像有五十年那麼長，生活在巴黎這些紙醉金迷的大都會中的人都感覺十分值得，對於未來毫無關心。他們不理會世界的變化，也沒有看到經濟危機已經迫在眉睫，更沒有想到，在第一次世界大戰結束之後，很快地全世界即面臨更加殘酷的第二次世界大戰浩劫。

1918年，第一次世界大戰結束之後，歐洲和美國人民都感到應該享受來之不易的勝利，穿華貴的衣服，化妝鮮豔，把戰爭奪去的時間搶回來。因此助長了物質主義的氾濫。科學技術在這個時期有很大的進步，汽車、電話、收音機、唱機，還有大量的家用電器和用具，改變了戰後人們的生活，這些物質的突破和發展，使人們產生對未來積極

女演員布魯克斯穿著典型的1920年代服飾，長香菸咀，長珍珠項鍊

而正面的看法與憧憬，對於婦女來說，是充滿了自由、解放、獨立的未來。在戰爭期間大量的婦女肩負起男性的工作，並且幹得很好，從而增強了她們的信心。因此，婦女們再不認爲自己僅僅屬於廚房和家庭，她們也是社會人，有自己的選擇和自由，因爲她們具有與男性一樣的能力。她們在工作上不僅僅能夠擔負工廠、服務性行業的職務，她們也可以擔任責任更加重大的管理工作和其他高水準的職務，因此收入也增高。有了收入，當然婦女就可以自己決定如何去花費。

戰後的歐美婦女在服裝和打扮上花費了相當大比例的收入。她們剛剛度過一個黑暗的戰爭時期，她們知道任何東西都可以在一夜之間化爲烏有，所以她們的新口號是「爲今日而活」。只要你年輕、你有生活和享受的能力，就不要再等待，及時行樂是她們的宗旨。

青年人講究時髦、時尚和自己喜歡的偶像，是1920年代最突出的現象，如果說相似，那麼1960年代西方又出現類似1920年代的情況，1960年代可以說是1920年代的回光返照。1920年代青年人追求時尚，必須要放縱、忘我、縱情和瘋狂。他們生活的節奏快於旋渦，他們酗酒，把酒精做爲自己活動的燃料，吸毒和抽煙，尼古丁和鴉片是他們的食糧。他們狂舞，直到自己精疲力竭而倒下爲止。女孩子認爲消瘦才是時髦，因此1920年代的女子都拼命節食，努力消瘦，直到變成瘦骨伶仃，才視爲美觀。這些現象，在1960年代再次出現，其實兩個時代的行爲和時尚都十分相似。

這種類型的女孩子喜歡小男孩的形象，剪短頭髮，穿男性服裝，節食消瘦，被稱爲Garçonnes(相當於英語中的mannish girls)，意即「女男孩」、「女小子」。這個名稱出自1922年維克多·馬格里特（Victor Margueritte）寫的小說《女小子》（La Garçonne），這本書描寫當時的女孩剪短頭髮、獨立自主而不靠男人，穿男性服裝，縱情性愛，因此此書被指責爲色情小說，遭到禁止。它成爲黑市中的暢銷書，書中的主角是一個女模特兒，似男似女（英語稱這種人爲androgynous young woman，指雌雄同體式的女子），專門做那些被社會認爲醜陋、禁忌的事情，特別是性方面的徹底解放。因爲如果不是這樣生活，生活就太沉悶、太沒有趣味了。

由於第一次世界大戰中大量男性陣亡，造成戰後歐洲許多國家女性數目大大高於男性，不少城市中男女的比例達到一比三，有些國家甚至更高，在這種情況之下，什麼貞潔、一心事夫的妻子或者賢妻良母形象都是多餘的。好萊塢電影中那些吃人的女吸血鬼更加受當時女士的喜愛，因為她們征服男性。當時歐美不少女性都學習電影中的豔麗女郎來打扮自己，以吸引男人的注意。

這個時候流行打扮得好像男孩子，其實並沒有多少女性的嫵媚特點，甚至沒有多少女人的特點。頭髮剪得短短的，並且透過體育鍛鍊使身材消瘦。當時不但流行各種減肥體育鍛鍊，也流行健康食品，健身治療，採用彈性的腰帶（elastic girdle）來減少腰部的脂肪。最後一種減肥方法有點諷刺意味：因為它的功能與在時裝運動初期被布瓦列特所拋棄的緊身胸衣的功能其實是類似的。其實，說到底，真正能夠在這個短短的時代顯示出消瘦身材的女性，還是以青春為主要特徵。

有些女性服裝乾脆用束胸帶代替了胸罩

由於拋棄了緊身胸衣，胸罩自然是最重要的配件。為了裸露背部，因此胸罩後面的鈕帶特別低，是這個時期流行的式樣

好萊塢電影明星瓊安‧克勞馥做為時裝模特兒表演典型的瘦身裝

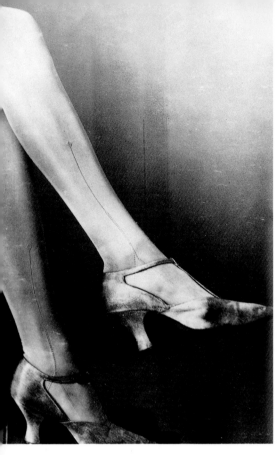

此為當時僅僅為晚上跳舞設計的鞋，鞋帶的高度是所謂「咆哮的二○年代」的典型風格，舒適的設計，使跳舞的女孩子能夠徹夜狂歡

所謂的腳踝帶鞋

這個時期最主要的變化來自白天穿的服裝，而不像以前一樣，主要是來自晚禮服，這是一個根本的變化，這個需求的變化奠定了戰後服裝設計的基礎。自從1916年開始越來越多的服裝設計師集中於比較隨意的日常衣服，女性服裝開始出現套頭裝（jumper-blouse）的形式，套頭裝非常流行，而不再僅僅限於以吊帶方式為主的女裝，無論裙裝還是上衣，都有套頭裝的趨向。因為採用套頭方式，因此也無需腰帶之類的束帶，活動和穿脫都自由容易了。許多套頭裝都是穿在裙子外面，而不紮在裙子內，並且比較長，有時長達臀部，水手裝流行，因此套頭裝的領口是設計成水手裝形式的。

1920年代初期，彌漫在整個歐美的氣氛是極度的不安全感，這種不安全感也體現在時裝設計上。這個時期裙子還是維持了第一次世界大戰期間那樣短，但是很快地時裝設計師開始說：他們要把工作婦女轉變為淑女，這個說法其實意味著裙子要轉為長的。當然，雖然長裙流行，但是裙子的長度不會再長達地面了。這個時期的裙子基本到腳踝，不久出現了長達小腿、形式好像襪子一樣的長袍，在臀部上以皮帶或者腰帶裝飾，上衣形式好像襯衣，一直下垂到腰部下端，這種設計實在十分舒服，並且也不會太平貼，身體的曲線還是能夠體現。1925年前後，服裝的下擺僅僅到膝蓋下部，兩年之後，1927年，裙子下擺第一次上升到膝蓋上面，成為名副其實的短裙。這就形成了我們現在所認為的1920年代的女裝特徵：裙子上簡單樸素，僅僅以兩條細細的帶子吊在肩上，裙子短小不過膝蓋，而穿這樣裙子的女孩子都是消瘦型的。

這個時期中，晚裝的裙子第一次被設計得短到好像日裝一樣。要設計如此短小的晚禮服實在困難，因為材料小、面積小，設計師缺乏用武之地，最佳的方法就是服裝設計所謂的「裸體暗示」，把重點放到裸體聯想上。因此，透明和半透明的面料大行其道，服裝剪裁設計在邊緣線部分採用玻璃珠子或者絲綢的流蘇，強調面料遮蓋的身體部位。長襪採用肉色或者淺色，體現出所謂的「第二層皮膚」，絲襪用絲綢或者尼龍製造。與此同時，新時裝裸露的身體部分很多，領口開叉底，有時後達到腰部，因此

前後的身體都暴露得十分赤裸裸。

為了強調消瘦感和遮蓋，服裝太短小會裸露乳房和胸部，因此必須的附件就是平胸式的胸罩或者壓胸用的緊身胸衣，緊身胸衣在被拋棄之後的十多年後，又悄悄重新成為時髦，不過情況大相逕庭罷了。當時時尚是胸部平坦，因此即便胸罩也是為了壓平胸部而設計的。這個時期開始出現人造絲，使用尼龍，這些人造材料開始取代天然材料，成為內衣、內褲、長襪的主要面料。這些材料之所以大行其道，主要是一方面價格遠比自然材料低廉，而同時也耐反覆洗滌。

米勒1920年設計的晚會鞋

消瘦苗條成為風氣，這些消瘦的女孩子被稱為flappers，這個字原意是「蒼蠅拍」，諷刺她們平扁的身體，她們的服裝變得少而又少，因此活動反而方便得很。她們穿的服裝是短裙、比較暴露的小上衣，因此也叫「瘦身裝」（flappers）。穿了瘦身裝跳舞、運動等活動更多。女性服裝這個時期真正成為身體解放的工具了。

由於整個風氣是輕盈、貼身，因此即便冬天大衣的設計，也轉為貼身式，追求類似日本和服的方式。穿著的方式往往採用一手拉著衣服開口，由於有這個風尚，因此設計上就把

使用淡色的長襪和有鞋帶、巴洛克風格鞋跟的鞋子是跳舞的必要裝備

典型的「瘦身裝」，多重的珍珠項鍊、花束裝飾都很典型，強調瘦弱感，肩膀、手臂和胸背都很暴露是這個時期的時尚

大衣設計得僅僅用一顆大扣子，而衣領往往採用皮毛裝飾。衣領很大，有時好像圍巾一樣。無論是上層社會的婦女或者一般階級的女士，都追求毛皮裝飾的效果，毛皮的使用已經變成做為裝飾之用了，在衣領上加一圈毛草，毛越長越好，就是時尚，人人如此，趨之如驚。好萊塢影星格麗塔‧嘉寶(Greta Garbo)、時裝大師可可‧香奈兒都是當時人們模仿的對象。

在首飾、服裝配件方面，這個時期重視的主要是驚人的視覺效果，而不再是本身的價值，這個轉變是非常大的。為了取得令人注目的效果，所以長長的煙嘴成為時尚，抽菸時髦，而長煙嘴即是很好的裝飾品，也能夠吸引人注意。這個時期還流行用長珍珠項鍊，穿戴的方式是把項鍊在脖子上環繞好幾圈，其中有圈長及小腹，其他的長短不一，這種方式也是為了吸引注視，至於是否為真的珍珠倒不重要。其他在這個時期流行的配件還包括香菸盒、粉盒，這些配件的設計都一致：非常地扁平，同時採用幾何圖形裝飾，是典型的「裝飾藝術」風格。這個時期在穿戴上遮住一隻眼睛也是當時風氣，晚上用頭巾、頭帶遮住，而白天則用設計特殊的帽子遮，當時特別流行短髮式，因此帽子的作用就更加重要了。為布瓦列特工作的插圖畫家艾特提倡把眉毛拔去，這樣才能夠突出眼睛的美，居然也得到歡迎，我們如果看看這個時期的照片，發現不少女性是沒有眉毛的。她們寧願把眉毛拔光了之後，再用眉筆畫上細細的眉線，好像日本的歌舞伎一樣。

鞋子是為跳舞設計的，鞋幫比較高，這樣就可以使鞋帶有用武之地，即便當時歌舞紅星查爾斯頓上台表演也是穿這種帶鞋釦的鞋子。鞋跟自然是非常笨重和難看了，並不太高，僅僅微微彎曲。這個時候評價鞋的高檔如何，並不在於鞋的本身，而在於鞋的材料是否和服裝的材料一致。

短裙僅僅流行了幾年，之後流行裙子後面拖著長長紗巾、帶子之類的裝飾，目的是要強調身材的高挑。

後來改名字為「可可」的加布利爾‧香奈兒是這個時期最重要的時裝設計大師，她的最大貢獻在於把女性的服裝設計得更加隨意、自然和女性化。她的設計宗旨是改變女性服裝原來以男性對於女性的期望為基礎的設計方向，改為以女性自己的方便和舒適為中心。她從服裝開始，逐步完成了包括香水、化妝品和首飾、飾件在內的全套女性用品，她也是最早利用媒體促進自己產品銷售的時裝設計師。

1917年，好幾個服裝設計師引入了桶裙裝（the barrel skirt）但是，由於戰爭已經開始，婦女不再介意這些實際使用功能並不是太好的新潮服裝，因此很快地，桶裙裝就煙消雲散了。

這個時期也有一些女性既不想穿成男孩的樣子，也不希望穿成爵士女郎，她們依然喜歡長裙，簡·拉文就是適應這種要求而設計出稱為「風格之袍」的長裙，這種連衣裙的設計，上不緊，腰窄，下部是喇叭口形，長度到小腿，裝飾華貴，圖案上受到當時流行的立體主義幾何圖形的影響，受到部分女性的喜愛。

晚裝受到舞蹈的決定性影響，而日裝則受體育運動的影響，短到膝蓋的運動裙極受歡迎，這種裙子有少許褶，或者乾脆採用百褶形式，生動活潑，非常有趣。強調的是腰部的纖細，突出的腿部線條，強調自然美，那些身材好的女子自然非常開心。但是這種裙子的腰線其實是人為地放高了，到1920年代末期，腰線方才逐步回到自然的位置。

如果說這個時期服裝有一個主要的變化，那就是對於服裝功能本身開發的變化，雖然到這個時期為止，還有少數婦女穿著緊身胸衣，但是觀念已經徹底改變了，原來以身體來將就服裝基本形式的方式，現在轉變為服裝適應人體的立場。這是一個本質的改革，從此服裝設計的原則就與以往大相逕庭了。

第一次世界大戰期間，不少原來生產時裝的工廠開始轉為生產軍隊的標準化制服，這

「美好年代」流行的大帽子已經過去了，新流行的帽子是緊小的、突出頭部輪廓的，由於短髮，女性往往把帽子戴得低及眉毛

這個時期和流行的兩種帽子，左圖一頂是簡‧拉文1925年設計的，右圖一頂是保羅‧布瓦列特設計的

種標準化服裝的生產，日後對時裝業的形態帶來了決定性的影響。由於這些生產不再受設計大師們近乎獨裁的控制，也不受時裝季節性變化的影響，因此規模日益擴大，工人的人數增加，高速度和高質量的生產成為戰時服裝生產的核心。新的技術也開始引入，1850年發明的多層布料裁刀在這個時期普及使用，1914年，美國的理斯機器公司（the Reece Machinery Company）發明了釦眼機，這些戰時廣泛應用的服裝生產技術，在戰後成為非常重要的生產手段。

在第一次世界大戰之後的年代中，雖然巴黎受到很大的衝擊，但它依然是世界時裝的首都，並且很快重振當年的繁盛，特別是戰後結婚比例直線上升，對婚紗的需求和婚禮正式服裝的需求突然增加，刺激了時裝業的大幅度發展。交通的改善、通訊的進步、國際旅遊的增加、貿易的發達，都是時裝業得以發展的重要因素。1921年，法文版的《時髦》雜誌發行，這份雜誌擁有大量國內、外訂戶，也刺激了服裝的銷售。不少時裝設計家的業務擴大，有些設計師居然雇傭一千五百個工人為他們生產自己設計的服裝，其中包括剪裁、縫紉、製作、刺繡和生產時裝的配件。

2‧時裝大師可可‧香奈兒

可可‧香奈兒在時裝設計上的重要地位，使人們都公認她是現代時裝最重要的奠基人物之一，大家普遍稱她為「香奈兒女士」（Mademoiselle Chanel），其實她原來的名字是加布利爾‧香奈兒，她在第一次世界大戰之前已經開始自己的時裝設計生涯了，之後考慮到生意的發展，而把時裝店名稱和自己的名字都改為可可‧香奈兒，而她原來的名字倒很少有人知道了。

香奈兒的重大貢獻不僅僅在於她設計了一些具有國際影響的時裝，而是改變了時裝設計

的遊戲規則，把時裝設計以男性眼光為中心的設計立場改變為女性自己以舒適和美觀為中心的立場，從而使時裝設計能夠更好地為使用者服務，女性服裝表現了自信和自強，而不再成為男性的附庸。這是一個革命性的變革。

香奈兒知道：要贏得一場戰爭，必須有合適的制服，要贏得婦女的心，必須要有合適的服裝，她要是想贏得時裝設計的戰爭，必須有自己的目標和武器，她的目標是要使婦女從對男性的依附中解放出來，而她的武器是別致（chic）的設計。她要用自己設計的魔法來贏得時裝的這場戰爭。

香奈兒喜歡男人，她比任何一個女性都更清楚：要使男人喜歡自己，不是使女性成為男性的附庸，而應該是反過來：使婦女更加具有獨立性。起碼在服裝上面，是婦女自己的，而不是僅僅為取悅男性而設計的。香奈兒與眾多傑出男性有親密關係，她喜歡男性世界，她的

廿世紀最重要的現代時裝設計大師可可‧香奈兒

香奈兒在1929年的照片，她戴自己設計的帽子，下面是她的品牌

這是香奈兒三件早期的設計作品,當時由於她把裙子設計到短得可以看見腳踝,引起社會保守勢力的強烈反彈

香奈兒為俄羅斯芭蕾舞編導大師迪亞吉列夫的舞蹈〈藍色火車〉設計的服裝,在1924年表演,影響了時裝新觀念的形成

服裝設計有很多動機來自男性服裝,她有過許許多多的男朋友,有過很多的戀人,她的時裝事業也是由於她早期的一些戀人的投資才得以啓動。她在男性制服的式樣、男性喜歡的斜紋軟呢、針幗服裝中得到設計的啓發,她設計的服裝的排列釦子、編制方式都來自男裝,連她最著名的方型玻璃香水瓶設計,也是男性風格,可見她並不是對男性充滿敵意。

但是,香奈兒認爲,要使婦女得到男性的喜愛,首先要使他們獨立,而服裝設計必須體現這種獨立,沒有獨立的服裝性格,也就沒有人格,沒有婦女的人格,就無法擺脫對於男人的依附和依賴。男人在愛情前面總是自由的,而婦女則經常成爲男性自由戀愛的犧牲品或者附庸,這是不應該的。

對於可可・香奈兒來說,服裝設計的核心是高水準的質量,透過剪裁和比例使身材的優點得到強調,使身材具有吸引力,而不是暴露自己的身體而達到吸引力。這些基本原則,貫穿了香奈兒設計的整個過程。她自己是這樣打扮的,也是這樣穿的,而她爲她的顧客們也是這樣設計的。她瞭解到,在現代生活方式中的一個重要原則:彈性就是力量。她不想成爲複雜衣飾的奴隸,不想成爲煩瑣裝飾的犧牲者,她尋求的是透過時裝設計達到自身的舒適、品位和魅力。她希望她的服裝能夠和身體完全吻合,服裝成爲身體的一部分,人的美才能達到最高的境界。

香奈兒並不是當時最傑出的高級服裝師,那個時期巴黎最好的裁縫和高級服裝師是麥德林・維奧涅特和克理斯托巴・巴蘭齊亞加(Cristobal Balenciaga)這些人。但是香奈兒確實是時裝設計大師,她好像一個身材苗條的將軍,指揮著時裝設計師的大軍,征服了時裝這個行業,展示了女性服裝應該走的方向。她用自己驚人的毅力和活力,創造了新的時裝類型,給今日的婦女帶來了完全不同的面貌和信心。

香奈兒對於自己的成就其實太清楚了，但是她小心翼翼地說：自己無非是一個「手工藝人」而已。其實，她是一個偉大的藝術家，她最傑出的創造是著名的黑色小衫，所謂的「小黑衣」，加上簡單的針織面料上裝飾成串的珍珠項鍊的打扮方法。

　　一個設計師的風格和特徵，往往可以反映出他們兒童時代的環境和家庭的影響，比如迪奧和聖·羅蘭的母親對於他們都有很大的影響，母親講述的公主童話從小就影響了這兩個設計大師，對於香奈兒來說，童年也是重要的，不過卻不是公主和白馬王子的童話，而是她一些同學的父親的故事，這些同學的父親或者是驃騎兵軍官，或者是富裕的資產階級上層人物，她經常聽這些同學談論父親的赫赫功績，或者豪華而不俗的社交場合，給她帶來深刻的印象。因此，她沒有成為一個溫柔小女人，而是成為一個在社會階梯上奮力攀登、雄心勃勃的設計師。她曾經說過：「如果你沒有翅膀的話，就不要阻止翅膀的生長」，她的這句話既是對她的時裝設計而言，也是對自己的愛情生活而言。在她的一生中，她熱中於旅行，但是不期望到達；熱中於男性的戀情，但是不把自己與任何一個男人的生活完全連接在一起，總是使自己保持有足夠的自由選擇空間。她是一個喜歡過程多於結果的女性，她的服裝設計因此也是一個不斷的發展，不斷改進的過程產物。

　　可可·香奈兒於1883年8月19日生於法國魯瓦爾山谷一個小村莊索姆爾，是一對沒有正式結婚的夫婦的第二個孩子。她的父親是一個沿街叫賣的小販，形象猥瑣，母親是一個農家的孩子，由於生活艱難，加上祖父母的虐待，她的母親很早就去世了。加布利爾十二歲的時候，被送入由教會修女經營的孤兒院，十八歲被送入專門供少女讀書的寄宿學校，這個學校是一個慈善機構，因此她不得不睡在沒有暖氣的房間裡，每天上課之後還要打掃學校，生活極為困苦。這種艱苦的生活鑄造了她日後的性格和設計風格。她學習到生存的藝術，逐步成為自己命運的主人。

　　香奈兒離開學校之後，在法國一個有很多兵營的小城市穆林的一間布料商店當推銷員，她的閒暇愛好是讀廉價的言情小說，夢想做一個多樣化的歌手。她當時喜歡唱的有兩首歌曲，分別叫「Qui Qua vu Coco」和「Ko-Ko-Ri」，裡面都有「可可」，因此後來她當了設計師之後，就把自己的商店名稱改為「可可·香奈兒」。

　　廿五歲那年，香奈兒認識了當時法國面料商艾亭奈·巴桑，此人為一大型面料企業的老闆，非常富有，香奈兒成了

香奈兒（左邊）穿著典型的運動式上衣

1938年的香奈兒運動風格套裝　　運動式上衣變得越來越緊小，越來越時髦，裡面　1935年香奈兒運動風格套裝
穿件翻領襯衣，首飾配合

香奈兒為曼斯菲爾德夫人設計的沙灘裝，胸罩上
衣、裙褲，非常現代

他的情婦。這是她生活中第一個與她有相對固定關係的男人。巴桑有
一個頗有情調的鄉村別墅，離巴黎不遠，他在那裡養馬和招待自己的
法國貴族階層朋友，一直夢想離開鄉村生活、走入巴黎上層社會的香
奈兒自然對於那個別墅和那個上層圈子情有獨鍾，因此她隨巴桑遷移
到這個叫羅亞留的別墅，成了一個傑出的家庭主婦。

　　在那個小圈子裡，香奈兒注意到當時上層社會婦女的時裝，那些
時裝問題多多，被稱爲「美好年代」的那些服裝利用各種褶皺、裝飾
突顯女性的胸部和臀部，她認爲這僅僅是爲男性中意女性的乳房和
屁股而設計的，女性穿了這樣的服裝，好像打了褶的大胸大臀的彩
色糖果，並沒有更高的品位，因此從根本上討厭這些服裝。而女性
的帽子也很難看，好像蔬菜堆一樣，用各種薄紗（gauze）、平紋沙
（taffetta）堆砌而成，而化妝也很難看，香奈兒決心改變這種形式，給
婦女自信和真正屬於自己的美麗大方。

　　從當時香奈兒自己的照片來看，我們看見她留了長髮，並且把長
髮綰起用髮夾固定。濃密的眉毛，穿著白色的女襯衣，有時候還打領
帶，看起來好像一個女管家一樣，很男性化。在巴桑那些穿著雍容富
貴、服裝煩瑣不堪的女士之間，她完全脫穎而出，好像出水芙蓉一樣
新鮮且與眾不同，等待一場她發動收拾那些所謂高級時裝的運動。她

的硬草帽、輕鬆的運動式外衣遲早是要取代那些拖曳而煩瑣的時裝。她雖然是巴桑的情婦，但是她絕對是不甘於這個角色的，她在這裡積蓄自己的經驗，學習上層社會的儀態和生活方式，找尋機會改變自己的命運。

香奈兒自己也知道，她可以透過對於婦女面貌的改革來掃除那些笨重而難看的「美好年代」服裝，而這個改革，必然給自己帶來巨大的財富。她太聰敏了，太瞭解時髦和舒適關係了。而要達到這個目的，她必須使用別致的設計、別致的款式，也就是她認爲的「chic」。所謂「chic」，其實除了別致設計的涵義之外，還是一個噱頭、一種潮流和時尙風格的人爲炒作。只要有天分，她認爲可以從小小的噱頭炒作出影響整個社會的時尙來。這種本能的感覺，大約是香奈兒最重要的天分了。

爲了真正能夠介入時裝行業，香奈兒需要一個商店來啓動自己的事業，她成功地讓情人巴桑給了她一個服裝店，之後又開了一個帽店，開始在巴黎的時裝店上班。她充滿了信心，開始經營自己的時裝店，並且希望進一步擴大它的影響。不久，香奈兒離開了巴桑，找到另一個新情

香奈兒穿著自己設計的典雅晚裝在自己的寓所內，這套服裝華貴無比，時裝設計家卡爾·拉格菲爾德曾經在1996年使用這個設計，推出香奈兒時裝系列，依然受到熱烈的歡迎

人——阿瑟·卡伯（Arthur "Boy" Capel），卡伯是一個英國煤礦巨子的繼承人，同時也是一個馬球迷，可可·香奈兒後來說卡伯是她一生中最真的情人，他們之間的浪漫關係令香奈兒非常迷醉，可惜卡伯由於車禍，在1919年去世。

卡伯不但非常愛香奈兒，並且也關心她的時裝設計事業，他全力支援香奈兒的事業，他協助可可把自己的服裝店遷移到巴黎時裝業的中心——坎朋路，坎朋路可以說是巴黎時裝的大本營，要想成功，就必須在這裡較量。香奈兒在這裡開設了自己的時裝店，宣佈自己開始進入時裝設計的競爭。原來叫加布利爾的小女子現在成爲法國時裝大師香奈兒，她幾乎把自己的一切都放棄了，義無返顧地朝時裝業發展，在自己過去的所有所愛之中，她僅僅保留了自己喜歡的山茶花，把茶花演繹成圖案，做爲服裝裝飾而用到自己的絲綢服裝上，這個花也成爲她的服裝商標。

香奈兒設計出簡潔的新服裝，很受女性的歡迎，業務因此蒸蒸日上。1913年夏天，她在法國的地威爾開始了另一間專門銷售流行衣服的小店，兩年之後在百麗茲又開了第二家。她設計的束腰運動衫、法蘭絨夾克衫、直身裙是當時沙灘服裝中最新潮的款式，受到女性的歡迎和喜愛。她還設計出亞麻的夏天裝，都受到廣泛的歡迎。

　　香奈兒最重要的設計成就開始於這個時期推出的第一套套裝：長到腳踝的裙子，稱爲
「四分之三」的短外衣，外衣使用紡織品的腰帶，而不是傳統的皮帶，襯衣的邊緣滾邊，簡
單而有朝氣，並且毫無取悅男性的那種突出胸部或者臀部的取向，這個套裝給當時的女性一
種新感覺，一種青春活力的感覺，它同時也是第一套真正爲女性自己設計的服裝。這套服裝
立即成爲香奈兒的象徵，取得極大的市場成功。

　　當然，我們都知道：把婦女從緊身胸衣中解放出來的是保羅・布瓦列特和瑪利亞諾・佛
圖尼，而不是香奈兒。但是，香奈兒卻有自己的主張和計畫，她希望不僅僅把緊身胸衣從服
裝設計上拋棄掉，並且還要把它從婦女的頭腦中完全拋棄，改變婦女對自己服裝的緊箍咒認
可，並且讓她們拋棄傳統的束縛，方才是她要做的大事。她認爲所謂精神上的緊身胸衣是婦
女的生活態度，她們的懶散，她們把自己當做男人的附庸，而不是做自己的主人，這是比緊
身胸衣更加困難的束縛，而她決心要透過自己的設計使這個束縛最終得到擺脫，還婦女一個
真正自己的服裝世界，一個婦女自己的精神生活空間。她曾經說：「時髦並不僅僅停留在衣
服上，時髦是在空氣中的。它是思想方式、我們的生活方式，是我們周圍發生的事物。」就
這個意義來說，香奈兒是一個具有最當代眼光的設計大師，她是卡文・克萊、拉爾夫・勞倫
這些當代設計大師的先驅和榜樣。她不僅僅想把自己的服裝賣個客人，她希望能夠透過她的
設計來喚醒女性對於生活品位的感覺，提高她們的格調，改變她們平庸的生活，改變她們周
圍的物質世界。幾個世紀之後，我們稱這種設計的傾向和目的爲設計「生活方式」。如果人
們只是問：我們這個季節的褲子應該多長？什麼顏色是今年的流行色？這僅僅是一種非常陳

舊的立場，新的立場應該是對於目前生活方式的瞭解和把握，而香奈兒是第一個明確提出這個目的的設計大師。

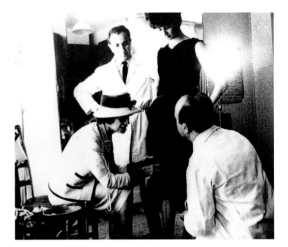

1918年，香奈兒擴大了自己在巴黎的店鋪規模。她原本僅僅集中於夏裝和為富有的客戶設計沙灘裝，現在開始逾越這個限度，而為更加廣泛的、不同的顧客群設計更多不同的時裝。她設計了具有運動休閒服特點的大衣、外套，基本採用米色，風靡一時，被稱為「餅乾」裝，而她設計的正式晚會裝採用黑色的緞子，薄紗製作，形式看來非常簡單，但是非常典雅和高貴，是當時社交界最熱門的作品。香奈兒的童年經歷告訴她，要成功並不容易，你要解放一個世界，你首先要知道如何受苦受難，知道苦才知道要解放什麼。她的新設計是自己多年經歷的總結。

香奈兒是一個完美主義者，她對於剪裁、設計，甚至所有的細節都盡心盡力，一絲不苟，她的模特兒則經常要在她面前站立好幾個小時由她調整設計細節。香奈兒從來不容忍自己由於其他人或事而被耽擱或者延誤。她總是認為時間和機會都是屬於她的。1926年，香奈兒設計了一套新作品，是為新一代婦女設計的正式晚裝，苗條、運動化，採用黑色的縐紗製作，並且具有男孩的服裝特徵，非常符合這個時代新潮女性對於小男孩式樣的熱中，她自己把頭髮剪得好像男孩的頭髮那麼短而精悍，穿著這套服裝去跳舞，引起轟動，這套衣服在美國的《時尚》雜誌發表，被稱為「時裝中的福特汽車」，這件衣服採用黑色為基本色調，是後來被稱為「小黑衫」（the little black dress）的開始，美國人稱讚這個設計具有民主精神和功能主義特色，是時代精神的結晶。這件服裝如此成功，迄今依然受歡迎，僅僅在細節上有少許的改動，整體還是保持了香奈兒1926年的設計。這是廿世紀時裝設計中最成功的例子之一。

從一開始，香奈兒的時裝設計就具有自己獨到的

（上圖） 1962年香奈兒在自己的設計事務所討論新設計
（中圖） 當客人在欣賞香奈兒的時裝表演的時候，香奈兒自己站在後面觀察情況
（下圖） 時裝攝影大師謝西爾・比頓畫的香奈兒，穿著自己設計的服裝，站在自己家裡的壁爐前面

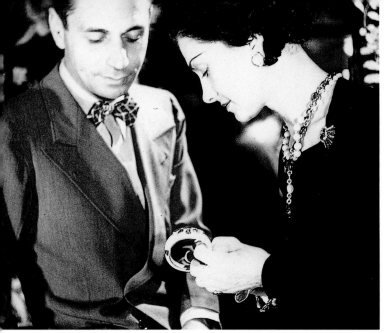

西西里伯爵維杜拉為香奈兒設計了一些最漂亮的首飾，香奈兒非常喜歡他的設計，這是她和伯爵　五十歲時候的香奈兒，比年輕的時候更加具有魅力
在一起的照片

地方，它的核心是服裝的靈活性和機動性，無論從直觀上說，還是從多樣化方面來看都是如此。她的設計是跟隨人體而變化的，是按照人體來設計，而不是要人體屈就她的設計。這是一個服裝設計上的原則。他設計的橡膠面雨衣是從當時專業汽車司機的制服發展而來的，他設計的「俄羅斯風格」，是採用了傳統的俄羅斯刺繡和毛皮滾邊方式裝飾，她設計的服裝採用了漆黑的幾何圖案，米色和紅色的圖案，這些都與具體的功能有密切的關係，並且也與時代的氣息有密切的關係，在第一次世界大戰期間，香奈兒設計的服裝把戰爭做為一種隱喻運用，紅色和黑色的強烈色彩是她對於戰爭和戰爭對歐洲造成慘痛結果的反映。她的設計不是處於真空中，而是與社會生活和人的具體要求息息相關。香奈兒對於當時的現代藝術非常關心，她個人與現代藝術的一些大師，比如立體主義大師畢卡索、「俄羅斯芭蕾舞團」領袖謝爾蓋・迪亞吉列夫都是好朋友，她曾經與當代音樂大師史特拉汶斯基有過一段情，她還為一些當時的國際戲劇大師設計過服裝。

　　香奈兒面臨與她以前的一些服裝設計大師的競爭，特別是保羅・布瓦列特和艾爾莎・沙巴列理(Elsa Schiaparelli)。布瓦列特完全受東方風格和「俄羅斯芭蕾舞」的風格吸引，而沙巴列理則沉浸在超現實主義的藝術之中。與他們不同，香奈兒始終有自己的立場和自己的原則，不為外力所過分影響，因此，她比其他兩位更加具有自我。她認為自己的服裝具有超越時代的特點，因為簡單，從人的具體需要出發，而不是從流行風格出發。她認為穿著無需考慮社會的評價。

　　在香奈兒慶祝自己四十歲生日的時候，她推出了自己的第一種香水：香奈兒五號（Chanel Number 5）。其他的時裝設計師也推出自己的香水，但是都裝在不透明或者半透明的瓶子中，名稱也比較含糊，如「中國之夜」(Nuit de Chine)之類，而香奈兒五號則一改這種方式，

採用非常直截了當的方法，瓶子是方形和透明的，上面只有她自己的名字和號碼，沒有任何聯想的隱喻，這點與她的情人卡伯的影響是分不開的，卡伯總是告訴她：要想在現代社會成功，一定要採用最新的科學技術的成果。這個簡單的方形玻璃瓶是現代感的突出體現。適合時代精神，因此當時推出，就得到成功。

香奈兒五號香水，是全世界最著名的香水

五號香水的香水師是恩斯特·伯克斯（Ernest Beaux），他在乙醛化合物和化合材料方面具有豐富的經驗，他在香奈兒於格拉斯的實驗室研究新型香水，1921年，他創造出全世界第一種真正的合成香水，這種香水一共包含有80多種不同的原料，其中包括人造的茉莉花香精，是利用苯甲基醋酸鹽的成分合成的，這種香精不但使茉莉味道更加濃烈，並且持續的時間也長得多。香奈兒在香水製造上是具有決定地位的，她堅持不要完全維持自然花香，她說：如果一個女子用自然花香，反而好像有些做作，人為的感覺反而大，她要求借用部分自然香味，但是一定要有合成，使之既像自然，又不是自然，這樣才具有吸引力，反而更加自然。

香奈兒當時要與格理絲夫人（Madame Gres）、維奧涅特、簡·拉文這些已經在為富裕顧客設計時裝的設計師競爭，她必須要採用特別的手法，才能使自己後來居上，取得成功，她所採用的方法就是借用媒體的力量，她知道，媒體的力量比任何商店本身的力量都大得多，並且能夠很快得到大眾的瞭解。因此，她非常精心地設計了自己成功的傳奇故事，把自己的形象、自己的成就精心包裝起來，透過報紙和時髦雜誌宣傳出去，果然立即得到立竿見影的效果。第一個成功的證明就是她的第五號香水的銷售扶搖直上，非常驚人。

可可·香奈兒在二〇年代和三〇年代的生活是相當放蕩行骸的，具有強烈的現代藝術家的波西米亞浪漫，同時也充滿了資產階級社會的放蕩、縱慾、奢華和勤奮的個人奮鬥特點。她經常和前衛藝術家在豪華的餐廳中吃晚飯，夜生活是放縱的，但是無論夜裏多麼放蕩形骸，第二天早上她依然按時回到自己的時裝店上班，準時工作，並且依然充滿了熱情、精力和雄心。她曾經對作家巴恩斯（Djuna Barnes）說：其實任何夜生活都沒有什麼能夠引起她興趣和快樂的，對於她來說，這些生活僅僅是應酬和擴大自己的圈子而已。要真正瞭解香奈兒真是太困難了，她出錢給讓·科克圖（Jean Cocteau）戒鴉片，和英國的威斯特敏斯特公爵（the Duke of Westminster）釣三文魚，晚上則和法國詩人列維地（Pierre Reverdy）討論哲學和人生的意義，周末則和英國政治家邱吉爾（Winston Churchill）打撲克牌，如此活躍於社會各個層面的設計家，可能就只有她這一位。

時裝表演中的香奈兒套裝和首飾　　　　時裝表演中的香奈兒套裝和首飾　　　　著名的香奈兒系列，包括套裝、首飾、錢包、標誌等

　　香奈兒講究生活品位，她駐顏有術，因此也沉浸在生活的浪漫之中，她住在自己時裝店的樓上，龐大寬敞的公寓裝飾得非常特別，從中國進口的酸枝木做的明式屏風、講究的水晶吊燈、十八世紀的巴洛克家具，她在里維拉的住宅「包薩」（La Pausa）裝潢得好像好萊塢電影〈埃及豔后〉的宮殿一樣。這些裝飾，自然部分是為了自己享受，但是以此做為媒體炒作的噱頭也是一個很大的原因。

　　由於長於打扮和知道養生，香奈兒五十歲的時候看起來比卅歲的時候更加容光煥發，神采奕奕，她減肥之後身材更加苗條，看來好像美國電影明星嘉寶在〈大酒店〉中的形象一樣。

　　1931年，香奈兒曾經企圖透過好萊塢來推廣自己，她曾經投資一百萬為好萊塢電影導演薩姆爾·高德溫（Samuel Goldwyn，米高梅電影公司MGM的「G」就是高德溫姓氏的縮寫）的電影演員提供所有由她設計的服裝，但是由於經濟危機，她的這個計畫沒有得到預想的成功。

　　專門為時裝定作的首飾其實早在香奈兒之前就已經有了，但是香奈兒給予定作首飾以靈魂，她的設計原則是不介意首飾是否使用真正的貴金屬和寶石做材料，而是它必須具有震撼性的視覺效果，具有驚人的美的效果。就她來說，首飾不是保值的工具，而是達到和時裝配合的最佳視覺效果的手段，因此她更加重視設計。她從來不介意使用廉價的仿冒品達到裝飾的目的，她有時佩帶那些權貴情人送給她的珍貴首飾，比如英國威斯特敏斯特公爵的項鍊，或者俄國德米特理公爵送給她的手鐲，但是她會把這些價值連城的首飾和她自己設計的風格吻合的廉價首飾同時佩帶，顯示首飾的價值並不在材料的貴賤，而在於設計的精巧。人們

說：你可以引誘香奈兒，你可以送名貴的首飾給她，但是你絕對不可能收買她，她從來有自己的品位和人格，她從來都有自己獨特的首飾。

1930年代下半葉，香奈兒遭受到不少挫折，她的生意由於經濟衰退而大受影響，她感覺到自從第一次世界大戰結束以來，世界的緊張毫無鬆懈，另外一場大戰迫在眉睫。1936年，她店裡的工人要增加人工而舉行罷工，她一怒之下把自己的時裝店關閉了。她當時的情人，插圖畫家保羅‧依理伯（Paul Iribe）在與她打網球的時候心臟病發作而去世，使她感到極度地內疚和傷心。她認為連新聞媒體也棄她而去，因此身心交瘁。

這是香奈兒生涯最低潮的階段，也是她日後成為爭議人物的起源。她在第二次世界大戰爆發的初期，曾經跑到維西去躲避，但是後來又回到巴黎，居然與德國佔領當局的一個外交官來往，這個德國人幫助她把關押在集中營中的侄兒釋放出來，她就與這個德國人同居，甚至在戰後，香奈兒還與這個德國人跑到瑞士躲避，法國人指責她是法奸，出賣祖國，她居然說：當一個男人要和你上床的時候，你不可能問他看護照。這段經歷使她一直被不少人譴責。這是香奈兒的人生污點，也是許多大眾從此再無法諒解她的原因。

香奈兒依然極為關注時裝的發展和走向。當香奈兒在戰後數年還在瑞士洛桑躲避的時候，她眼看著法國時裝新秀克莉絲汀‧迪奧在1947年成功地推出「新面貌」裝，黃蜂細腰，堅挺的裙子和上衣，風靡歐洲和世界，穿著這種服裝的婦女好像糖果一樣，這種服裝設計的方式，是1920年代香奈兒努力消滅的，現在好像一個鬼魂般又回來了。時裝和時髦重新被男

1936年的可可‧香奈兒

人所控制，男人的需求形成了服裝的形式，不再是她理想的爲女性自己的尊嚴和女性自己的舒服而設計了。戰後設計師，包括迪奧、巴蘭齊亞加、法斯（Fath）設計的時裝所走的路線，她當然極爲痛心。

香奈兒的生意不但在時裝上受到影響，她的香水也開始出現問題，香奈兒香水註冊的擁有人皮埃爾・魏塞默通知她：五號香水的銷售直線下降，雖然美國電影明星瑪麗蓮・夢露說她除了五號香水之外，不會擦任何香水上床，但是對於五號香水依然無補。這年，香奈兒已經七十歲了，她依然決心反擊逆境。

1954年2月5日，香奈兒在巴黎坎朋路自己的老店中推出了新系列時裝。法國和英國的報紙都稱這個系列爲「憂鬱的回顧」（a melancoly retrospective），或者「殘敗」（a fiasco）牌。這些媒體以爲人們對於二〇年代的過往氣息不會再有任何懷念情感，但香奈兒卻看到了未來。美國新聞界卻站在她這邊，認爲這種懷舊式的服裝是會有前途的。兩年以後，市場證明香奈兒是正確的，她贏得了新的挑戰。她的新時裝採用了新剪裁、針帶滾邊的外衣、釦子鍍金，並且帶獅子頭像的裝飾，這套服裝成爲當時所有婦女追求的款式，或者能夠得到原作，或者能夠得到仿冒品。向後釦帶、有大鞋舌的鞋子、人造寶石的胸針、肩跨式的提包，都成爲全世界仿冒的浪潮。直到廿世紀末，它們還繼續擁有相當的市場。

可可・香奈兒於1971年1月10日，一個星期天在巴黎的麗池旅店自己的套間中去世，她對自己的傭人說了最後一句話：「你看，就是這樣死去的。」美國《時代》雜誌估計，直至她去世的時候，其資產總值爲一億六千萬美元，但是，她去世的房間牆上卻四壁空空。

香奈兒在第二次世界大戰之後很快奪回自己的地位，她的時裝系列完整，德國設計師卡爾・拉格菲爾德在1980年代走復興香奈兒的道路，他在漢堡設計了整個香奈兒系列的作品，

1998年，拉格菲爾德推出完整的香奈兒系列時裝，引起廣泛的興趣，輕盈的材料、具有創意性的鄉村風格、隨意而舒適的設計、整潔而幽雅的處理，都動人心弦。人們再次回顧到香奈兒的天分和前瞻性。

可可‧香奈兒是一個時裝設計上保守的革命者，一個具有爭議的道德主義者，她爭取婦女具有男性一樣的自由，希望婦女的服裝不是由於要取悅男性而設計，而是為自己存在而發展。無論從婦權主義的意識形態立場，還是終身不離的香菸，都體現了她希望擺脫男性依附的完全獨立立場。她強力推薦婦女應該用「女士」（mademoiselle），而不應該用「夫人」（madame）稱呼，表現她爭取做一個女性紳士的期望。她的時裝設計畢竟給予女性自由、自我價值。這個目的在廿世紀末葉終於達到了，她在現代時裝史上具有奠基的重大意義和作用。

卡爾‧拉格菲爾德成為香奈兒的繼承人。這張速寫表現了他在香奈兒的多種設計中考慮如何繼承和發揚香奈兒的設計

3‧時裝設計的里程碑——小黑衫

香奈兒最令人記取的設計是她的黑色小上衣，被稱為「小黑衫」。她設計的緊小黑色上衣和其他緊身黑色時裝一樣，都是她最重要的作品。當人們看見緊小上衣的時候即會聯想起她來。

她最早設計的黑色上衣是在1926年，但是美國的《時髦》雜誌刊登了這件作品，並且稱之為「時裝中的福特汽車」，福特Ｔ型汽車是當時全世界銷售第一的名車，可見美國人對她的高度評價達到怎樣的水準。日後，美國一代又一代的電影明星、演藝界名人和社會名流都穿她的小黑衫，我們從照片上能夠看到的包括有瓊安‧貝涅特(Joan Bennett)、1970年代的「朋

1924年在巴黎街頭拍攝的照片，顯示這個女孩子穿香奈兒的小黑衫

瓊安‧貝涅特在1928年穿「小黑衫」

「宛如男孩」1986年展示的「小黑衫」

瑪麗蓮‧夢露1950年代穿「小黑衫」

1962年羅密‧史耐德穿「小黑衫」

英國王妃戴安娜穿「小黑衫」

客」(Punk)、「宛如男孩」(Comme des Garçons)、瑪麗蓮・夢露（Marilyn Monroe）、羅密・史耐德(Romy Schneider)、英國王妃戴安娜(Princess Diana)、朱迪・加蘭（Judy Garland）、艾迪・皮雅芙(Edith Piaf)、朱麗葉・格列科（Juliette Greco）、現代舞蹈家瑪莎・葛蘭姆、麗莎・敏涅理(Liza Minnelli)。穿「小黑衫」最著名的要算奧黛麗・赫本（Audrey Hepburn），她在電影〈第凡內早餐〉(Breakfast at Tiffany's，1961)中穿一件精緻的「小黑衫」，千姿百態，不知迷倒了多少男女。

當代時裝設計大師克莉絲汀・拉夸（Christian Lacrois）曾經這樣談到他對黑色的感受：「黑色是一切的開始，是零，是原則，是載體而不是內容。如果沒有它的陰影、它的凹凸，沒有它的支援，我認爲其他色彩都不存在。同時，黑色也是所有色彩的總和。它的憂鬱性、它的多樣性，從來沒有完全一樣的黑色。黑色各個不同：半透明的精緻黑，哀悼的陰沉黑，深沉的、皇室的天鵝絨黑，衰敗的平紋縐紗黑，絲的直率黑，流暢的緞子黑，歡樂而正規的油畫黑。羊毛黑令人聯想起煤炭，而黑色的棉織品有一種鄉村的民俗感，所有的新材料，當它是黑色的時候總是有種娛樂味道。

我無法與雪聯繫起來，我也不喜歡牛奶，我希望我的新娘是穿著彩色的嫁裝。只有那些用石灰粉刷得雪白的地中海建築才真正給我以白色的品位感。在金色和紅色的陰影中我好像被催眠了一樣陶醉，有人說：這些色彩如和黑色放在一起，那就是瘋狂的色彩。有些人說：黑色是南方的支柱，是一個安詳的表現。看來很清楚，我經常敏感地討論黑色的細微差別（好象哈爾斯和維拉斯蓋茲的繪畫），談論我小時侯看見的阿列西安人穿的黑色紡織品，談論這些紡織品在日照之下褪色的情況，我甚至認爲，黑色是日光染料所賦予的色彩之一。人們可以用同樣的描述來談一頭黑色的公牛，談論西班牙狂熱的鬥牛愛好者熱中的公牛毛色。與白色相反，黑色是具有穿透力的，它包含有密度、有慾望，小小一片黑色可以包容整個世界，對於從錫管中擠出來的黑色水粉、溢出罐子的煤黑丙烯黑色、從瓶子中甩出的黑色中國墨汁，我都很難抗拒。你總想摸摸它，或者揮毫使用它。黑色與色彩一樣，五光十色，它既不悲傷又不歡樂，但具有誘惑力和極爲典雅，十全十美和無法缺少。它好像夜晚一樣無法抗拒，孩子不應該害怕黑色，雖然對他們來說，黑色具有神祕的恐懼感，其實黑色是包含了自己的問題的答案。」

這段話可以表明香奈兒在使用黑色

電影演員奧黛麗・赫本在電影〈第凡內早餐〉中穿一件精緻的「小黑衫」，千姿百態，不知迷倒了多少男女

時的感受和力量。

4・此十年的時裝式樣

這個十年中，婦女流行包得緊緊的短頭髮式樣，除非喜歡舊式的辮子或者長頭髮之外，大部分的女孩子都留這種短頭髮式。但是大部分男人都不喜歡女孩子留短頭髮，因此女孩子會說她們不小心被油燈或者蠟燭燒了頭髮，因此才這樣短的。其實，詩人科列特（Colette）早在1903年就剪了短頭髮，但是當時無人敢跟隨，十四年之後，才有少數前衛的女子跟進，逐步蔚為風氣。1917年，詩人保羅・莫朗（Paul Morand）在自己的日記中寫道：「過去三天，短髮成為時髦，人人跟進，帶頭的是萊特利爾夫人（Madame Letellier）和香奈兒。」

廿世紀二〇年代，人人都把自己的短髮理成泡泡式樣，或有劉海或無劉海，或直髮或捲曲，泡泡頭是真正的時尚。泡泡頭配上清晰描繪的紅唇，加上畫得清清楚楚的眼睛輪廓，是流行的搭配。在公共場所化妝被認為不適當，而女男孩們要把自己的臉化妝得好像娃娃一樣誇張。

底粉的形式是圓形的，1925年開始流行指甲蔻丹，從此指甲的原來面貌就再也看不見了，被厚厚的指甲油塗蓋。眉毛要拔掉，然後再用眉筆畫上細細的線，因此看上去大家的眉線都是一個樣子。化妝的目的是挑逗和與眾不同，金色頭髮的女孩要把眼影畫成綠色或者藍色，形成對比，大家都使用眼影粉，把眼睛畫成大大的杏仁形狀，看來好像深不可測。俄羅斯的移民把小珠子的祕密帶到巴黎，把每根眼睫毛的頂端都裝飾一顆小珠子，假睫毛也開始流行起來了。防水的染睫毛油（waterproof mascara）這個時期發明出來，是由依莉莎白・雅頓所發明，她在1921年於巴黎開始自己的美容院。雅頓這個美國美容大師喜歡黑色的眼眶，也喜歡採用玫瑰色的眼影。

依莉莎白・雅頓的主要競爭對手是赫蓮娜・魯賓斯坦，她宣稱防水染睫毛油是她發明的。無論如何，這兩個化妝界巨頭的競爭促成了化妝品工業的成熟。另外一個巨頭就是蜜絲・佛陀（Max Factor）。他是一個為沙皇家族化妝的波蘭人，1904年他逃到好萊塢，開始為好萊塢的電影明星化妝，創造了許多銀幕上很受歡迎的形象，包括格羅麗亞・史旺森、波拉・尼格麗（Pola Negri）、瓊安・克勞福特(Joan Crawford)、格麗塔・嘉寶等等。他很快建立自己的

1920年代的典型「泡泡頭」短髮式樣

化妝品連鎖網點，在全世界推銷「明星的化妝品」，借用明星力量來推銷自己，非常成功。

　　巴黎是全世界時髦靈感的中心和來源。那裡是時髦文化的源泉，來自東歐的舊貴族和爵士音樂家討論品位，來自美國、法國的知識分子討論文化，形成一種特殊的氛圍，使巴黎成為當時世界文化的首都。在1925年的國際「裝飾藝術風格大展」舉行之後，美國的《時髦》雜誌說：法國人已經發現了吸引力的祕密，我們應該視我們的巴黎姊妹為優雅的模特兒。

1920年代柏林著名G姑娘卡拉和艾理諾，是當時典型化妝的代表

這點可以解釋為什麼可可・香奈兒的時髦設計能夠很快在全世界流傳和模仿，她完全拋棄以前那種白皙女子的形象，她說：只有那些整天關在屋子了勞動的婦女才會白皙，成功的女性是可以經常到海濱曬太陽，使自己的皮膚黝黑的。讓・巴鐸不但遵循香奈兒的路線發展，並且在1924年推出全世界第一種防曬油，香奈兒之後才以類似產品跟進。

5・此十年中的偶像

這個時代被稱為「女男孩」時代，是個具有男孩特徵的女性形象，其實是好萊塢電影製造出來的。因此，僅僅從這一點來看，就可以想像出這個十年崇拜的偶像必然是以好萊塢電影明星為主。克拉拉・包爾（Clara Bow，1905-1965）在1927年的電影〈它〉（It）當中創造了一個女男孩的典型形象，風靡一時，短髮紅唇，與上個十年的吉布遜姑娘相比，她少了一份純真，卻多了一份誘惑。包爾的電影生涯其實僅僅只有八年，但是在這短短八年中她拍了四十九部電影，創造了所謂的「爵士娃娃」形象，影響了這個十年。

另外具有影響的明星是路易絲・布魯克斯（Louise Brooks，1906-1985），這個從表演逗趣戲發跡的姑娘穿著短裙，理著短髮，表演色情而挑逗，一張具有男孩味道的娃娃臉，迷倒了不知多少妙齡少女。她是來自美國邊遠的堪薩斯州，被導演看中而帶到柏林發展，她在〈潘朵拉的盒子〉、〈失蹤少女日記〉這兩部電影演出之後，開始大紅大紫，但是很快也退出電影行業。她的打扮受到許多女孩子的模仿。

約瑟芬・貝克（Josephine Baker，1906-75）是另外一個偶像。這個黑人姑娘來自紐約的貧民區，曾經在紐約著名的黑人區哈萊姆的俱樂部中演唱過十年，非常具有表演和舞台經驗。她開始受到大眾廣泛注意的時候方才十九歲，一個十九歲的姑娘有十年的舞台經歷，是她的資本。當時，巴黎的上層社會對於非洲原始藝術和文化非常著迷，畢卡索的立體主義、馬諦斯的野獸派都從非洲部落藝術吸取養分和靈感，而貝克逢迎了這種社會氣氛，加上男性社會對於色情的熱中，利用自己的長處到巴黎演出，她身上掛了幾條香蕉，拿幾片羽毛裝飾，幾乎赤裸裸地在巴黎演出，加上為她伴奏的非洲黑人樂隊，立即風靡巴黎。她在一些相當高級的俱樂部和酒吧演出，比如Bal Nègre、Boule Noire，1926年進入「黑舞台」（Revue Nègre）演出，黑色的皮膚和性感挑逗的演出，成為社會議論的主題，當地媒體稱她為「自然現象」，短到貼著頭皮的短髮、剃乾淨腋毛、古銅色的皮膚，是不少上層女士為之狂熱的對象。在1920年代，如果在巴黎走紅，那就等於在全世界走紅，貝克正是因此而全世界聞名，成為時代的偶像。

機會是最重要的，一個女子如果能夠把握自己的才能，找到一個發揮的機會，那麼無論才能如何，都可以脫穎而出，比如基吉・德・蒙巴納斯（Kiki de Montparnasse，1901-1953）就

是一個例子。她曾經嘗試當作家、畫家、歌唱家、電影明星，都不成功，最後開始透過做藝術模特兒而找到自己的方向。她懂得化妝，在畫眉的時候，會按照自己的服裝色彩來改變眼影色彩，在當時是相當標新立異的。她的大膽化妝成為不少人模仿的樣本。她為美國現代藝術大師曼·雷（Man Ray）當模特兒，1924年曼·雷拍攝的著名作品〈安格爾的小提琴〉（Le Violon d'Ingres）把她的裸體背部演變為一把優美小提琴，開創了這類型攝影的先河。她也成為偶像之一。

美國默片電影海報，是這個時候女性形象的集中體現

瑪莉亞諾·莫豪斯（Marion Morehouse）是從服裝模特兒開始自己的生涯。她身材高挑、苗條和美麗，是當時那種消瘦型女子時裝的最理想模特兒。攝影師愛德華·斯坦森（Edward Steichen）曾經說：她是我見過最好的模特兒，因為她和所拍攝的時裝簡直是天衣無縫地吻合。其他不少世界著名的攝影師都視她為最佳模特兒。因此她的時裝照片可以說到處都是，無所不見。當然她也就成為這個時期的偶像了。

南西·庫納德（Nancy Cunard）是英國船業大王的繼承人，她到巴黎發展，投身詩歌創作和出版。她成為巴黎咖啡館文化的焦點，咖啡館中的知識分子視她為熱點，不少攝影家以她為模特兒，其中包括了曼·雷。庫納德其實相當消瘦，有些人說她瘦得好像耙子，眼粉打得非常厚，喜歡戴好多串非洲象牙手鐲，從手腕一直戴到肘部。喜歡非洲獵豹皮圖案，喜歡皮夾克，穿褲裝，她的形象迄今也非常時髦。

當然，真正的偶像還是可可·香奈兒，她的形象和穿著打扮在整個1920年代中都是此一代婦女崇拜和模仿的對象，影響了好幾代人的穿著和打扮方式。

◆ 第四章

典雅風格的回復：1930-1939

1・導言

三〇年代流行苗條，這是愛德華・莫林諾克斯1939年設計的晚裝，使用的是法國「帝國風格」，是拿破崙時期典雅風格的回歸

從1920至1929年這個十年，西方社會經歷了巨大的變化，這個十年開始於歐洲經濟經過第一次世界大戰之後的蕭條，逐步恢復，社會消費因此趨向繁華和奢侈，但是，隨著時間的推移，這個世界繼而進入經濟大蕭條，經濟起伏巨大，對於社會造成的衝擊也巨大，這個十年開始積聚各方面的矛盾和衝突，開始醞釀著第二次世界大戰的狂潮，因此被稱為「咆哮的二〇年代」。進入到三〇年代，社會雖然表面上沒有大動盪，但是任何人都感覺到另外一個巨大的動盪會在任何時候爆發，二〇年代的矛盾不但沒有得到解決，並且越來越尖銳，法西斯主義的猖獗和蔓延，軍國主義的崛起，孕育著另一次巨大的衝突，那就是人類歷史上最大的浩劫——第二次世界大戰。三〇年代是以經濟大危機開始，以第二次世界大戰開始而結束的，這個年代實在非常悲慘。

在這個十年當中，上層人士從第一次世界大戰的巨大破壞、1929年開始的經濟大危機中認識到穩定的脆弱和人生的短暫，因此對於生活的品質和享樂有更大的追求，希望縱情聲色、放蕩形骸、醉生夢死來暫時忘卻戰爭的殘酷，他們也無視即將到來的另外一次世界大動亂。因此，三〇年代不但是以奢華、享受開始的，並且有醉生夢死的特點。在服裝上，人們已經厭煩了模仿男孩子的女性服裝矯揉做作和缺乏女性

（左圖）艾爾薩的唇膏
「震撼的粉紅口紅」廣告

的風采，轉而追求更加具有女性味道的時裝，因此，在這個十年的中期之後，在歐美都出現了一個追求典雅、苗條時裝的階段，人們在物質享受之中逐步品味到高雅的價值，在服裝設計上也就造成了發展的新高潮。這個時期的服裝，在時裝設計史上是以極為優雅的設計而著稱的。

經濟大危機對時裝工業造成很大的摧殘。三〇年代是以經濟大危機做為開端的。1929年股票市場的崩潰造成了國際經濟危機，西方各國出現了歷史空前的企業破產和廣泛的失業。1932年，美國失業人口達到一千四百萬，德國則為六百萬，英國是三百萬。由於經濟蕭條，原來充斥巴黎的美國時裝客人因而銷聲匿跡，原來不少美國公司到巴黎來買巴黎設計師設計的時裝在美國生產和銷售版權，在危機期間這類公司急遽減少，美國公司每年大約僅僅會來買一、兩種設計，其他巴黎的時裝設計都被美國人大量抄襲和翻版，對巴黎時裝業的衝擊之大是可想而知的。因此，危機期間法國的時裝業失業人數高達一萬人，不少時裝店都不得不關閉。

在大危機中，大部分民眾遭到打擊，衣食無著、食不果腹、衣不蔽體，對於服裝自然連看的力氣都沒有了，即便在當時僥倖維持經濟的人，也絕對不會招搖過市炫耀自己的財富，不會穿著耀眼、珠光寶氣，社交場所已經偃旗息鼓，權貴僅僅在自己的私人場合娛樂聚會。在一些私人家庭中舉行晚會。法國波芒伯爵（Count Étienne de Beaumont）家中時常偷偷舉辦晚會，但是都盡量低調，以免造成社會反感。這些晚會有現代藝術的主要收藏家瑪麗－羅爾・挪阿爾子爵夫人（Viscountess Marie-Laure de Noailles）主持，所謂時尚品位的奠定人門德爾夫人（Lady Mendl，原來是一個女演員，叫Elsie de Wolfe）也主持一些晚會，關起門來享受，這些偷偷摸摸的晚會倒是吸引不少還沒有受到經濟危機打擊的權貴。

如果說三〇年代的意義，其實在藝術上和現代設計上是重要的時期，比如法國開始的重要設計運動「裝飾藝術」運動，就在1925年於巴黎舉行，這個運動在三〇年代期間在美國和歐洲其他國家產生了很大的回響，成為持續了十年的主要設計風格；而立體主義運動在經歷了第一次世界大戰之後進入了新的發展時期，出現了列日、胡安・格理斯這些重要的新立體主義大師。立體主義強調的直線、簡單的幾何形式和單純的原色體系，對於這個時期的設計風格造成很大的衝擊。與此同時，現代建築對於時尚的影響也很大，法國建築家柯比意的「新建築」思想，以及他提出的「機械美學」原則，是一種時代的呼聲，對於時尚的影響也相當大。我們知道，這個時期的立體主義風格和「裝飾藝術」風格在六〇年代之後成為後現代主義主要形式的借鑒。

汽車、火車、輪船、飛機、爵士樂和摩天大樓等對於時尚的影響也是不可低估的，第一次世界大戰之前的義大利未來主義運動已經對這些現代生活的技術象徵大唱頌歌，而戰後時期，這些技術象徵對於日常生活的品味造成的影響更加巨大。三〇年代，從火車設計開始，

逐步集中到汽車設計上的流線主義風格一時成為風尚，流線型、鍍鎳、玻璃、鏡子和流線型的汽車形狀是這個時候的風格。紐約的洛克菲勒中心大樓、帝國大廈、克萊斯勒中心、舊金山的金門大橋都是這個時代的象徵，從打火機到家具，從吸塵器到酒具，什麼都採用流線型式樣，都使用玻璃、不鏽鋼。把一切舊的都扔掉，以新的機械形式取代它們，是新美學立場的核心。柯比意說一切都是機器：房子是居住的機器，椅子是坐的機器，用機械的觀點看待我們的生活和社會，就是未來的審美，未來的美學理論基礎。這種觀點自然也在時裝設計中具有很大的影響。

雖然機械美學先聲奪人，但是也有不少人依然懷舊，不喜歡黑色白色、極限主義的面貌。法國一個名人查爾斯・德・別斯特貴斯（Charles de Beisteguis）在巴黎著名的香舍麗榭大道建造了一棟新巴洛克主義的住宅，公開挑戰現代主義建築；在這個時候，現代主義設計還是處在發展的初期，德國的包浩斯設計學院處在實驗階段，社會對它還不能夠完全接受，立體主義也是比較前衛的藝術，並不是社會大眾都喜歡的。

講到時裝，三〇年代與二〇年代十分不同，二〇年代講究叛逆、講究女孩子打扮得像男孩子一樣，而三〇年代則重新恢復到強調女性的嫵媚、嬌嫩和雅緻上。雖然大部分人在這個時代相當貧窮，但還是希望能夠有一些品味，比較講究的衣服起碼在節日和走訪親戚的時候可以穿，雖然大部分人不可能擁有那些昂貴的時裝，但是她們還是希望了解最流行的是什麼。

這個時期的服裝設計，在總的趨勢上有相當大的變化，比如二〇年代流行消瘦體型，稱為flappers，尖刻一點翻譯，就是「洗衣板」、「搓板」身材，女孩子瘦骨伶仃被視為美麗，這個風氣到三〇年代就不太流行了。穿長裙，而不是穿那些暴露平板的胸部和消瘦的腿部的裙子又成為時尚。長裙都是絲綢的，因為絲綢一方面可以經過剪裁突出流線型的簡潔體型，同時又不會過於暴露身體的細節。

這個十年中，人人都喜歡維奧涅特夫人簡單而合身的服裝和剪裁方式，她根據身材進行剪裁，並且盡量使用一條斜線來剪裁整件服裝，透過精心設計的剪裁方式，突出胸部、腰部和臀部，雖然突出，但是不張揚，是一種很自然的體型流露，自然又突出，長裙開叉簡單，直垂而下，典雅又迷人，簡單到無以復加的地步，但是絕對不是簡陋，而是充滿了複雜的設計觀念、性的聯想和高雅的處理，這種方式，實在符合三〇年代的精神，與流線型風格、現代主義非常吻合，維奧涅特是在三〇年代得到廣泛的承認和賞識的。

這種類型的長裙晚裝，還無需繫帶，穿著簡單，都是穿頭而套上，毫不麻煩，這種裙裝突出裸露的脖子，頸線成為一個審美的焦點，這種裙裝的背部開得特別低，裸露出大部分的背部，其實，裸露背部除了好看以外，也與美國電影的審查制度有關，好萊塢的審查制度規定，女演員的服裝前面不得有任何開叉的暴露，因此服裝設計師就把開叉開到後面去，風氣

利用銀狐做為
裝飾是三〇年
代的流行時尚

一開，時裝設計界競相模仿，才出現了低背處理的情況。其實，早在二〇年代，那些被稱為「搓板」的消瘦女孩子的打扮已經把背部開得能多低就多低了，到三〇年代中，維奧涅特式的長裙更加鞏固了這種設計的處理。

舞蹈依然對時裝的發展帶來影響。三〇年代的主要娛樂方式還是跳舞，搖滾舞蹈已經成為流行，舞池的樂隊也變成大樂隊，而不是以前那種幾個人組成的小樂隊了。狐步舞（faxtrot）、倫巴（rumba）開始流行，而探戈（tango）依然還在，影響世界跳舞潮流的好萊塢電影中的歌舞明星佛列德・阿斯台爾（Fred Astaire）和金婕・羅傑斯（Ginger Rogers），是這個時期風靡世界的舞蹈大師和明星。他們從1934至1939年間製作了八部歌舞電影，包括「搖滾年代」（Swing Time），電影表現了生活的歡樂在於不斷地舞蹈，影響了整整一代人。金婕・羅傑斯自己設計了演出跳舞的服裝，她的服裝誇張、奢華，還喜歡裝飾各種複雜羽毛，包括她的舞伴阿斯台爾會敏感的鴕鳥毛，從服裝上講，倒是阿斯台爾從頭到尾一成不變地穿一樣的黑色套裝，嚴嚴實實。其實，阿斯台爾並不喜歡羅傑斯的服裝，因為太過於誇張，所以妨礙跳舞。

好萊塢的誇張服裝，其實並不是歐洲和美國上流社會的方式，僅僅是電影中的現象，但是歐美上流社會的晚裝還是講究高雅，強調苗條、修長的輪廓，並不過分誇張，在形態上，上流社會也還是比較喜歡苗條的體態。背部的確開叉十分低，但是往往利用比較誇張的珍珠項鍊來轉移視線。有些人在低背部下邊緣裝飾一些布料花束，也有完全不裝飾的，比如維奧涅特的設計中，大部分就是在裸露的背部不加任何修飾，以維奧涅特來看，女人的背部，或者女性的人體本身就是美的焦點，無需過分加工了。

維奧涅特的晚裝都暴露背部和肩部，背部和肩膀暴露，因此會很涼，為了保溫，因此肩部使用披肩禦寒，披肩不但是禦寒的服裝配件，也是裝飾配件，因此披肩種類繁多，並且很講究，其中最流行的是狐狸皮披肩，特別是銀狐皮披肩，它變成一種與晚裝配套的必須品。

如果披肩是用兩條狐狸皮製作的，就是非常高級的搭配了。真正要想出風頭，就要用狐狸皮製作的長領圈，如果錢不夠，用天鵝絨或者薄綢圍巾也是可以的。可可‧香奈兒看來了解經濟情況會影響晚裝，因此在她的晚裝系列中也包括了比較暖和的棉布類型。毛皮、皮草是這個時代顯示品味和富有的標誌，即便很小一塊毛皮，鑲在裙子的下襬、袖口、領口都顯示與眾不同。

既然成為時尚，皮毛是四季都必須的裝飾品，富有的人白天也穿皮草，波斯羊皮、水獺皮、卡拉庫爾大耳羊皮、海狸皮是最普遍的皮草。拿皮草做成「四分之三」裝的大衣，模仿所謂的「公主」打扮，是有錢婦女的目的。穿這樣的服裝，並沒有腰線的強調，如要束腰，就用一條細細的腰帶，反正體態修長、纖細的輪廓，加上鬆軟的織物是設計的一個方向。上衣的袖子部分是插接上去的，一般很長，也很緊湊，袖口有蓬鬆毛皮或者其他材料裝飾的袖口。有些裙子設計在後面以三角形布（godets）拼製，顯示裙下襬的皺褶。服裝設計的要點是行動自如，因為婦女現在大部分都工作，服裝設計必須要能夠適應工作活動的需求。

經歷過1929至1933年的經濟大危機之後，婦女都知道如何在沒有錢買衣服的時候把舊衣服改得時髦一些，其中的方法就是把二〇年代的短裙改長，因為長裙保暖，同時短裙在三〇年代也不時興了。現在的裙子下襬到小腿中部，把二〇年代的短裙下襬加上綢緞邊、毛皮或其他裝飾，把短裙接長，是很流行的方法，目的是使短裙在加長之後達到三〇年代的流行長度，這是極為流行的改造方法。

手套和帽子是這個時期淑女服裝的必須配置，帽子不但重要，並且也是設計的新重點。從設計角度來講，這個時期的帽子也是設計上最複雜的。這個十年開始的時候，帽子還是比較平，比較簡單，這種平扁的小帽子要用髮夾扣在頭髮上固定，之後，帽子就越來越複雜，出現了女用的貝雷帽（berets）、船型帽（boaters）、鐘型帽（cloches）、盒型帽（pillbox）等等，形式繁多，這些帽子的設計與使用有一個共同之處，就是改變以往扁平、不顯眼的戴法，帽子必須在頭部突出顯示，強調帽子的存在。這個時期最重要的女性帽子設計家是卡洛琳‧利波克斯（Caroline Reboux），她為許多巴黎著名的女性設計帽子，其中包括在巴黎社交界紅了整整六十年的女演員賈桂琳‧德魯巴克（Jacqueline Delubac）。另外一個重要的女帽設計家是這個

典型的三〇年代打扮：帽子、帶有胸部裝飾的襯衣、典雅的緊身上衣和直身裙子組合、手套和手袋，這是女演員賈桂琳‧德魯巴克，她被視為半個世紀中巴黎最典雅的女性偶像

時期最重要的時裝設計師艾爾薩‧西雅帕列理（Elsa Schiaparelli），她的設計影響了整個三〇年代的巴黎時裝界，她設計的帽子是這個時期極為受歡迎的。

這個時期的女套裝和上衣一樣，流行緊湊與合身，腰部纖細，配以腰帶。上衣的翻領（Lapels）通常比較寬大，而頸線比較低，裸露脖子是一個時尚。在外衣內流行穿襯衣，襯衣靠近頸部以寬鬆的圍巾、泡泡花結裝飾，襯衣胸部的裝飾更加誇張。對比之下，腰部就顯得更加纖細。1933年，世界著名的服裝飾品公司愛馬仕（Hermès）推出了第一種方形女用圍巾，這個公司後來成為方形圍巾最講究的廠商。而愛馬仕公司1933年的方形圍巾，現在還是社會名流和收藏家追逐的熱點。愛馬仕公司的圍巾設計使用了強烈的對比色彩，比如棕色和奶油色、海軍藍色搭配，白色和黑色搭配等等，甚為普遍，甚至當時流行比較粗跟的高跟鞋也採用兩個色彩搭配方式，實在是流行風氣了。

既然強調腰部纖細，自然對於腰部的束縛就有了要求，把腰紮得細細的，才顯得苗條，因此對三〇年代已經被放棄的緊身胸衣來說又是一個復興的機會。緊身胸衣現在不用來束縛胸部，而是束縛腰部，緊身內衣現在採用了比較具有彈性的新材料橡膠鬆緊帶（lastex），成為束腰，不但使腰部顯得纖細，同時也使臀部輪廓更加分明，橡膠鬆緊帶也用來托起臀部，使它不要顯得下墜。

胸罩在這個時期有了全新的突破，美國公司華納（Warner）第一次推出具有不同杯型尺寸的胸罩，使女性有了自己的選擇。而長襪還是使用肉色，採用的或者是真絲，或者是人造絲，1939年一種新材料推出，從而完全壟斷了女用長襪的材料市場，這就是尼龍。

由於服裝設計改變太快，許多婦女感到很難有經濟能力來追趕潮流，因此使她們起碼能夠在流行式樣上保持時髦的方法就是服裝的配件，比如錢包、手袋、帽子、裝飾品等等。服裝式樣雖然舊一點，但是配件新穎，就可以表示還沒有落伍，這是既經濟又實惠的方法，所以服裝配件的設計和生產變得越來越重要了。好像小小的錢包就非常重要，有些錢包設計得好像一個信封，上面的瓣釦是設計的重點，手袋、錢包、化妝手袋等等，都是時髦的焦點。首飾自然是突出的，寶石是裝飾的焦點，但是，由於可可‧香奈兒的設計，使得高貴的寶石和仿造的寶石同樣在裝飾上有地位，重在裝飾，而非在於寶石的真假，因此使不少女孩子鬆了一口氣。香奈兒和她的競爭對手艾爾薩‧西雅帕列理都雇用了傑出的藝術家、手工藝人來設計和製作首飾和服裝配件，無論從質量和設計的水準來講都相當驚人。假寶石、金屬片和玻璃珠子也同樣被鑲嵌在名貴的紡織品上，做為名貴服裝的裝飾，社會完全接受。

這個十年後期的重要服裝配件是太陽眼鏡，太陽眼鏡不但具有實用功能，同時也是一種暗示，說明使用的人有時間去海邊沙灘曬太陽，參與運動變成時尚和社會地位的象徵。1933年，網球運動員愛麗絲‧瑪博爾（Alice Marble）穿短褲上場，很快掀起一陣網球短褲熱，不少姑娘都追逐這個風氣，不過香奈兒認為有些過頭，因此自己還是穿寬鬆的沙灘長褲，沒有

跟進潮流。

　　西方大城市中的女性大部分都依然習慣在家常生活中穿長褲，但是長褲是不被正式社交場合接受的，直到1939年，美國的《時尚》雜誌才第一次刊登了女性穿長褲的時髦照片，可見長褲經歷了一個如何困難地被做爲正式時裝而接受的坎坷歷程。

　　三○年代充滿了政治的起伏和動亂，歐洲的法西斯主義日益猖獗，爲了反對法西斯主義，國際知名的知識分子組織起國際縱隊，在1936年參加了反抗法西斯的西班牙內戰。與此同時，共產主義運動在歐洲也風起雲湧，共產主義和法西斯主義之間爆發了多次的衝突，緊張的政治關係、大國之間重新劃分政治版圖的意圖，日益把歐洲帶到崩潰的邊緣。

1935年的一個新設計：女用手提袋上帶有手錶

　　隨著局勢的日益緊張，歐洲的經濟繼續惡化，三○年代，在德國就有六百萬人失業，國家動亂、經濟恐慌，法西斯乘機利用國民希望穩定和富強的願望攫取政權，1933年希特勒上台，他宣佈要把德國引向富強和繁榮，的確刺激起不少德國人的幻想。納粹黨和希特勒本人都認爲婦女應該恢復到傳統的角色，回到家庭中去，做賢妻良母，而不是社會中活躍的成員。他們指責二○年代的婦女解放並沒有給社會帶來財富和穩定，足以說明婦女並不需要自由化。希特勒也譴責新婦女的習慣，比如吸菸、化妝都是不健康的，不符合德意志民族的精神，是頹廢和墮落的象徵。巴黎當時依然非常自由和前衛，時裝依然流行，德國的新立場，首先是使德國在政治、經濟和文化上開始脫離西方國家而孤立發展，同時也隱藏了德國對巴黎的頹廢文化進行清剿的危險。1936年，納粹在柏林舉辦了國際奧林匹克運動會，透過這次奧運會來宣傳德國的價值觀，推行新德意志文化，其囂張的宣傳，給世人留下深刻的印象。

　　講到體育運動，它真是能夠把人民團結起來的活動，歐洲和美國這個時期的運動俱樂部蜂起，自行車、網球、高爾夫球受歡迎，而其他運動也得到普及，甚至裸體俱樂部這種比較激進的健康組織也在此時期出現。大量的運動服裝和配件湧現，新的適合運動的材料使運動變得越來越方便，特別是游泳衣方面，材料的發展使之普及，而這個時期發明的衛生棉使經期的女性也能夠參加適量的運動，爲此也設計了特別的運動服裝。攀登阿爾卑斯山、滑雪也

逐漸成為婦女的喜愛，滑雪裝、爬山服等等各種運動服裝的出現，使婦女真正能夠參加所有的體育活動。提洛爾農民的傳統服裝因為登山活動的普及得到喜愛，而阿爾卑斯山區女孩子的傳統緊身連衣裙（dirndl）也被西方國家上層社會時裝模仿。

三○年代初期，德國與國際時裝界還保持一定的聯繫，德國的時裝因此在這個十年的初期依然能夠趕上國際潮流，但是隨著納粹一系列法西斯政策的實施，德國的政治生態越來越糟糕，德國時裝也無法繼續保持與國際接觸了。戰爭陰雲密佈，需要和平和繁榮來支援的時裝業也面臨著一場大浩劫，德國時裝逐步落後是無法抗拒的頹勢了。

1938年，英皇夫婦訪問巴黎，從而掀起了一陣新古典主義服裝的熱潮。這股仿古潮來得相當猛烈，即便一向設計簡單而現代的香奈兒也設計出復古形式的複雜晚禮服來，晚裝裙子採用襯裙支撐，形成鼓脹的誇張形式，這種形式曾經是被認為陳舊而拋棄的，現在席捲而回，頗有一些諷刺。從1934年開始，即便日裝也相當嚴謹，肩部寬，到1938年，出現了女裝的墊肩，使肩部得到更加突出的強調。過分強調身體上部，使得好看就必須在下部穿著比較簡單而短小的裙子，方能形成對比。因為裙子短小，鞋子背要求更高，造形、設計和色彩都比以往更加講究。開始出現鍥型鞋跟，之後出現了高跟鞋。

1939年，第二次世界大戰全面爆發，時裝發展好像已經預示了黑暗時代的來臨。二○年代末期，服裝設計開始走向制服化，肩部稜角分明，使用編織帶釦，裙子比較緊湊，帶羽毛的帽子還是流行，但同時流行射擊手套（gauntlet gloves），跨肩手袋，比較堅實、式樣比較笨拙、比較實用的平底鞋，這些都可以解釋為戰爭陰雲籠罩下的時裝設計潮流。但是如果總結三○年代的服裝，我們還是應該說：追求完美的外表是服裝設計的宗旨，這個時期的服裝不像一○年代、二○年代那樣追求創意，而更加注重完美。當然，在這個期間也有例外，少數設計師重創意超過重完美，這種例外的代表人物就是大設計家艾爾薩・西雅帕列理。

2・「震撼的艾爾薩」

艾爾薩在設計生涯開始時的設計口號是要「設計出適合工作的服裝」（法語bons vêtements de travail，相當於英語的good work clothes），她在1935年開設了自己的時裝公司時，就是推出這個口號。她的店開在凡當姆廣場（the Place Vendôme），就在著名的麗池（the Ritz）酒店對面，打開窗戶就可以看見廣場上的拿破崙軍功紀念碑。她開始自己的設計業務是從比較實用、質樸的服裝設計開始，她的第一個顧客也是個勞動婦女，而不是上層社會的權貴太太，她叫安妮塔・魯斯（Anita Loos），是著名小說《男人喜歡金髮碧眼的女人》（Gentlemen Prefer Blondes）的作者，後來成為好萊塢最搶手的電影劇作家。她找艾爾薩做衣服的時候，僅僅是個工薪階級，一個公司的雇員，一個勞動婦女，魯斯看到她設計的簡單樸素毛衣，立

即爲她的美國公司「史特勞斯」訂購了四十件，這樣開始了艾爾薩的設計生涯。艾爾薩那時設計的服裝中規中矩，經濟耐用，甚至有些樸素，但是，她後來成名的服裝則全部是昂貴的、爲上層顧客的，並且具有強烈的探索和式樣性，人們現在記得的艾爾薩，並不是早先那個聲稱要爲勞動婦女設計工作服裝的她，而是在設計上具有獨創性、講究原創風格、標新立異的她，而她早期的口號反而不太爲人記得了。

這批四十件羊毛衫的定貨是艾爾薩生涯的開始，那時她剛剛由於婚姻破裂，從美國來到巴黎，舉目無親，前途茫茫，而女兒又正在生病，困難重重，有了這批定貨，她才得以在服裝設計界站穩腳跟，開始積極地發展。

艾爾薩並不是天生具有野心的女人，她於1890年出生在羅馬，是一個富有的、很有教養的義大利家庭中的第二個女兒，她的父母從小就送她上學，這在當時的義大利是很罕見的，大部分義大利家庭僅僅送男孩讀書，女孩子理應在家裡學習女紅和烹飪。家庭的教養和文化氣息，加上學校的教育，使她對音樂、美術和戲劇都非常感興趣，特別對於當時義大利未來主義藝術的極端性、探索性更加關注和喜愛。她選擇學習哲學，也喜歡文學，她甚至在私下學習詩歌。她早期撰寫的詩集《阿利薩》（Arethsa）得到文學評論家的好評，評論家認爲這部詩集無論從寫作技巧還是從思想來說，都是相當不俗的作品。艾爾薩並不漂亮，而家庭又相當富有，因此在婚嫁問題上困難重重，對於男方，不是她看不上就是她的家庭看不上，有時候雖然她和她的家庭都看上了，而男方卻又沒有意思。她的教育太高，相貌平凡，高不成低不就，一拖就拖到廿三歲，也沒有談成一椿，最後家裡只有把她送到

艾爾薩在設計上具有特殊的創造性，她設計的帶把手的皮帶，把手的作用各人解釋不同，但是起碼造成興趣

艾爾薩設計具有大堆裝飾結的晚禮服

由西班牙著名的超現實主義畫家達利設計的鞋形帽，艾爾薩為此設計了這套時裝搭配

英國，去協助一個富有的慈善家建立孤兒院，她因此在英國生活了一段時間。

有一天，她在倫敦參加一個由威廉·克洛伯爵（Count William de Wendt de Kerlor）主持的神智學（theosophism）講座，會後與伯爵見面，兩人一見鍾情，第二天就訂婚了。她的父母強烈反對，她七十多歲的父親和六十多歲的母親從義大利趕到倫敦企圖勸阻這門婚事，但是他們還是在1914年結婚。克洛伯爵其實並不是她需要的男人，他儀表堂堂，長相英俊，除此之外一無長處，他出身背景複雜，有部分英國血統，部分瑞士、法國血統，而祖先是斯拉夫人。他研究毫無實際用處的神智學，毫無經濟來源，雖然有一個貴族頭銜。1914年第一次世界大戰爆發，夫婦倆只有依靠艾爾薩的嫁妝為生。威廉·克洛因為有瑞士血統而免於服兵役，為了逃避戰亂，他們在1915年遷移到法國的尼斯，後來又移民到美國。威廉開始重新大講神智學，在美國卻吸引了一些婦女的喜歡，他的儀表實在吸引她們，不久他與舞蹈大師依莎多拉·鄧肯產生情愫，一發不可收拾。

當時艾爾薩廿九歲，女兒剛剛出生，取名伊汪，小名「戈戈」。在發現丈夫的婚外情之後，他們在幾個月後就離婚了。她喜歡現代藝術，很快與圍繞在美國現代藝術的重要精神領袖阿爾佛列特·史提格列茲（Alfred Stieglitz）周圍的一批美國前衛藝術家熟悉，其中包括傑出的藝術家杜象、曼·雷等人。她雖然感覺很難使自己在美國產生歸屬感，但是在這批藝術家中間，她找到了知音，也找到自己熟悉的文化，她還鍛鍊出一種直截了當的交流方式，對她日後的工作有很大的幫助。

艾爾薩在紐約有一段短暫的婚姻，丈夫是一個義大利的歌唱家，但是突然因為腦膜炎去世，她只得依靠朋友的幫助，在1922年回到歐洲，到巴黎尋求發展。在巴黎，她又遇到在紐約認識的一些朋友，比如曼·雷，他們一起到著名的藝術家集中的酒吧「Le boeuf sur le toit」聊天玩樂，她在那裡又認識了一些世界頂尖的現代藝術大師，包括畢卡索、畢卡匹亞、史特拉汶斯基、可可·香奈兒、安德烈·紀德、考克多這些世界最傑出的藝術家和文化人，使她的生活充滿了色彩，也進一步提高了她的藝術品味。

艾爾薩的時裝設計生涯是從她遇到時裝大師保羅·布瓦列特開始的。她當時陪同一個有

錢的女士在一個展覽上看服裝，她看見布瓦列特設計的一套天鵝絨時裝，很喜歡，想要試試，布瓦列特說這件衣服很適合她，叫她買下，她說沒有錢買這麼貴重的衣服，布瓦列特慷慨地把衣服送給她，從而開始了她們之間的友誼關係。布瓦列特從交談中發現她具有特殊的服裝品味，也具有豐富的創造潛力，因此鼓勵她從事時裝設計。

艾爾薩在巴黎的和平路開設了自己的時裝店，在招牌上寫著「為運動」（pour le sport），她想把自己在美國見到的舒適、自由的新女性穿著風格介紹到歐洲來，她認為服裝最重要的是舒適和隨意，人不應該成為服裝的奴隸，按照不同的功能搭配，不同的功能有不同的款式，在服裝設計上是功能引導形式，而不是形式限制功能。不同功能的服裝部分可以進行搭配，搭配造成不同的新組合面貌，其實，這個觀點是今日運動服裝、健身服裝設計的本質。

艾爾薩自己設計和組織生產運動和健身服，這在當時巴黎時裝界引起很大的轟動，因為到那個時候為止，世界上還沒有正式的運動服類型的隨意服裝，她的設計彌補了時裝設計中的一個重要空缺。艾爾薩‧西雅帕列理的運動服開始銷往美國，在講究衣著自由和隨意的美國，她的服裝有巨大的銷路，很多名人特別是好萊塢的女演員對她的設計非常喜愛，她的顧客包括女演員凱撒琳‧赫本（Catharine Hepburn）、瓊安‧克勞馥（Joan Crawford）、格麗塔‧嘉寶，作家安妮塔‧魯斯也是她的設計的忠實顧客。雖然她的生意越來越好，但是，單靠設計便裝是無法成為時裝圈中的權威，要打入時裝界，還要設計正式的禮服。

艾爾薩在1933年開始設計第一件正式的晚禮服，她當時設計了一件白色縐紗面料直身式的禮服，外衣後面有比較長的後襬，後襬穿到背部，這個

艾爾薩為自己的「音樂」系列設計的幾種帽子

設計總的風格非常緊湊而典雅，這件服裝的設計是她開始從運動型服裝轉向時裝設計的開端。設計得到巨大的成功，日後出現很多抄襲和模仿的產品，這件服裝標誌著艾爾薩‧西雅帕列理成爲時裝設計師的開始。

艾爾薩在巴黎的凡當姆廣場開設自己的時裝店，在頭五年中是非常成功的，她逐步建立了一批非常有影響力的顧客，其中不少是貴族婦人，或者是世家淑女，她們棄香奈兒、巴鐸而就她，顯然是感到她的設計更加具有時代氣息，更加有品味。這個時期，法國的新聞媒體都紛紛稱頌她的創意性。艾爾薩吸收了超現實主義的一些動機，設計出具有超現實主義風格的時裝來，比如以鞋子的形式設計帽子，手套外面有金色的指甲裝飾，服裝的造形像地毯，把晚禮服的形式用來設計平日的休閒服裝，顛倒和改變原來的功能和形式，是超現實主義常用的方法，被她運用到時裝設計上，則是歷史第一次，這種手法要到四十多年後才開始流行。

什麼東西都可以做爲設計的動機，此爲艾爾薩利用昆蟲做題材而設計的項鍊

艾爾薩的一些藝術家朋友對於她成爲時裝設計有相當的幫助，其中最重要的是西班牙超現實主義大師薩爾瓦多‧達利了，他協助艾爾薩設計出「破爛裝」來，衣服襤褸是八○年代前後的潮流，而艾爾薩和達利早在三○年代已經創造出這樣的服裝來了，可謂開風氣之先。達利還爲她設計了一個好像電話形狀的手提袋，手提袋上用刺繡裝飾電話的鍵盤。在另外一件艾爾薩設計的白色晚禮服上，達利畫了一隻大龍蝦。這種超現實主義的手法，使艾爾薩的時裝充滿了前衛的時代氣息，很受歡迎。

艾爾薩了解超現實主義的幽默，也認識現代藝術的精神，她因此和其他的藝術家交往，從他們那裡取得靈感，發展新的設計。立體主義大師畢卡索對她的影響也是非常大的，畢卡索建議她把報紙做爲圖案印刷到紡織品面料上，她立即照做，結果非常特別，出現了報紙圖案的流行，日後這種有報紙圖案的面料一時成爲時尚，迄今還可以看見；科克圖設計圖畫和詩歌的組合，做爲面料刺繡的紋樣，也是開了風氣。這些設計現在依然非常新潮，法國公司勒沙奇（Lesage）專門生產她的這些紡織面料，從三○年代到現在，市場一直很穩定。

與自己崇拜的布瓦列特一樣，艾爾薩深知藝術家創造力的重要，所以不但請名家爲她出謀策畫，也聘用了一些傑出的藝術家、詩人爲她設計，她聘用的有畫家克埋斯提安・比拉德（Christian Bérard）、維特斯（Vertès）、鄧肯（Kees Van Dongen），詩人路易・阿拉貢（Louis Aragon）和天才的藝術大師西西爾・比頓（Cecil Beaton）和曼・雷等等。在這種藝術氛圍之中，她的創作好像泉水一樣湧出，開始源源不斷地設計出一個又一個傑出的時裝系列來，好像「停」、「看」、「聽」系列，「音樂」、「馬戲」、「蝴蝶」、「藝術喜劇」、「星相」、「錢」、「關心」系列等等。她後來的每個系列都超越前面的系列，是時裝設計史上最具有藝術創造力的大師之一。

　　艾爾薩的另外一個重大貢獻是新型時裝表演方式的創造和確立，她非常注意時裝系列推出時候的表演效果，每次時裝表演都要精心策畫、綜合設計演出過程，聲情並茂、光采奪目，專業模特兒也要經過嚴格的挑選和訓練。她的表演，不僅僅是時裝表演，也是一場吸引人的聲光、音樂、時裝、佳人的綜合展示，每次演出都吸引了整個時裝界和新聞媒體，直到半個世紀之後，才有三宅一生、加理亞諾、卡地亞走她的這種時裝表演的道路，足見她是現代時裝表演的奠基人。也正因爲如此，她當時在媒體上的知名度超過了香奈兒。

　　很多媒體稱艾爾薩・西雅帕列理是一個藝術家，她自己一向拒絕這個榮譽，她認爲自己並沒有一個藝術家的氣質和天才。對她來說，在時裝設計上，唯一的藝術家型大師是保羅・布瓦列特。

　　艾爾薩一直希望造成震撼的效果，她的企業標誌、服裝品牌、包裝都採用強烈的粉紅色，她認爲粉紅色才能造成足夠的震撼力。1952年，她推出最後一個系列，就叫「震撼的典雅」（the Shocking Elegance），她在1954年出版自己的傳記，也叫《震撼的生活》（Shocking Life），他在1938年推出的香水品牌是「震撼」，這個香水瓶是請一個藝術家設計的，形狀是女藝人瑪耶・威斯特（Mae West）的身體翻造的模型。對於震撼的追求，使她的作品充滿了對於設計界、公眾和媒體的衝擊，標新立異、推陳出新，她自己也被稱爲「震撼的艾爾薩」。

　　對艾爾薩・西雅帕列理來說，沒有什麼是不可能的。什麼材料到她手上都會被賦予生機，阿司匹林藥丸可以做項鍊，塑膠、甲蟲、蜜蜂拿來做首飾，拉鍊用來裝飾華貴的晚裝，甚至玻璃紙也用來設計時裝，她認爲傳統的鈕釦最沉悶，因此把一些有趣的小昆蟲、小動物、人物和其他物品做爲模型，製作鈕釦，好像蟋蟀、馬戲團的小馬、小丑、糖果等等，她的這種藝術創造力和想像力使她在現代時裝史上具有非常獨特的地位。

　　艾爾薩・西雅帕列理的最大貢獻是帶動和完成了時裝設計從三〇年代到四〇年代的轉型過程。雖然她的一些設計有相當前衛的藝術性、娛樂性，有時候甚至有些花俏，但是如果從整體來看，她的設計面貌是簡單和舒服的。她以設計運動型服裝開始設計生涯，自然在設計

上始終保持功能第一的原則。她的服裝經常是以舒適而沒有鈕釦的長褲、輪廓分明的上衣配合而成的。她的上衣往往都採用好像士兵的制服一樣的形式剪裁，但是卻在比較尖銳的轉角處進行了加工和改造，削弱了流行服裝過於稜角分明的形式，使服裝的輪廓比較柔和，因此，她的重大促進作用就是改變了當時女性服裝追求士兵制服稜角分明的方式，而以柔和的輪廓取而代之，因此，即便設計的是上班的服裝，也是明顯女性化的制服，而不是男性士兵制服的女用。在這個大前提之下，她的服裝總是包含有裝飾、趣味的細節。她在時裝設計上很注意肩部和胸部，她認為女性最脆弱的部分就是這兩個部位，因此設計服裝的時候她是很注重這兩個部位的保護，有墊肩、有胸部的襯墊，這也是她設計的一個特點。

第二次世界大戰爆發，艾爾薩逃亡到美國，直到戰爭結束之後，她才在一九四五年回到巴黎。她經濟窘迫，而設計已經跟不上戰後的潮流了。她的香水銷售卻一直很好，她單靠香水就可以維持生計，一九五四年她正式退休，離開時裝設計界，而這時正是可可·香奈兒在離開巴黎十五年之後回到這個時裝首都的時候。

3·艾爾薩·西雅帕列理和可可·香奈兒

時裝史中一個饒有趣味的主題是兩個大設計師艾爾薩·西雅帕列理和可可·香奈兒的關係。她們是法國時裝界早期最重要的兩個大師，而兩個人也都生活在同一個時代，因此盛傳她們是死對頭，是敵人。據說香奈兒從來不提艾爾薩的名字，僅僅稱她「那個做衣服的義大利女人」。據說，在一個大化妝晚會上，香奈兒還設法把艾爾薩逼到一個大燭台旁邊，使她的禮服被蠟燭燒著，當眾出醜。而艾爾薩也稱香奈兒為「那個沉悶的小資產階級」，從來不放過機會在香奈兒面前炫耀自己在文化品味和藝術素養上的優勢。但是事實上，她們兩人不但都是登峰造極的時裝設計大師，而她們在時裝設計上所探索的方向也是一樣的，她們都把時裝設計帶到一個前人所無法企及的高度，也使服裝配件、裝飾品的設計得到相應的提高。她們把時裝的大門推開，使世人了解時裝，也能夠逐步接受時裝。因此，無論她們之間的私人恩怨如何，她們在時裝史上的地位是不可動搖的。

比較流行的謠言是說香奈兒是透過自己的情人，也是英國最富有的人——威斯特敏斯特公爵而獲得成功，而艾爾薩則是依靠自己對於藝術、文化的教養取得成功的。有些人故意在她們兩人面前用這個說法挑逗是非，且屢屢生效，搞得她們怒火沖天，嫉意橫生。其實，雖然這些謠傳有一些道理，她們兩人的成功主要還是靠她們自己的天才。

香奈兒和艾爾薩都非常懂得利用新聞媒體來製造形象，她們是自己最好的廣告人，透過廣告形象，她們可以比較容易地影響富有的客戶，建立自己的顧客網。

香奈兒和艾爾薩其實在性格和風格上的差異是非常巨大的。香奈兒的服裝追求的是樸素

可可‧香奈兒
與史特拉汶斯
基等藝術家在
一起

簡單和舒適,而艾爾薩的服裝則追求強烈的色彩、大膽的創新。比如褲子的設計,香奈兒的褲子是簡單實用的長褲,而艾爾薩則設計變化反複無常的義大利卡帕利褲,經常出人意料之外。從裝飾來看,艾爾薩可以把廉價的塑膠做為裝飾,用在華貴的晚裝上,而香奈兒甚至在日常的休閒便服上的裝飾也採用精心設計過的、巴洛克風格的寶石胸針。

她們兩人的社交圈其實是重疊的,巴黎那個時候的所有名人,從畢卡索到考克多,從科列特到達利,無人能夠脫離這兩個女人的圈子。她們是巴黎社交界的核心,具有磁石一樣的吸引力。她們是互為補充的,豐富了時裝設計的文化,也豐富了巴黎的文化和藝術生活。這兩個設計師的生活和關係是時裝史上的傳奇。

4‧蓮娜‧莉姿

這個時期的時裝設計,除了大名鼎鼎的艾爾薩‧西雅帕列理和可可‧香奈兒之外,還有不少活躍的設計天才,她們雖然在設計的數量上、在時裝界的影響上不如前兩位,但是在設計的創造性上,並不輸於她們兩人。

這個時期一個比較傑出的時裝設計師是蓮娜‧莉姿(Nina Ricci,1883-1970)。她是義大利的服裝設計師,1932年在巴黎開設了自己的時裝店。她是一個非常專注自己發展方向的設計師,堅持在設計上絕對不隨波逐流,莉姿並不認同艾爾薩‧西雅帕列理的前衛設計方式,也不喜歡可可‧香奈兒的簡單設計,她自己的時裝設計具有典雅的形式,同時也具有很講究

的、精緻的圖案，她利用刺繡、絲網印刷，利用講究的色彩達到雅緻的時裝目的。她的設計浪漫、女性化，也是專門突出大家閨秀、淑女形象而設計的。她的設計對象主要是上層社會的女性，在三〇年代經濟衰退時期，她設計的時裝既使得這些上層女性不致於過於招搖，也同時保持高等品位的形象，非常成功。她的時裝業務很快擴展，開始時的員工爲四十人，到1939年已經達到四百五十人了。五〇年代，莉姿退休，兒子羅伯特·莉姿接替她負責公司的業務。

5·阿利克斯·格理斯

由於艾爾薩和可可·香奈兒在時裝設計上光采奪人，因此很少有其他的設計師膽敢挑戰她們，她們設計的服裝是三〇年代時裝的同義詞，即便有其他的時裝設計師，但是卻都爲這兩位大師的光輝而顯得黯淡無光。其實，在這個時期，真正能夠在時裝設計方面保持自己的特點，依然具有影響力的，主要還是那位採用斜線剪裁法、利用人體做參照而設計出異常合身的典雅服裝的維奧涅特，即便到現在，維奧涅特的這種設計方法還是具有影響。

維奧涅特的唯一傳人是阿利克斯·格理斯（Alix Grès），格理斯在維奧涅特的時裝設計店工作，協助她設計服裝，學習到維奧涅特設計的方法和原則，她學會重視材料本身的潛質、重視人體運動，因此設計出來的服裝與維奧涅特相似。

格理斯小時候曾經夢想當雕塑家，但是父母對當藝術家非常反感，因此改行學服裝設計，她與蓮娜·莉姿一樣，時裝設計是直接按照顧客的人體從面料剪裁開始的，並不畫設計圖，也沒有紙樣，她設計的服裝基本全部是白色，講究簡單的剪裁，講究自然下垂的形式，服裝在下垂時形成多的皺褶，非常典雅而美麗，與古希臘的服裝非常相似。她的服裝沒有任何裝飾物點綴，沒有配件、刺繡，被視爲時裝設計中最具有真正古典品味的代表。

格理斯在1931年開設了自己的時裝店，1942年以後被稱爲「格理斯夫人」，她在時裝設計上一直堅持自己的方向，因而具有突出的個人特色和比較持續的風格，她影響了整整一代時裝設計師，使他們知道什麼是服裝設計的品位，什麼是應該具有的剪裁和加工方法，她的設計和自己的剪裁技巧達到精益求精的地步，並且畢生都堅持探索和試驗，在她八十一歲的那年，開始大膽嘗試設計簡單的時裝，採用斜紋絨和軟呢料子設計便裝，一樣很成功。她到1993年才去世，是時裝設計界中的長青樹。

從1972年開始，她就在法國的時裝協會（La Chambre Syndicale de la Couture）擔任會長，長達廿年之久。

6 · 梅吉·羅芙

梅吉·羅芙（Maggy Rouff，1896-1971）在1929年開設自己在巴黎的時裝店，她獨特的設計，使她也成為三〇年代西方時裝設計的傑出人物。她小時候曾經夢想過當外科醫生，但是，由於家庭在義大利威尼斯擁有一家運動服裝店，因此她成人之後去那裡幫忙，逐步進入服裝設計行業。她用自己的名字開設公司，根據人體的輪廓設計服裝，她使用薄綿綢（organdy）設計典雅的晚禮服，由於她在運動服裝業中有經驗，因此她的正式時裝都具有很好的功能特點，同時，由於從人體出發設計，因此總是能夠突出人體本身的美，這種既舒適大方又典雅苗條的設計，的確是其成功的主要原因。她的服裝很多都設計以圍巾配合，她修長的服裝設計，長期以來都獲得時裝界的好評。

羅芙在1971年去世，她的時裝店也隨即關閉了。

7 · 馬謝·羅查斯

一般來說，提到第二次世界大戰前的所有時裝設計師，人們習慣認為他們都是女性的，其實並不盡然。馬謝·羅查斯（Marcel Rochas，1902-1955）就是一個男性設計師。他在1931年開設了自己的時裝店，幾年之後，搬遷到巴黎馬提農大道（Avenue Matignon），業務開展得很好，他的設計與西雅帕列理一樣，注重大膽的探索性和創意性，風格潑辣而標新立異，或者用填充玩具的小鳥做墊肩，或用描繪的小書做圖案，新鮮玩意和想法層出不窮，他設計的鈕鈿全是玩具一樣的小玩意，而他還使用玻璃紙、帶磷光的金屬片、染成鮮豔色彩的皮毛等來裝飾服裝。1932年羅查斯用灰色的法蘭絨設計出第一套長褲裝，當時，長褲裝僅僅是用於非正式的休閒時候，還沒有人用長褲裝在正式場合，因此，羅

馬謝·羅查斯1934年設計的時裝，在衣袖上以小鳥模型做裝飾

時裝設計師亞歷山大·麥昆（Alexander McQueen）1998至1999年模仿馬謝·羅查斯的小鳥裝飾時裝

明波切設計的時裝

明波切為溫莎公爵夫
人設計時裝的草圖

查斯的這個設計,其實是開創了長褲在正式服裝中使用的先河。

8‧明波切

這個時期的時裝設計師習慣把自己的姓名連起來,組成一個字,做為自己的商標,比如路易斯布朗吉(Louiseboulanger)的名字是由Louise和Boulanger合成的,奧古斯塔伯納德(Augustabernard)是由Augusta和Bernard兩個字合成的。同樣地,明波切(Mainbocher,1890-1976)是Main和Bocher合成的。

　　明波切是美國人,曾經是法文版《時尚》雜誌的總編輯,由於喜歡服裝設計,因此在1929年辭退了這個工作,自己在巴黎開設了一家時裝店,他希望能夠學習奧古斯塔伯納德和路易斯布朗吉,使自己的品牌更加像法國,所以把姓和名合起來,稱「明波切」。他早期設計的時裝與香奈兒、莫林諾克斯的設計有相似之處,同時,他的設計也有自己的特點,比如採用比較緊紮的腰部、長裙,突出女性的秀麗,是第二次世界大戰之後迪奧設計的「新面貌」類型時裝的特點,而明波切則比迪奧的設計起碼要早十五年。他設計的服裝也注意吸收部分軍隊制服的特點,肩部比較寬,裙子也緊身,在時髦的女性中很受歡迎。但是,1939年大戰爆發,他的時裝設計業務也就終止了。1940年,明波切離開巴黎到美國,在紐約開設一家時裝店,位置在著名的提凡尼百貨公司的隔壁。他的業務逐步開展起來,從那時開始,直到六○年代,他一直是紐約上層圈中時裝設計的權威。

　　明波切認為「好穿是好服裝的一半祕密」,穿起來舒適,是設計的第一要旨。他把自己的所有顧客都視為達到完美的服務對象,他的設計集中了雅緻、大方、高品味於一身,是美國上層社會女性的追求目標。

　　明波切最著名的顧客就是讓英國國王愛德華八世放

棄王位而就她的辛普森夫人。辛普森夫人叫華麗斯‧辛普森（Wallis Simpson），曾經兩次離婚，長相也非常一般，愛德華八世與她邂逅，兩人墜入情網，國王最後連工位也放棄了，與她到法國過隱居生活，引起整個英國的震驚和憤怒。所謂「不愛江山愛美人」的故事流傳多年，不過辛普森夫人並不是一個美人。

這對夫婦雖然一無長處，在德國納粹入侵以前居然把國家大事拋在腦後，這種不負責任的態度，引起公眾的反感，但是他們都是在時裝、品味、講究的生活方式方面的專家，他們兩個都極為懂得穿著打扮，愛德華八世是英國穿著得最為講究的男人，已經是公認的了，而辛普森夫人在與皇帝共結連理之後，得到溫莎女公爵的封號，她把大部分時間花在穿著上，逐步被英國人和歐洲人視為「服裝皇后」，卻也是一個成就。她通過熟人介紹，找兩個設計師為她設計了大量的時裝，這兩個設計師就是艾爾薩‧西雅帕列理和明波切。明波切的設計如此大方典雅，完全符合她的公爵身分，得到社交圈的廣泛好評。她也找香奈兒設計，但是公認最適合她的服裝還是明波切設計的。她每年訂購一百多套時裝，平均每三天一套新衣，因此是時裝的最大主顧之一。

退下皇位的愛德華八世成為溫莎公爵，他是一個極為講究穿著的男人，所有溫莎公爵夫人的首飾都由他親自選購，這些首飾都是具有極高藝術水準的設計，1987年，在溫莎公爵夫人去世之後，她的首飾被拿去拍賣，賣得五千萬美元，根據她的遺囑，全部收入捐給愛滋病研究。當然，這是另外一個話題了。

9‧奧古斯塔伯納德

奧古斯塔‧伯納德把自己的名字和姓氏合併起來，做為服裝的品牌「奧古斯塔伯納德」，是一個大膽的做法，也是一個創造品牌的方式。伯納德在1919年就開設了自己在巴黎的時裝店，她的設計也是走雅緻路線，因此也有不少女士喜歡。她的設計講究突出女性的修長和苗條特徵，服裝上裝飾比較少，長裙，並且也比較緊身，色彩淡雅，在晚上特別具有幽雅和安靜的感覺，她的設計往往包括長裙，V型領的簡單小上衣，配以絲質圍巾，她的服裝由於比較簡潔，因此搭配首飾很合適，以簡單的服裝搭配比較複雜的首飾和配件，具有簡繁對比的效果。她的設計曾經在1930年巴黎服裝大賽中得到大獎。奧古斯塔‧伯納德也設計日裝，她的日裝習慣採用比較粗的斜紋呢設計，也很舒適和美觀。

10‧路易斯布朗吉

路易斯布朗吉（1878-1950）也是一個把姓名結合成一個詞的品牌，設計師的名字是路易斯‧布朗吉。路易斯布朗吉的設計是以大膽、年輕為訴求的中心。1927年她把「女男

路易斯布朗吉喜歡使用色彩，這是她於1930年代設計的時裝，藝術家曼‧雷拍攝的照片

孩」樣式的短裙（garçonne skirts）第一次放長，在短裙的下襬加了一圈飾邊，對於推動短裙的發展有影響。

布朗吉在1934年在巴黎開設了自己的時裝店，她推出的時裝系列相當古怪，裙子後部有一大堆裝飾，與眾不同。她就這樣開始了自己時裝設計的生涯。

布朗吉喜歡用一些熟悉的面料來做爲表現設計的目的。白色的錦綢（organdy）和平紋線紗（taffeta）是她常用的面料，她把這兩種面料正反兼用，具有非常特殊的效果。但是她在一九三九年就放棄了設計，留下少數極具有個人設計色彩的傑出時裝。

11‧此十年的時裝樣式

二○年代女性理想的美麗是很直截了當的。女孩子應該苗條，但是應該有女性味，而不像二○年代那種男孩子的味道。女性應該喜歡運動，要充滿健康的氣息，皮膚被陽光曬得棕紅、古銅色，自然而不嬌柔做作，注意自己的修飾。這個時代的女孩子認識到，真正的美麗來自內部，來自自身，因此講究自然生活的情趣，參加大量戶外活動，特別是體育活動。在服裝方面，只要有利於身體，什麼樣的服裝都可以，甚至裸體活動也有不少女士參加，而她們的飲食也比較健康，少肉食、多素食逐漸成爲風氣。

二○年代那種濃妝已經不再流行了，講究的是個性化的打扮，眉毛要描繪得精細而彎曲，因此眉筆成爲必須的化妝工具；眼影用藍色、棕色、紫色來配金色、銀色，染眉油（mascara）很流行。有些女孩子也用假睫毛，不少人用凡士林來使眼部化妝更明亮。面頰淺淺地一層肉紅色，突出自然感。用唇筆或者小刷子來塗口紅，頭髮比較長，燙成典雅的波浪型，而額頭部分是沒有瀏海的，前額光光是這個時候的流行方式。最理想的頭髮色彩自然是金髮，而淺金色或者近乎褐色的頭髮也是上乘，這些色彩與晚禮服、珍珠項鍊、香檳酒配合，是最佳的搭配。好萊塢創造了許多這樣的理想偶像，其實，電影的模範都是經過燈光、化妝而有的「自然」形象，但是一般婦女卻以爲是真的自然，因此追求這種打扮和搭配蔚然

（右圖）1930年代完美的
化妝方式稱為「自然美」

成風。

　　蜜斯佛陀推出的餅型粉盒是時尚的玩意，由於好萊塢電影中的那些漂亮明星都用這種粉盒，因此一下成為風氣。1938年，蜜斯佛陀推出袖珍型粉盒，那可是當時的大事，很快成為幾乎所有女士的必備化妝品。

　　1935，傑曼尼‧蒙特爾（Germaine Monteil）成立了自己的化妝品公司，她說：「美麗不是天賜的禮品，而是一種習慣。」她透過宣傳讓那些沒有化妝習慣的顧客使用化妝品，她的重大貢獻是發明了日霜和晚霜，白天和晚上都要洗臉，用霜保護皮膚，這種方式目前依然流行。而其他的一些化妝品公司也推出了防皺霜，這種霜包含有女性激素（荷爾蒙）或者多種維他命，用來增加皮膚的營養。每日保養自己的皮膚，每日做體育鍛鍊，保持身材苗條，飲食健康衛生，這些三〇年代保持美麗的方法，迄今也依然如此。

　　當時，所有的女性都相信美麗是可以獲得的，而好萊塢的化妝師把那些來自偏遠地方的鄉下女孩子透過化妝變成具有希臘女神一樣容貌的明星，這是最令人信服的例證。好多女孩子想方設法達到理想化的美麗，好萊塢化妝師把女性的面孔畫分為縱向三個均等部分，橫向五個部分，而事實上沒有人能夠完全符合這些要求，因此化妝品就大行其道，諷刺的是，這個時期雖然在時裝設計上、化妝上大談個性，但是，除了少數權貴婦女之外，廣大的女性還是按照好萊塢的明星標準形象為典範，追求標準的時裝和打扮。

12‧此十年的偶像

這個時期，最能夠使人們崇拜為偶像的，非電影明星莫屬了。電影征服了這個時代的世人，女孩子都競相模仿好萊塢電影明星的打扮和穿著，因此，講時裝，其實是講電影，特別是好萊塢電影具有很大的引導性作用。

　　但是，也有一些其他的女性成為這個時期的偶像，比如第一個開飛機橫越大西洋的阿美麗亞‧厄爾哈特（Amelia Earhart，1898-1937）就是許多女孩子心目中的女英雄，她穿皮夾克、長褲、襯衣和圍巾，也造成了時裝的一個潮流，她的飛機最後消失在南太平洋中，直到1999年方才發現飛機的遺骸，她的壯舉使她更加成為一代女性的崇拜人物。

　　除了這樣的國際偶像之外，巴黎總是還有自己的偶像。三〇年代，很多巴黎女性崇拜的偶像是李‧米勒（Lee Miller，1907-1977），她是紐約當時最頂尖的模特兒，1929年來到巴黎，學習攝影。她請曼‧雷當自己的導師，之後成為她的情人，也同時與其他男人有浪漫關係，那是巴黎蒙帕納斯（Montparnasse）區的生活方式。曼‧雷為她拍攝了許多著名的照片，她不但是曼‧雷的模特兒，也是其他傑出攝影師的模特兒，比如喬治‧霍寧根－遜（Geroge Hoyningen-Huene）和霍斯特‧霍斯特（Horst P. Horst），她自己也成為一個傑出的攝影師，她

拍攝的照片保留了在納粹佔領時期巴黎的恐怖面貌，這些照片在《時尚》雜誌發表的時候引起很大的轟動。

一個英國電影女演員獲得好萊塢的勝利，她就是在1939年出品的好萊塢電影〈飄〉中飾演斯卡列特·郝思嘉的費雯麗（Vivien Leigh，1913-1967），她在這部電影中的出色表演為她贏得了當年的奧斯卡最佳女主角金像獎，幾年之後，她又在電影〈慾望街車〉中獲得第二個金像獎，使她在電影中具有很重要的地位。她天生麗質，使她成為這個十年中的偶像人物。

格麗塔·嘉寶是另外一個好萊塢的傑出女演員，這個來自瑞典的商店售貨員身材高佻，並不具有好萊塢需要的凹凸有致的體型，因此在二○年代來到好萊塢的時候，並不被重視。但是一旦上

第一位飛躍大西洋的女士阿美麗亞·厄爾哈特，她的飛行裝扮尤其是皮夾克在當時引領風騷

鏡頭，她潛在的麗質就體現出來了。她演出的角色都受到觀眾的歡迎，她主演了〈安娜·卡列莉娜〉、〈克利斯汀娜女皇〉等都得到很大的成功，而她也成為這個時代的崇拜偶像。

瑪麗蓮·迪特理奇（Marlene Dietrich，1901-1992）是做為嘉寶的替代角色而被引入好萊塢的，她很快就證明自己本不是簡單的模仿嘉寶，而是具有自己的演出特質，因而得到觀眾的喜愛。而她的穿著也成為時尚，她喜歡穿男性化的服裝，或者穿很誇張的衣服，從而造成大量的模仿者。

淺金白色的頭髮、白色的緞子時裝，簡·哈蘿（Jean Harlow，1911-1937）是一陣旋風，她很會表演，連串的風趣對白，加上由名家為她撰寫的劇本，使她的演出達到很高的水準。她的穿著炫目堂皇，講究華貴感，是不少少女競相模仿的人物，可惜她在廿六歲的時候因為尿毒症而突然去世，給世人留下無限的遺憾，有人說：金色頭髮的女星都短命，好像後來的瑪麗蓮·夢露也是夭折的，在好萊塢好像有點說神了。

這個時期被崇拜的女性偶像還有列尼·萊芬斯塔爾（Leni Riefenstahl），她在好萊塢的演出相當成功，她具有比較男性化的輪廓，但是精緻的演技使她具有更加突出的個性，她也是好多女孩子崇拜的人物。

（左上二圖） 1995年凡賽斯設計的兩款白色晚禮服

（右上圓圖） 1994年時裝設計師特利‧穆勒重新使用梅吉‧羅芙1941年的原設計，而推出的白色晚禮服

（左下圖）1996年奧斯卡金像獎頒獎典禮上明星穿著的白色禮服與1930年代完全一樣

（右下圖）1930年代的偶像之一簡‧哈蘿穿著白色的晚禮服

13・時裝設計的里程碑——白色晚裝

白色晚裝（the Big White Dress）也是可可・香奈兒的創造，她在二○年代創造了「小黑衣」系列，影響世界時裝多年，而三○年代的白色套裝系列觀念也影響良久，迄今依然是高級時裝的一個大類型。

香奈兒的白色套裝是標準的女性高級晚禮服，她的設計再加上麥德林・維奧涅特的斜線剪裁設計方法，是當今最高級的晚裝設計方式，緊緊貼身的白色緞子閃閃發光，把身體細節完全暴露無遺，性感突出，有人說：白色晚裝把時裝設計的真情、單純、典雅拋棄得一乾二淨，但是卻帶來了一個新的特徵：炫目耀眼。白色晚裝成為好萊塢電影圈的最愛，無論電影中那些光采耀人的女主角，還是奧斯卡頒獎儀式上的女影星，很多都是以白色晚裝來吸引觀眾和媒體的注意。從香奈兒開始，代代都有時裝設計師設計白色晚裝，維奧涅特、香奈兒、勒朗（Lelong）、凡賽斯（Versace）、迪奧等等，從來沒有間斷過。

黑色的小上衣流行完了，再流行雅緻的白色禮服，從心理上講，也是時裝心態的寫照，從一個極端到另外一個極端，時裝發展史上這種例子很多，設計服裝也要注意這種極端心態之間的搖擺。

簡・克勞福德穿著阿德理安設計的演出服裝，這件衣服在美國百貨公司銷售了五十萬套，是電影服裝得到市場成功最傑出的例子

14・電影與時裝

電影改變了文化內容，改變了娛樂方式，因此也改變了許多人的生活方式與時裝。美國雜誌《時尚》曾經提出一個問題：到底時裝影響了電影，還是電影影響了時裝？這個問題好像是先有雞還是先有蛋的問題一樣，其實沒有準確的答案，答案應該是：它們是相互影響，相互促進的。時裝設計其實在時裝界和高級消費層之外，很少有人了解，是電影使時裝被介紹到大眾

阿德理安為電影〈女人〉中幾位女星設計的時裝

好萊塢服裝設計師阿德理安

瑪麗蓮·迪特理奇在電影〈天使〉中的扮相,對於時裝有很大的影響

中,比如白色晚裝,如果不是好萊塢電影中那些主角穿得耀眼奪目,社會如何能夠了解和接受呢?白色的緞子緊裹在那些明星美麗的胴體上,不知道吸引了多少希望能夠吸引注意的女性。時裝促進了形象的樹立,也賦予穿著者一個新的角色特徵,這與電影的宣傳是分不開的。

好萊塢的服裝設計家吉爾伯特·阿德理安(Gilbert Adrian)是為電影明星設計服裝的高手,他知道誰穿什麼會達到什麼效果,他為演員簡·哈蘿設計的白色緊身晚裝,使她容光煥發、亮麗奪目,他為瓊安·克勞福特選擇肩部比較寬的服裝,居然引起時裝生產的高潮。不少大導演都說:即便一個演員長相平庸,經過阿德理安的服裝打扮,一定會脫穎而出的。

阿德理安的天分在於知道根據演員的特質來設計服裝,瓊安·克勞馥到好萊塢的時候,她自己和好萊塢的導演對她的身材都沒有信心,因為她的肩膀太寬,而臀部也太大,但是阿德理安看到了她的特質所在,1932年在她拍攝〈列提·林頓〉這部電影的時候為她設計了服裝,他使用了大量的裝飾配件,特別突出寬肩,使整件服裝顯得飄逸和華貴,雖然誇張,但是對克勞馥來說就正好掩蓋了身材不足的部分而突出了她的高眺,電影公演之後,居然興起一陣時裝的潮流,梅西百貨公司居然以當時廿美元的高價售出了五十萬套這種服裝,這套服裝也使瓊安·克勞馥成為一個時裝明星。她的時裝是以批量生產的方式來銷售的,與巴黎時裝的小批量生產,甚至專門定作完全不同,是美國式時裝發展的開端,阿德理安在這裡具有關鍵的作用。他後來又為克勞馥設計了套

裝，也獲得成功，阿德理安的最大貢獻在於
他了解到：一個人的身體不足或者缺陷是可
以透過服裝來掩蓋的，同時也可以利用這些
不足或者缺陷來達到與眾不同的設計特點，
反敗為勝。他為克勞馥設計的寬肩服在三〇
年代、四〇年代成為熱賣產品，他自己也開
玩笑說：誰知道我的生涯居然就在克勞馥的
肩膀上呢？

　　阿德理安在1939年的電影〈女人〉（the
Women）中確立了自己服裝設計的地位，他
為參加這部電影演出的女演員克勞馥、諾
爾瑪‧西爾（Norma Shearer）、羅沙琳‧拉
瑟（Rosalind Russell）、瓊安‧芳亭（Joan
Fontaine）等等設計服裝，每件服裝都是根據
她們個人的身材特徵設計的，電影拍攝出來
之後，這些女演員簡直是光采奪人，服裝設
計在電影工業中的作用第一次突顯出來。

◆ 第五章

不滅的時裝：1940-1949

1·戰爭與時裝

就常理而言，戰爭對於時裝是具有巨大破壞作用的，炮火硝煙之下，還顧得上穿嗎？其實倒並不儘然。在第二次世界大戰期間，德國的入侵和佔領，給法國造成了極大的摧殘和打擊，其時裝業也大受影響。物資匱乏，面料緊缺，這個時期的服裝頓然失去了三〇年代以前巴黎時裝的細膩，但是巴黎的女子還是全世界穿得最漂亮的。巴黎的服裝設計師克服了種種困難，設計出新的頗具特色的戰時時裝來。巴黎，依然領導著世界的時裝潮流。全世界各地的婦女都認為在戰爭時期不應該穿著耀眼，但巴黎的婦女卻依然容光煥發、唇紅齒白、色彩鮮豔，當時流行藍色、白色、紅色，這正是法國國旗的顏色，用這樣耀眼的色彩來突出民族氣質，既創時尚，又有氣節，可以說是法國女人的創造。雖然納粹想把時裝的中心建立到柏林或者維也納去，事實上根本是沒有可能的，巴黎依然牢固地保持著時裝設計的領導地位。

時裝設計師根據戰爭時期的特殊情況，煞費苦心地對設計進行了修改，比如戰前色彩鮮豔的大方形絲質圍巾現在改為農婦的頭巾，服裝也改為比較傳統的村姑裝扮。經濟緊張，因此不少人的衣服都打了補丁，設計師也就把補丁做為裝飾元素來使用。這個時期的帽子和鞋都越來越高，婦女的鞋跟採用木頭或者軟木來製造，原因是比較廉價和結實，因此這個時期的鞋子都異常笨重。帽子上的裝飾材料是戰爭期間唯一不甚匱乏的材料，比如羽毛、天鵝絨、小塊的皮毛等等，帽子設計師因此依然可以在女帽上堆砌這些裝飾，這樣一來，帽子就成為過度裝飾的服裝配件。過飾的帽子和笨重的鞋子，成了令人發噱的搭配。戰時的法國女裝還維持用真絲，而在美國，就只有用人造絲了。

從1936至1946年這十年中擔任法國高級時裝協會（La Chambre

第二次世界大戰期間女性頭飾的形式多種多樣，這是幾個例子

（左圖）戰時由設計師羅查斯設計的時裝，服裝的稜角分明，比較硬的造形是戰時和戰後初期的流行款式

第二次世界大戰期間在法國里昂舉辦小型的時裝表演，吸引來自義大利、西班牙和其他國家的時裝買主

Syndicale de la Haute Couture）主席的魯西安·勒朗（Lucien Lelong，1889-1958）一直努力維持巴黎在時裝設計上的領導地位，他所獲得的最大支援其實是來自法國女性。巴黎婦女對於時裝的興趣，堅持典雅穿著的努力，使他的奮鬥具有群眾基礎，也使巴黎時裝保有一個市場基礎。巴黎婦女看不起德國婦女，稱她們爲「灰老鼠」（法文souris grises，英文gray mice），認爲她們沒有品味。自從希特勒上台以來，高級時裝在德國就一直被壓制，六、七年下來，德國婦女已經不知道什麼是高品味的時裝了。勒朗成功地與佔領軍當局協商，使部分時裝店能夠在戰時存活下去，其中包括拉文、法斯（Jacques Fath）、羅查斯（Marcel Rochas）等等。

勒朗本身也是時裝設計師，他在1924年開設了自己的時裝設計店，他的設計典雅大方，早就受到時裝界的重視。他妻子娜塔麗·帕利（Natalie Paley）是一位俄國的公主，天生麗質，一直是他的時裝的最好模特兒。當然，更多的人視勒朗爲一個傑出的商人，因爲他行事精明、得體。在納粹佔領期間，主要的顧客都是與納粹有關的女性或者納粹的妻子們，與她們打交道其實並不容易，需要技巧和心計。勒朗能夠處理得好，是他的才幹。

戰爭期間，大部分國家施行了戰時配給制，但巴黎依然有人設計時裝。1942年春季，在法國里昂舉辦了一次戰時少有的針對非納粹、非德國人的時裝展，成爲當時的一件大事。因爲這個城市當時被畫爲自由貿易區，所以西班牙人和瑞士人都可以到這裡來參加貿易活動，

採購服裝，法國的時裝設計師們也都十分看重這次機會。雖然材料極其缺乏，熟練的裁縫和工人也由於戰爭失散了許多，但是法國的設計師們因陋就簡，還是能夠設計出好時裝來，實在是難能可貴。

與此同時，德國人則把時裝僅僅當做賺取外匯的手段，而不再提供給自己的人民。1941年，德國把柏林所有的時裝店集中起來，組成了「柏林模特兒協會」，所有高級時裝全部出口。德國婦女被禁止使用首飾，不許穿用皮草、抽紗，不許化妝。對於希特勒和納粹來說，德國女性只有一件事要做，就是為元首生更多的孩子。

從1941年開始，德國實行了嚴苛的配給制度，生活物資極端匱乏。德國政府對服裝的長度、皺褶的多少、寬度、鈕釦、配件的設計都有具體的規定，以節約原材料。為了節省材料，類似翻領、外加口袋等等都被禁止。買衣服要衣服票，如果在一個企業工作，企業發給職工制服，職工就要把服裝票交給業主。絲綢被絕對禁止，因為要用來製造降落傘。有些人偷偷地把敵方的降落傘拿來做內衣，在當時就算極端奢侈的了。

英國的權貴們也感到穿著豪華是不適時宜的。以英國女王為例，她當時的服裝是由諾爾曼‧哈特耐爾（Norman Hartnell）設計的，採用輕快的淺藍色、綠色和淺紫色的薄紗製作，但她也感到穿著如此華貴的衣服去見她的子民有些不合適，因此委託哈特耐爾採用更加保守的設計，為她製作更具功能性的服裝，以獲得老百姓對她的親近與好感。

兩個曾在巴黎獲得成功的英國設計師——查爾斯‧克理德（Charles Creed）和馬利諾克斯上校（Captain Molyneux）在戰爭期間回到英國，與哈特耐爾一道，受任於英國政府，為英國軍隊中的女性官兵設計制服。一時軍隊制服也成為時尚，英國最富裕的女人之一艾德文娜‧蒙巴頓（Lady Edwina Mountbatten）就經常穿制服。那些緊身、合體，頗具戰時的嚴肅感和紀律感的制服既被權貴穿成時裝，百姓於是趨之若鶩，軍隊制服一時成為風尚。

當時在英國軍隊中服役或者在軍工廠中工作的女性總數為六百五十萬人，其中有四位擔任將領。美國在戰爭開始的1942年有兩百萬婦女服役，很快就增加到四百萬人。從軍人到接線生，從文書到工程師，女性成了戰爭中的重要力量。第一次世界大戰結束之後，有些婦女提出回到家庭去，但是現在卻又再次投身工作，投身戰場，對於婦女的社會地位來說，第二次世界大戰是一次重大的改變。大部分的女性在後方工作，她們既要挑起整個社會日常的工作，同時還要肩負家庭的事務，負擔可謂沉重。即便《時尚》這本一向只談時髦的雜誌，也在這個時候提出婦女要參加建設的議題。

戰時，美國的紡織品生產總量減少了百分之十五，這就意味著時裝產量的大幅度減少。從1941至1945年，外衣轉向軍隊制服化，裙子短而緊身，帽子則變得更加不同尋常。帽子誇張，使得女性頭部的形象與自然形式大相逕庭，是這個時期很突出的變化之一。整個服裝設計中心使身體輪廓分明，所謂有稜有角，但是同時保持三〇年代的典雅面貌。

1940年代中期，也就是第二次世界大戰結束前後，服裝設計時興高底鞋、寬肩設計，這是設計師聖‧羅蘭（Yves Saint Laurent）設計的時裝

時裝設計師諾爾曼‧哈特耐爾為英國政府設計了戰時的制服，也為英國女皇設計婚紗

第二次世界大戰期間巴黎騎自行車的婦女的穿著，注意頭飾相當複雜，是戰時服裝的一個特點

　　這種設計趨向在工作服裝設計上也同樣表現出來。瑪麗蓮‧夢露後來回憶說：戰時她曾在工廠工作，發給的制服是背帶褲（工裝褲），並且是強制性要穿的。牛仔褲也是這個時期開始流行，因為它耐穿耐磨，因此在戰時特別受歡迎。開始還僅是一種工作服，後來則逐漸發展成為性感的時裝。美國人在運動服裝上總是超前的，整個戰爭期間美國人都趨向穿制服、牛仔褲、運動衫。特別是大學生帶起風氣的Ｔ恤，或稱運動衫，在戰時的美國已經成為國民普遍喜好的穿著，人人都希望自己看來年輕，看來像大學生，Ｔ恤流行是自然的。受大學生穿著的影響，百褶裙、毛衣衫、白襪子也風行一時。艾爾薩‧西雅帕列理在第二次世界大戰期間到美國講授時裝設計，她很讚揚美國運動服裝的風潮，說她驚人地發現廉價的運動服裝在美國人身上也體現得很有品味。

　　不少人在戰時第一次體驗到品質的重要性。他們開始欣賞結實而耐用的面料，尤其喜歡棉、毛和亞麻等與皮膚接觸時感覺舒服的材料。婦女們對於面料的選擇，材料優劣都很有主見。由於戰時材料吃緊，因此各種代用材料都被廣泛嘗試，比如用軟木製鞋跟、木頭做腰帶、碎木頭做手袋等等。

　　戰前的手袋是小小的信封形式，在戰爭期間被跨肩的比較大的手袋取代，因為在戰時，婦女需要隨身攜帶的已不僅僅是化妝品了，而大手袋可以裝更多東西。有跨帶，就可以掛在自行車上，外出行走時攜帶也方便些。可見越來越強烈的實用性要求，成為戰時設計的核心內容。

整個戰爭時期，各國婦女的一個共同特點就是廢物和舊物利用，一切可以利用的舊材料都被改造成為新的用品。把窗簾改為衣服、男人的外套改為女人的外衣、床罩改為兒童的衣服，透紗窗簾改為結婚的婚紗等等，不勝枚舉。時裝雜誌載文教大家怎麼做領口，怎樣織補，針黹的圖案這時特別流行。在防空洞裡躲飛機轟炸的漫長時日中，不少人把舊的羊毛套衫重新織過，打毛衣當時非常流行。至於毛衣的式樣，自然是V字領，因為V象徵勝利。

　　戰後，由於戰爭造成太大的破壞和傷亡，人們已經很難有勝利的喜悅了。戰爭的記憶太殘酷，希望忘卻戰爭痛苦的慾望極強烈，因此戰後立即出現了對於戲劇、電影、音樂的熱情。戰後的德國，人們開始研究存在主義哲學家讓－保羅・沙特（Jean-Paul Sartre）的著作和思想，研究亞瑟・米勒（Arthur Miller）、托頓・威爾德（Thornton Wilder）和田納西・威廉斯（Tennessee Williams）的小說，也喜愛德國劇作家布萊西特（Bertholt Brecht）的作品。在法國，文化生活

設計師紀梵希在戰時設計的時裝

即便在戰時也沒有完全停頓過，讓・阿諾依（Jean Anouilh）的第一個戲劇就是在巴黎佔領時期完成和演出的，由讓－路易・巴勞特（Jean-Louis Barrault）導演的保羅・克勞德（Paul Claudel）的戲劇〈緞子拖鞋〉（the Satin Slipper）在巴黎喜劇院（La Comédie Fraçaise）演出，也是一時盛事，即便在戰時也場場爆滿。法國人對於電影的興趣很大，在戰時，法國一共製作了兩百七十八部電影，其中包括讓・考克多的詩歌神話〈美女與野獸〉、馬謝・坎納（Marcel Carné）的〈天堂的孤兒〉（Les Enfants du Paradis），這些電影都是具有代表意義的重要作品。

　　法國人對於電影的喜愛終於導致1947年坎城電影節的設立，每年五月份吸引了全世界電影界人物雲集，而芭蕾舞卻反而轉去倫敦，倫敦逐漸成為西方芭蕾舞的中心，吸引了大量的舞蹈家和愛好者。倫敦的芭蕾舞主要是經典芭蕾，1946年

三個在國際時裝上有舉足輕重地位的評論家，中間是美國重要的時髦雜誌《哈潑時尚》的時裝專欄作家卡麥爾・斯諾，左邊是後來成為最重要的時裝攝影師的理查德・阿維東，右邊是斯諾的法國助理瑪麗－路易斯・博斯奎特

2月，英國皇家芭蕾舞團重新在倫敦的哥文花園演出，首演是〈睡美人〉，取得了巨大的成功。1948年，電影〈紅菱豔〉上映，使更多人喜歡經典芭蕾。電影中的主角由芭蕾舞演員莫拉‧西爾飾演，她因而成為電影界的一顆新星。

人們的日常生活卻不如文化生活復興得那麼快，民心思穩定，表現在服裝上便是對典雅和大方的追求。1945至1946年的《時尚》雜誌推崇正式的女性晚禮服是「大使館裝」（robe d'ambassade），得名自使館舉辦的招待會上使節夫人經常穿著的款式，大使館裝瘦削直身，突出苗條修長感，長袖、低開方領口，裙子長及踝部，配件和首飾少，僅僅在頸部領口有些許刺繡裝飾而已。這種服裝，不但可以出席大場合，在私人晚會也合適，能上能下，很能合乎當時的簡樸和氣氛。

1945年，雖然在巴黎依然存在高級服裝，但能夠享用的僅僅是很小一個圈子的人。面料缺乏，連舉辦一個像樣的時裝表演都困難，於是便有插圖畫家、舞台設計師克理斯提安‧比拉德（Christian Berard）提出的「時裝劇院」出現，他的構想與其舞台設計實踐有密切關係。這個設計，其實就是用少量的面料設計兩百套縮小的服裝樣版，以模特兒模型穿著，放在一個展示空間中，簡單而耗費少，為了節省，這些模特兒模型僅僅是鐵架支撐，頭部放一個模型頭而已。服裝的尺寸都縮小了，因此即便是服裝也僅僅是模型而已，這種節約的做法，在戰前是不可想像的。

雖然美國人最早開了廣泛穿著運動服裝之先河，在服裝問題上一向最具有自由化的立場，但在戰後卻也逐步轉向喜歡高級時裝的方向，畢竟經濟發達，收入高，使美國人能夠享受與休閒服、運動服不同的典雅而正式的時裝。美國重要的時髦雜誌《哈潑時尚》（Harper's Bazaar）在戰後初年已經預期美國時裝市場和時裝潮流的成熟和發展，這份雜誌撰文說：我們期待的不是醜小鴨，而是天堂鳥。當然，真正發展出一個成熟的時裝業，在美國還需時日，但是有了這樣的期望，又有這樣的經濟基礎，設計的成熟已是指日可待了。

1947年是時裝設計史上的重要時期，這年的2月12日克莉絲汀‧迪奧推出了被他稱為卡羅爾（Corolle）的一個時裝系列。當時巴黎還是冬天，滴水成冰，但是在蒙塔尼路（Avenue Montaigne）的時裝沙龍中，氣氛卻非常熾熱。迪奧推出的設計無比典雅，窄小的腰部、優雅的曲線、寬大的裙子，震動了全場的來賓，他設計的上小下大的A型裙，完全征服了整個巴黎的時裝界。這個設計傳達了對舊日「美好年代」的回憶，和對未來的憧憬。美國雜誌《哈潑時尚》的總編輯卡麥爾‧斯諾（Carmel Snow）看到這些美麗的時裝設計，稱讚說：「這簡直是一場革命，親愛的克莉絲汀，你的設計是一個新面貌。」（It's quite a revolution, dear Christian, your dresses have such a new look）從此，迪奧的這個設計、服裝的款式就叫做「新面貌」了。這個設計不但使戰後的時裝被「新面貌」款式所征服，也使迪奧成為無可質疑的時裝設計大師。

2・克理斯托巴・巴蘭齊亞加

自從1947年開始，全世界都在談迪奧和他的「新面貌」設計，女孩子都在追逐「新面貌」時裝，但是，行中人都知道真正具有創造性、對於時裝發展真正做出貢獻的是克理斯托巴・巴蘭齊亞加（Christobal Balenciaga，1895-1972）。時裝攝影師西西爾・比頓曾經說：「他奠定了未來時裝發展的基礎。」即便是克莉絲汀・迪奧自己，也對巴蘭齊亞加表現了由衷的尊敬和欣賞。1948年，巴蘭齊亞加由於經濟困窘而想關閉自己的時裝店的時候，迪奧全力鼓勵他繼續開下去。

其實，只要他願意，巴蘭齊亞加是完全可以把他在巴黎的小小時裝店開設成好像迪奧那樣的國際連鎖企業的，可惜他並不想。他在美國看到批量化生產服裝的普及，看到成衣市場的巨大，使他對於時裝產生了許多不同的想法。他決心不用機器製作時裝，全部自己的設計都必須用手工製作，他在巴黎的時裝店同時也是他的製作中心。他的設計大膽，但是色彩卻比較沉穩和保守，形成形式和色彩之間的強烈對比。他喜歡用黑色和棕色結合的搭配，好像維拉斯蓋茲、哥雅的油畫一樣，充滿了西班牙古典和浪漫主義繪畫的氣氛，而形式卻是獨樹一幟的。

巴蘭齊亞加設計的時裝，充分地顯示了他的才能

巴蘭齊亞加是西班牙巴斯克地方一個裁縫的兒子，小時放學之後，就幫母親做裁縫工作。由於得到當地一個貴族家族卡薩－托列（the Marquise de Casa-Torrès）的幫助，他受到很好的教育，廿四歲那年，他在西班牙的聖・薩巴斯提安開設了自己的時裝店，顧客包括西班牙的皇族。由於生意不錯，他很快就在馬德里和巴塞隆納開設了分店。

西班牙內戰爆發，他不得不關閉這三間時裝店。1937年，得到朋友的幫助，他到巴黎重新立業，開設了自己的新時裝店。由於他在設計上的天分，

來自西班牙的時裝設計大師克理斯托巴・巴蘭齊亞加

這就是巴蘭齊亞加根據哥雅的繪畫設計的時裝，可以看出相似的地方

他在巴黎立即得到成功，不少巴黎和歐洲當時最具有影響力的女士成為他的顧客，其中包括莫娜·馮·俾斯麥克（Mona von Bismarck）、芭芭拉·赫頓（Barbara Hutton）、格羅尼亞·吉尼斯（Gloria Guinness）、寶琳·德·羅洽德（Pauline de Rothschild）、溫莎女公爵，還有重要的女演員，比如瑪琳·迪特利奇（Marlene Dietrich）、英格麗·包曼等等。有了這樣重要的客戶，他在戰時也從未經歷過經濟困難。戰後，他又在西班牙重新開設了自己的店。

巴蘭齊亞加的設計極為雅緻，他設計的女性正式禮服可以登高堂，在最講究的場所穿著。他的設計總體感強，又有豐富的細節處理，配合禮服是細緻的短披肩，誇張的荷葉邊和飾邊，包裹形式的剪裁設計，都十分引人入勝，這些細節處理結合起來，形成很特殊的效果，他的晚禮服受安達魯西亞的佛朗明哥服裝的影響，他是第一個設計無領女襯衣的設計師，他設計的領子的功能是要使脖子看起來更加修長美麗。他設計出氣球裝（balloon）、束腰外衣裝（tunic）、袋裝（sack）、內衣裝（chemise dress），經過多年的發展，他的設計越來越精練，也越來越簡單，他喜歡使用昂貴的材料，大部分是比較挺的材料來設計，因為比較挺的面料可以使造形更加突出。他的設計影響了許多後來的時裝設計師，包括安德列·科拉吉（André Courrèges）、依曼努爾·烏加諾（Emanuel Ungaro）、紀梵希（Hubert de Givenchy）和克莉絲汀·迪奧都受他很大的影響。

巴蘭齊亞加在六○年代感到時裝已經受到批量生產、粗俗風格的損害太深，無力回天，因此終於在1968年正式結束自己的時裝業務，關門大吉，他的顧客都苦苦請求他不要關門，俾斯麥克夫人為此在床上哭了整整三天，她認為巴蘭齊亞加不設計服裝之後，她也就無法保持自己在時裝上的高格調和高品味了。

3·皮艾爾·巴爾門

皮艾爾·巴爾門（Pierre Balmain，1914-1982）本來學習建築，由於喜愛服裝，因此放棄建築學位，而師從時裝設計大師愛德華·莫林諾克斯學習時裝設計。他還曾經跟隨魯西安·勒朗工作過五年，又做為勒朗的學徒與克莉絲汀·迪奧共事，從這三個時裝設計大師那裡，他學習到設計的真諦和技術。他和迪奧在離開了勒朗之後自己開業，巴爾門的時裝設計公司是在1945年開設的。

巴爾門開業的時候，美國成功的時裝評論家格楚德·斯坦因（Gertrude Stein）和自己的合夥人阿利斯·托克拉斯（Alice B. Toklas）一同出席了他系列推出的時裝發表會，斯坦因還為《時尚》雜誌撰寫有關他的設計評論。

斯坦因寫道：「我曾經在1939年見過巴爾門的媽媽，她很傷心，說自己的兒子正在風雪覆蓋的薩沃依山區打仗，他喜歡我的文章，經常看我的文章，但是我們沒有機會見面。後

（左圖）巴蘭齊亞加雖然僅設計，但是在他每年推出的系列中，自己必剪裁一套，這件就是他經手剪裁的，可以看出他在剪裁技術上的精湛水準

皮艾爾‧巴爾門在選擇面料

皮艾爾‧巴爾門設計極其典雅和性感的晚禮服，
由好萊塢女明星卡羅爾‧貝克穿著，絢麗奪目

皮艾爾‧巴爾門設計的婚紗

來，我聽說他安然無恙，也不用老呆在雪地裡了，我們最後終於見面了。

他經常來看我們，騎著自行車，從來不打擾人。他給我們設計了外衣，真是漂亮動人的外衣，托克拉斯說他給她做的那件漂亮得不得了，就好像巴爾門後來在時裝表演中推出的那些系列一樣。……

我們越來越熟，他教我們如何站在凳子上，令矮女孩子顯得苗條高眺，悲慘的時代我們還有這樣的快樂，真是難得。皮艾爾有時去巴黎，帶回來令人陶醉的巴黎氣息，還爲我們織補針線。他常常不得不東躲西逃，以防被捉到德國去。後來解放了，我們都回到巴黎，皮艾爾雄心勃勃，要大幹一番，我們都相信他能夠成功。現在，他終於成功了。

我們深信：在那些漫長的歲月中，我們是僅有的穿過他所設計的服裝的人，我們爲此而自豪。無須疑神疑鬼，知道這個年輕人是一個普通的年輕人真好，我認爲很快大家都會知道這一點，我們曾經爲他感到幸福和高興，真的。」（摘自《時尚》雜誌，1945）

皮艾爾‧巴爾門的設計簡單而雅緻，他最傑出的作品是1952年系列，稱爲「漂亮夫人」（Jolie Madame）系列。這個系列主要是爲上層社會的淑女設計的，華貴大方、儀態雍容，得到廣泛的好評。他立即吸引到泰國皇后斯利吉特（Queen Sirikit of Thailand）這樣的顧客，生意也開始發展起來。他在紐約和阿拉加斯開設了新的設計公司分店，在南北美洲都取得成功。他的成功在很大程度上是由於抓住了人們在戰後崇尚華貴和典雅的心理，以及女士們對雍容裙子的渴望心態。

一些時裝評論家看來，巴爾門的設計過於四平八穩，缺乏前衛的構思。他喜歡比較淡雅

的色彩，比如淡灰色、紫紅色、淺黃色、淡綠色，服裝喜歡使用刺繡裝飾，他還喜歡在領口、袖口和皮手籠等部分，下足裝飾工夫，使之成爲其設計的主要裝飾部位。開朗風趣的個性，也是他成功的原因之一。

4・雅克・法斯

雅克・法斯（1912-1954）曾經學習過時裝，主要設計帽子，到1937年，他終於在一間小小的公寓中開設了自己的時裝設計事務所，十年之後，他成爲第一個爲美國市場設計成衣的法國時裝設計師。在德國佔領法國期間，他的生意並沒有受到太大的影響，事實上，他的業務在戰時甚至還擴張了。

法斯充滿活力，英俊瀟灑，是人人喜歡的設計師。他的服裝設計時常具有誇張炫耀的特點，特別是他設計的電影服裝，充滿了色彩和藝術氣質，使他一直是新聞媒體的焦點人物。然而，也正是由於這些特點，三○年代的巴黎時裝設計界把他僅僅看作是一個會搞噱頭的設計師，地位不高。到四○年代，他才逐步出名，也開始受到時裝界的器重，他的設計得到越來越多人的賞識。今日，法斯被世界不少重要的時裝設計師和時裝評論家視爲罕見的天才。他的服裝設計被重新拿出來研究，啓發了不少新設計師的思維。

雅克・法斯在四十二歲的時候因爲白血病而早逝，十分可惜，他的設計事務所在他去世之後還維持了三年，於1957年關閉。

雅克・法斯的妻子傑涅維芙・波切特（Geneviève Bouchet）是一個世界著名的模特兒，她爲法斯穿著他設計的時裝，絢麗奪目，由於妻子

法斯設計的一套經典的時裝

法斯設計的極爲典雅的時裝，帽子非常複雜和繁瑣

戰後打扮的特徵，無論是眉毛、頭髮式樣、唇膏的使用都要遵照一個
基本的規範

戰後流行的髮式之一，是巴黎著名的髮型師賁拉莫設計的稱為「齊
儂」的髮式，很受歡迎

的作用，法斯的時裝能夠比較快地打入時裝界，得
到社會的公認。

　　在設計上和生意上，法斯是走在他的時代的前
面，合理的價格、批量生產的成衣對於他來說毫無
問題，他並不像其他時裝設計師那樣固執，堅持手
工製作，對於他來說，只要存在市場機會，就可以
設計和生產。可以在法國組織生產，也可以把設計
專利出售，他的這種眼光和想法，在當時幾乎很難
找到。他設計時裝配件價格非常合理，因此廣為流
行。

　　他最著名的顧客是好萊塢電影明星麗塔・海沃
斯（Rita Hayworth，1918-1987），他為海沃斯設計
了她結婚的婚紗，海沃斯穿著全套法斯設計的結婚
禮服嫁給花花公子阿利・汗王子（Ali Khan）。他
為漂亮的時裝模特兒別提娜・格拉茲阿尼（Bettina
Graziani）也設計了婚紗，她繼海沃斯之後，也嫁給
阿利・汗王子。

5・這個十年的打扮

1942年，美國曾經停止生產化妝品兩個月之久，
對於美國帶來的衝擊是相當驚人的，知識界當
時展開討論，題目是化妝與國家存亡、士氣之間的
關係，化妝被提到前所未有的高度。答案非常明
確，化妝是生活的一部分，而不是可有可無的東
西。男人需要香菸，女人需要化妝品，是這個時候
美國社會所達到的普遍共識。在困難的時期，化妝
反而更加重要，因為可以鼓舞士氣，提高鬥志，因
此是必須的，而不是過去以為的無關痛癢之舉。

　　此時，化妝品被提高到祕密武器的地位來看
待，一個投入戰爭的國家，它的婦女應該容光煥
發，是一種精神的東西，只有這樣，這個國家方能

在精神上首先取得勝利，沒有精神的勝利，也就沒有真正的勝利可言。婦女在工作中應該精神抖擻，在私人生活中應該嫵媚和充滿愛心，她們應該表現出得體大方、成熟，而不要輕佻煽情，英國版的《時尚》雜誌說：美麗應該是賞心悅目的，而不是令人心碎的。

這個時期女性的眉型畫得稍顯弧形，略略上挑，把眉毛剃掉或者粗眉被視為極不合潮流，任何極端的化妝都不適宜，社會要求比較溫和，甚至有點中庸。美國婦女這時使用蜜斯佛陀袖珍粉盒，隨時隨地可以化妝，遮蓋臉上的瑕疵，總是顯得那樣容光煥發。在這方面，歐洲婦女要等到戰爭結束之後方才可以享受了。唇的化妝更加重要，但是流行紅唇，並且唇的輪廓要勾畫得清清楚楚，輪廓分明。後來說這個時期習慣「血盆大口」，指的就是這種流行風尚。

事實上，戰時的化妝品實在很可憐。生產化妝品所需的甘油、油脂等原料，都嚴重缺乏，而缺了油脂，製成的麵粉和唇膏就很難塗抹均勻。那時的女孩子常常有塗得紅一塊白一塊的情況，其實不是她們漫不經心，而是化妝品質量欠佳所致。除卻原料之外，化妝品的包裝材料也是奇缺，比如裝唇膏的金屬管就根本難以生產，因為金屬材料全數拿去打仗了。在歐洲，物資的匱乏就更嚴重了，雖然政府都對化妝品工業有些補貼，但是缺乏的材料太多，要組織生產還是十分困難，畢竟軍工生產還是第一位的。俗話說：需求是發明之母，或者窮則思變，沒有正式的化妝品，婦女們就另開蹊徑，英國婦女用黑色鞋油做眼影油，鞋膏畫眉，紅酒加玫瑰葉浸泡做胭脂。

在美國，伊莉莎白・雅頓推出了「忙碌女性化妝盒」（the Busy woman's Beauty Box），什麼都有，從化妝鏡子、洗面乳、底粉、眼影油到唇膏，戰時工作忙碌的婦女因此隨時可以打扮自己，十分方便。雖然處於戰時，但是化妝品的銷售和生產卻反而日益高漲，原因婦女走出廚房工作，自己有收入，可以隨心所欲買自己喜歡的化妝品，這是美國婦女第一次如此集中地投資到妝扮上。前線的男人，收到妻子、情人寄來的照片，看見她們容光煥發也開心得很，戰爭刺激了美國的化妝品工業，是一件很特別的事情。

戰爭甚至對化妝品的命名都有影響，這個時候著名的品牌有如「期望」（法文Attente，相當於英文expectation）、「同時」（法文en attendant，相當於英文mean while）、「不顧一切」（法文malgré tout，相當於英文despite everything），在巴黎香舍麗樹大道上的化妝品店嬌蘭（Guerlain）或者卡隆（Caron）前面，巴黎婦女排長隊拿著空香水瓶買散裝香水。

理髮鋪為女性顧客剪去頭髮，做為特殊線的材料，但不是每位女性都可以有閒錢上理髮店的。不理髮，就把頭髮縮起來，在頭頂上打個大結，也甚好看。戴帽子很時興，如果連帽子都沒有，就拿條頭巾把頭髮紮起來，大頭巾其實功能很好，無論髮型如何，甚至一頭亂髮，一包起來，都還看得過去，一時頭巾也成了時尚。有些人在戰時養成包頭巾的習慣，一直延續到戰後。比如著名的女權主義者和女作家西蒙・波娃（Simone de Beauvoir）就從戰時一

直戴到死，始終不改。

　　那個時候，敢於保留髮型鬆散自然的只有演藝圈內人士，斯塔列特‧維羅尼卡‧萊克（Starlet Veronica Lake）留了一頭漂亮的金髮，長髮垂腰，令人羨慕。打仗時候，沒有閒錢和時間添首飾，頭髮就成了出色的打扮焦點。因為一頭天然的秀髮，維羅尼卡‧萊克成了很多女子的崇拜對象。結果一些在工廠上班的女孩子學她留長髮，不慎讓頭髮捲入機器，而造成傷亡事故。美國國防部最後不得不叫維羅尼卡‧萊克剪去她的長髮，以免誤導女性，保證生產安全。頭髮式樣要勞動國防部來過問，大概是絕無僅有。

　　這段時期中，巴黎著名的髮型師貴拉莫（Guillaume）設計了一種稱為「齊儂」（the chignon）的髮式，將女子的秀髮鬆鬆地捲到後腦打成結，簡潔自然，又漂亮大方。這個髮式源自經典芭蕾舞女演員的髮式，梳理方法也很簡單：將頭髮從前往後梳順，在脖子後面結成馬尾，打個8字形的結，然後用髮夾向下紮緊。貴拉莫本來是專為巴蘭齊亞加的時裝模特兒設計的，結果廣泛流行而成風潮。

　　戰爭時期，要想苗條太容易了，因為食物缺乏，想胖還很難呢！女男孩的款式早就不時興了，人人都想顯示女性的曲線美，化妝重在顯示青春的亮麗，淡妝和自然打扮最受歡迎。紅唇固然重要，但已不再是焦點，新的重點是典雅的淡妝和大眼睛，結果是女士們都努力妝扮成孩子臉、女性身，五〇年代法國性感明星碧姬‧芭杜（Brigitte Bardot）就是這種打扮的集中體現。

　　其實，與唇的顏色、底粉的色彩相比，腿的顏色在此時更為令人注目。裙子日短，腿部就暴露得越多，裸露的大腿很不雅，買絲襪又太貴。聰明的女孩子們想出各種妙計來應對，其中最流行的方法就是用眉筆在腿上畫出類似絲襪縫的線，假裝穿了絲襪，這也真是戰爭期間沒有辦法的辦法了。不過，要把線畫的直可不容易，因此當時又出現了一種特別的筆，可以讓婦女在腿上畫出相當逼真的縫線來。

　　另一種辦法就是在整條大腿上塗化

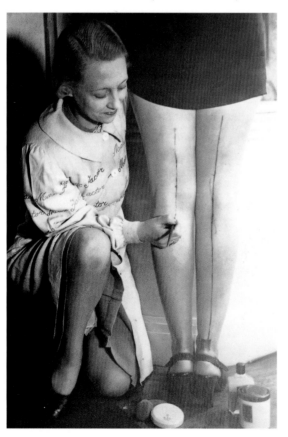

沒有絲襪就在腿上畫絲襪的縫線，是這個時期的風尚，這裡顯示女性如何用眉筆畫絲襪的縫線

妝油，顯得好像穿了絲襪一樣，這個方法顯然看起來比較能亂真。不過也不是十全之計，因為腿部塗的化妝油需要一定時間才能乾，如果急著上班，這肯定不是好方法；再者，若天公不作美，下起雨來，雨水還會把化妝沖刷得斑駁不堪。伊莉莎白‧雅頓的「二○○號油彩」就是專為解除這種難堪而設計的，它在雨、雪中都不會被沖掉，非常可靠。

有些婦女到美容院去畫腿色，有些人花不起這個錢，就用菊苣汁染腿，怕麻煩的女孩子乾脆穿短襪，不過歐洲有些女孩子已經聽說美國人發明了神奇的新材料，做絲襪一流，那就是尼龍了。

這時的偶像之一美國電影女明星貝蒂‧戴維斯

6‧這個十年的偶像

第二次世界大戰進一步確定了好萊塢做為「夢工廠」的地位，戰爭造成災難，造成心理衝擊，但在電影院中可以短暫地忘卻現實，在電影中尋找現實中沒有的和平、繁榮、美麗和理想，看電影成了這個時期中許多人設法忘卻自己遭受苦難的方法，無論對於在前線作戰的軍人，還是他們那些在後方工廠工作、忍受分離痛苦的妻子和情人，電影總是一劑解脫的良方。戰爭期間，文化生活基本停頓，去看歌劇、出席晚會，甚至朋友之間的「派對」都變得不可思議。只有電影最簡單，有個場子就可以看，並且還可以反覆看，好萊塢的電影可以在西西里、緬甸、瓜達卡納爾島、北非放映，何其容易，何其享受！戰時電影反而大行其道，道理是很容易明白的。這個十年的大眾偶像，也自然是電影明星了。

講到明星，英格麗‧褒曼毫無疑問是最受歡迎的一位了。這位身材高大的美人，是繼格麗塔‧嘉寶之後在好萊塢成功的第二個瑞典女演員，自然的美麗和傑出的演技，使她在影壇獲得極大的成功。她特別適合在與戰爭相關的電影中扮演角色，她在1942年的大片〈卡薩布蘭加〉（一譯〈北非諜影〉）的演出獲得巨大的成功，這個電影對於愛國主義和愛情的歌頌如此熾熱，迄今依然是世界電影最重要的經典作品，是一部不朽的作品，褒曼自然也成為許多女性的偶像。不過她在當時與義大利導演羅塞里尼相愛、結婚，卻使好多人極為失望。

（上圖）美國電影明星麗塔‧海沃斯
（右圖）艾娃‧嘉娜也是當時的偶像

　　當時另外一個重要的電影銀幕偶像是貝蒂‧戴維斯（Bette Davis，1909-1989），她其實長相一般，並且有點美國人說的鄉下氣，被認爲僅僅是一個「穿棉布衣服」的女孩，與那些穿金戴銀的明星，比如簡‧哈蘿完全不可同日而語。但是，由於她傑出的演技，以及她透過演技建立的獨特性格，使她在第二次世界大戰期間也成爲偶像人物。她的氣質、獨立性格都爲許多婦女喜愛，男性也喜歡這個具有強烈自我意識的女孩子，她的成功一直延續到戰後多年。

瓊安・克勞馥是一個深受歡迎的女明星，她在1945年拍攝的電影〈米德里德・皮爾斯〉（Mildred Pierce）一片使她獲得該年的奧斯卡金像獎，奠定了她在演藝圈的地位。她在電影中的亮麗打扮、得體而大方的服裝，都是成千上萬影迷的追求目標。她的穿著，被認為是成功女人的典範。她與貝蒂・戴維斯一樣，都是電影中的長春藤，她們兩位都活躍地工作了五十年以上。

　　說到長春藤，凱撒琳・赫本（1907-）可以算是一個最傑出的代表了。這個相貌一般的女孩子，極為聰明，也極具表演天才，她演出的角色都給人留下深刻的印象，那種愛憎分明、潑辣熱情的性格，吸引了許多觀眾，她直到廿世紀末還活躍在銀幕上，到廿一世紀，雖然她已經年邁，但是她的影響還是隨著她飾演的好多部電影久久回盪。

　　這個時期的女演員，不少是這種以傑出的演技、獨特的性格成功的，與從前那種單以漂亮的臉蛋取悅觀眾的情況已經不同了。電影也成為一個更加成熟的藝術和文化門類。這個時期同樣著名的偶像還有勞倫・巴卡（Lauren Bacall，1924-），原來是一個模特兒，身材高眺，體態秀美，與亨佛萊・鮑嘉（Humphrey Bogart）在〈有與無〉（To Have and have not）中對手演出，極為成功，她假戲真做，與鮑嘉結為連理，是銀幕上的一對美好夫妻。巴卡的裝扮是「加利福尼亞女孩」類型，健康、大方、隨意、自然、乾淨、活潑，金髮碧眼，不知道迷倒了多少觀眾。

　　說到性感偶像，這個時期最突出的當推麗塔・海沃斯了。一頭散亂的金色秀髮，黑色的袒胸露背低胸晚裝，長手套，長長的菸嘴不離手，她的電影特別受男性觀眾的喜愛，她是那些戰場中的大兵的夢中情人和偶像，滿足了人們對於美好的生活，對菸酒和性的期望。她在電影〈吉達〉（Gilda）中的角色使她永垂不朽。不過她的真實生活卻並不幸福，五次婚姻失敗，使她完全頹廢，僅僅活在她的電影之中。

　　與海沃斯一樣的性感偶像還有艾娃・嘉娜（Ava Gardner，1922-1990），她是在1946年的電影〈殺手〉（the Killers）中一舉成名，與海沃斯的形象異曲同工，都成為戰後的性感偶像。

　　戰爭期間，男女分隔，穿泳衣的性感女孩照片和畫片大行其道，極為流行，這種圖片都是供懸掛和張貼的，稱為「招貼」（pin-up），這些照片和圖畫上的女孩就稱為「招貼女郎」（pin-up girls）。上面的這些女明星基本都是招貼女郎，她們近乎半裸的照片隨著美國大兵進軍北非、登陸西西里、諾曼第、沖繩島，對於美國兵來說，她們是一種精神的偶像和刺激，振奮士氣，卻也是一個特殊的現象。這些女孩子在英國倫敦的勞依德保險公司的保險金額高達一百萬美元，在當時簡直是天文數字。不少人在拍招貼女郎上的收入還高過電影收入。泳裝開始進入人們的生活，大約就是這個時候開始的。

第六章

新面貌・舊觀念：1950-1959

1・五○年代時裝發展

五○年代是「高級服裝」的最後一個十年，也是雅緻的、精巧的服裝設計的最後一個時期。六○年代之後，整個社會的價值觀念發生了巨大的變化，傳統文化本身都受到劇烈的衝擊，時裝觀念隨著文化觀念的急遽改變而完全不同了，過去的高級時裝概念也就隨之被徹底顛覆。因此，要談及服裝的典雅，五○年代還是非常值得留戀的時期，如果想設計雅緻的服裝，要找參考資料、要找靈感，恐怕只有到五○年代以前的幾十年去尋覓了。其中只有二○年代這個十年有些例外而已。

提起雅緻的服裝設計，大約無人能與克莉絲汀・迪奧相比。他在1947年推出「新面貌」系列，全面推出極其雅緻的時裝系列，影響了整個世界服裝的發展，把十九世紀上層婦女的那種高貴、典雅的服裝風格，用新的技術和新的設計手法，重新大張旗鼓地推廣，其意義和作用的巨大，在時裝史上是非常罕見的。他的另外一個重要的貢獻是爲了打破因循守舊、歷久不變的時裝式樣的煩悶，每隔六個月就推出一個新的系列，這在後來已逐步成爲時裝設計師的主要經營手法。自從迪奧之後，世界時裝設計的發展就完全不同的。

殘酷的戰爭已經過去，時裝也應該有所革命了，這正是適合迪奧推出新設計觀念的好時機。經過大戰的婦女們特別企盼表現自己溫存嬌柔的本性，夢想有柔軟的

1950年代最典型的化妝：豐滿而輪廓分明的紅唇、彎曲的鳳眼、黑色眉毛、嘴邊的美人痣，這是艾文・布魯明菲爾德拍攝的模特兒讓・帕切的知名照片「母鹿的眼睛」（Erwin Blummefeld: Oeil de Biche, Doe's Eye, 1950, model:Jean Patchett）

（左圖）
靈感。
由理查・艾維登於1955年拍攝，模特兒杜薇瑪在巴黎「冬之馬戲團館」中展現迪奧服裝系列。此作鼓舞了時尚攝影師離開工作室，而將時尚與特殊的場景結合。1955年8月

1950年代的打扮主要是對自己財富的炫耀，可以從這張照片上看出來

線條，有奢華的面料。雖然當時還有這樣那樣的理由而置這些需求於不顧，但是需求本身卻是客觀存在著。迪奧的新系列，就是以這種大部分女性都懷有的對服裝的夢想為依據來設計的。他的設計線條優雅，材料奢華，正迎合了這種需求。

批評家對迪奧是有所保留的，有些迪奧的服裝，價格高達四萬法郎（相當於7000美元）一套，簡直是天文數字。如此昂貴的服裝，顯然有悖於當時社會的道德標準，而且非但一般人無可企及，即便是高收入的女性也未必能夠隨意享用，服裝脫離了大眾基礎，也失去了時裝設計一個基本的社會立足點。要記得的是，他推出「新面貌」系列的時候，正是戰後困難的恢復時期，基本生活物資都嚴重缺乏，大部分歐洲婦女甚至連買牛奶的錢都感到拮据，這種服裝，顯然與絕大多數人沒有任何關聯，它僅僅是一個美好的夢而已。英國議會的議長馬伯‧萊迪爾說：「『新面貌』，好像是把一隻鳥關在金籠子裡一樣。」許多人對這個設計表示不滿。

然而，在戰後那個期望的年代，那個夢想的年代，「新面貌」是有一定的基礎的。雖然絕大部分的女性無緣擁有它，但卻喜歡它，因為這給她們的期盼和夢想帶來了物質性的滿足，或者是感官的滿足。停戰五、六年之後，歐洲經歷了艱苦的重建和恢復階段，美國的馬歇爾計畫振興了歐洲的經濟發展，歐洲的經濟開始起飛，「新面貌」的顧客也就逐漸增加了。「新面貌」其實是一種精神的代表，雖然大部分人無法享有它，但是它所象徵的繁榮、財富、享受、優雅，和對美好生活的憧憬則是全社會的共同期望，這也是它能夠得到成功的最主要原因。它啟動了一個戰後逐步形成的主要消費階層——中產階級的慾望，所有在戰爭時期把窗帘關得緊緊地來防止空襲的婦女，都渴望穿上寬大奢華的裙子，希望能夠走出去有眩目的效果，至於「新面貌」是否有價值觀上的瑕疵，誰又會在乎呢？

時代真的變化了，戰時人人追求的結實、耐用的服裝，人人公認的「形式追隨功能」的觀念，現在完全被奢華、表面舖張、形式至上的設計取而代之。不但在時裝設計上出現了這樣的趨勢，在建築設計、室內設計、產品設計上也都出現了這種形式主義的傾向，腰形的桌

其實，在戰後初期，服裝上還保留了戰時一些講究實用和簡樸的性質，這兩件服裝是這種戰時延續性的代表

講究的服裝，還有考究的頭髮款式，是戰後女性的熱中，這裡顯示了西方戰後的髮廊，和戰後初期的新時裝

子、桶狀的椅子，鬱金香形的玻璃杯，彎曲的花瓶，所有的設計都反映出「新面貌」那種雕塑的線條和形式，連德國的陶瓷公司羅森泰（Rosenthal），也在1955年推出稱為「新面貌」的「有機形式咖啡具」。這種漫無邊際的流行，使迪奧也不禁自問：「我到底幹了什麼？」

迪奧所做的是抓住了戰後時代的脈搏和精神，正是這種時代的脈搏和精神，使得他的設計第一次跨越了國境，跨越了社會的階層，成為國際品味，捉住了世界不同國家的女性的心。男人和女人都希望在新生活中分到一杯羹，人人都希望不要落伍，不要被遺忘，這種心態是迪奧和戰後的形式主義風格的市場基礎。五○年代沒有任何對傳統價值觀的挑戰，有的只是對於舊價值觀的認同和繼續。雖然大部分人不可能擁有「新面貌」時裝，但是合成材料、化學纖維、批量生產方式和大眾消費文化的形成，使越來越多的人能夠享有「新面貌」的仿冒品，這使得「新面貌」的流行更加蔚為壯觀。以往所謂的「高級時裝」現在變成大眾的消費對象，時裝終於打破了少數人享用的界限，成為大眾消費市場中的商品，時裝之所以能夠有今日，與這個過程是分不開的。大眾消費的時代開啟了，洗衣機、電冰箱、汽車，度假和朋友的派對（晚會）開始成為大眾的享受，而不再是少數權貴獨有的了。西方大眾起碼可以有能力模仿上層階級的消費生活方式，雖然不免有些走樣。

當然，要享受消費文化，是要做出犧牲的，努力工作，拚命賺錢，生活的節奏就不同了，一旦坐上了消費經濟的雲霄飛車，就再也下不來了。什麼是品味，什麼是好的時裝，不知道讓多少女孩子絞盡腦汁，耗費心血。其實，新時代並不是無分

從這個時候的畫報上刊載的照片中可以看到1950年代時裝風氣後面的意圖：美好生活，講究的服裝

貧富的時代，階級依然存在，貧富依然懸殊，物質文明的發展，使社會在表面上看來人人可以享有類似的設計，而究其實質還是高低各異，涇渭分明的。

　　對於女性來說，五〇年代是物質的年代，人人希望更加有女人味，更加漂亮，也希望能夠有更多的時間待在家裡，而不是像戰時那樣必須每日上班維持生計。服裝、家庭裝飾、花園這些又重新成為女性的生活內容，舒適、現代、方便則是新生活所崇尚的品質。雜誌、電影豎立了新女性的時髦形象，大家都趨之若鶩地學習打扮，時髦時尚成為新的生活潮流。

　　美國時裝設計師安妮·佛加蒂（Anne Fogarty）在她1959年出版的著作《妻子服裝》中說：「千萬不要忘記你是一個妻子。」她認為婦女應該隨時都用束腰帶（girdle），她自己身體力行，無時不用束腰帶，以致有時候連坐下都困難。為了漂亮，功能好壞也在所不惜了，服裝在革命了五十年以後，又回到形式至上的位置上來，真是一個諷刺。

　　法國的女權主義者西蒙·波娃提出，新女性其實依然生活在一個模式中，她們依然是社會規範下的奴隸，她們要穿束腰帶，保持身材看上去苗條，她們要穿流行的鞋、帽、衣，要使用流行的色彩，化妝要符合潮流，穿高跟鞋、長尼龍襪，不能穿平底鞋和短襪，晚禮服必須低開胸，面料也要符合要求，晚上六點以前的衣服上面不能有刺繡裝飾，女性不能買香水和花，因為它們應該是丈夫或者男朋友送的；不上班的那些中產階級女性應該每天換六至七次衣服，並且每次也要更換服裝的配件，比如手袋、手套、帽、香菸盒等等，諸如此類，十分繁複，如此一來，女性又成為物質的奴隸了。

　　由於繁瑣的規矩如此之多，因此又湧現了大量的婦女雜誌來教她們如何選擇正確的服裝和配件，比如在家吃午飯，應該穿絲織的裙裝，上面是一件修長的上衣，還要有色彩和面料都相配的長褲和麂皮鞋；但是如果在外吃飯，穿著就不同了，應該是灰色法蘭絨的，上衣要配合，小帽子、灰色的麂皮手套，與他人握手的時候不要把手套取下來，手提袋也應該是灰色的名牌皮製產品，還要拿一把細長的灰色雨傘，如此這般。晚裝更是充滿了這類繁文陋習，細到衣領的款式、首飾的搭配、香水的取捨，還有禮儀、舉止、言談等等。穿，實在是大不易啊！

1950年代的新形式，舊觀念造就了許多極為雅緻的時裝，為現代人找尋典雅時裝的一個重要來源和參考。1991年，義大利時裝設計師莉姿（Ricci）重新使用了50年代服裝設計的路線，設計了這一款式的懷舊時裝，很受歡迎，如果大家的記憶好的話，會記得這種服裝設計曾經由50年代法國電影女明星碧姬·芭杜穿過

女士不化妝是不能見人的，即便丈夫也不例外。做頭髮、穿著、打扮，每次起碼一個小時。睡覺前則又要卸妝，又要保護頭髮，不要壓變形，還要照顧手指甲和腳指甲，樣樣俱到，生活的中心是自己的打扮，而這個打扮卻並不是自己喜歡的，而是時髦社會約定俗成的規矩，是時裝設計界人為創造的規矩。

能夠過這樣生活的女性，其實僅僅是富裕階層的，她們無需考慮照顧孩子、煮飯、洗衣、做清潔，有足夠時間來欣賞和享受社會完美主義的噱頭。一方面，她們有條件能夠遵從這些打扮和品味上的清規戒律去自娛娛人，另一方面，也正是她們能有足夠的時間和精力來打破這些清規戒律。

五○年代裡，西歐國家各種大小宴會、晚會不斷，正是女士們展示自己華貴的服裝和精妙打扮的空前機會。英國皇室的晚會絢麗無比，自不待言，其他晚會也川流不息，多姿多采。在化裝舞會中，最豪華和精彩的是1951年在威尼斯的拉比安宮（Carlos de Beistegui's Palazzo Labiain in Venice）舉行的，每位參加者聘請名設計師設計服裝。其中，克莉絲汀·迪奧當然是這些晚會服裝的主要設計師，還有迪奧原來的同事皮爾·卡登（Pierre Cardin）、雅克·法斯也都是個中的佼佼者。迪奧為歌星黛西·費樓（Daisy Fellowes）設計了化裝舞會的服裝，摹仿一七五○年代美國的水手裝扮，引起驚喜。他還為西班牙超現實主義畫家薩爾瓦多·達利的妻子設計了服裝，也都得到好評。迪奧的誇張手法實在驚人，比如達利夫人的化裝，把頭髮和帽子這類配件加起來，足足接近三公尺，聞所未聞。當晚出席舞會的有來自好萊塢的電影明星、王公貴族、政治家、文化界的名人，這個化裝舞會是當時媒體報導得最多的一個。

這個化裝舞會後來被美國導演希區考克（Alfred Hitchcock）拍成電影「抓賊」（To Catch a Thief），其實，這部電影倒成了「新面貌」時裝的義務廣告，因為電影中的女演員穿著極其典雅的「新面貌」服裝，引起世界各國的女性狂喜追逐，她們都跑到時裝店和百貨公司去購買「新面貌」服裝，這種情況在美國顯得特別突出，無論是電影明星還是權貴女性，對於「新面貌」均趨之若鶩，從麗塔·海沃斯到索拉亞王后，無一不是「新面貌」迷。

迪奧從1947年開始，在之後的十一年中間，每年春秋各推出一個新的設計系列，一共是廿二個系列，完全征服了女性的心，他的裙子下襬在膝蓋到腳踝之間上下變動，在造形上，他把女性服裝的形式按照英語字母A、H、Y，或者阿拉伯數字8來設計，做為主要造形基礎，這些設計，使世界各地的婦女為之瘋狂。如果說五○年代女性的時裝有一個主要的趨向，這個趨向就是迪奧所賦予的。

三○年代開始建立的服裝專利制度化了，更使迪奧得以牢牢掌控世界女性服裝設計的龍頭。他的服裝的主要買家來自美國，她們要先交一筆定金才能出席他的新設計系列時裝發表會，觀看新設計。如果她們在發表會之後訂購他的服裝的話，預交的定金可從總價格中扣

除。至於購買，有兩種方式：一是可以購買發表會上展示的某件具體服裝；一是可以購買專利。根據規定，購買專利的買主必須按照所規定的設計、面料來製作迪奧的設計，價格雖然相當高昂，但是買主可以自行組織加工生產。每個具體的設計大約生產數千件，當時的具體價格是：如果購買時裝發表會的原作，大約需要九百五十美元到一千美元一件，而如果購買批量生產的同樣服裝，價格只在八十美元左右，相差十倍以上。由於絕大多數國家的買主都寧願購買專利，於是所謂高級時裝也就由此變成為批量化產品，法國的「高級時裝」也因此發生了重大變化。

但是，在五〇年代還是有許多新貴期望透過穿著來顯示自己的財富和與眾不同的品味，因此也會到時裝發表會現場購買原作，或者委託設計師為自己設計獨一無二的服裝。這個需求使時裝設計師有了可以發揮自己的才能和想像力、創造力的空間。迪奧其實也知道他的服裝被廣泛地抄襲，但是他並不介意，因為最讓他開心的不是僅僅賺錢，而是使世界各國的婦女都穿他設計的衣服。

當時的女性，在時裝上其實沒有多少其他的選擇，迪奧的服裝雖然典雅，但是造形是完全受他控制的，從外形來看，當時的女性服裝其實有些制服的趨向，都是迪奧的樣子。迪奧定下了基調，其他的人樂意追隨，所謂流行，事實上是一種標準的氾濫，獨特的探索基本上是沒有機會的。歷史上第一次世界各國的女性都心甘情願地服從於符合潮流的時裝設計師的指引，接受他們的設計。

講回「新面貌」時裝，迪奧的設計在輪廓上追求的是柔軟的線條，斜肩、滾圓的臀部、極為狹窄的腰部。在非正式的場所，女性穿齊腰的裙子，裙子加褶，戴珍珠項鍊。或者穿小小的上衣，裙子可以A字的，或者是直身的。到五〇年代的末期，出現了模仿二〇年代的幾何形式風氣，裙襬縮短到膝蓋以下一點點的部位，報紙把這種輕巧而短小的裙子稱為「法國豆子」（French Bean）。

五〇年代的鞋子是越來越窄，高跟、尖頭而狹窄，蔚然成風。高跟後來簡直變成釘子一樣，稱為「stiletto heels」跟，鞋頭鏤空露趾的高跟涼鞋在晚會上很流行，鞋身裝飾複雜，可以是刺繡，鞋釦也相當繁瑣。當時最著名的女鞋設計大師是羅傑・威維爾（Roger Vivier），他設計過很多為迪奧服裝搭配的鞋。他在1953年為英國女皇伊麗沙白二世設計了加冕典禮上穿著的金色皮鞋，鞋跟用紅寶石裝飾。1955年，他推出了「巧克力跟」（Choc），形狀非常彎曲，好像隨時都可能折斷一樣，事實上，的確有不少女孩子就真的折斷過這種鞋跟。

帽子也是當時女性時尚的重要成分。帽子的頂部都有一個小小的平台，雖然帽檐比較寬大，帽檐逐步成為裝飾的焦點，圍繞帽子的頂部小平台，在寬闊的帽檐上有種種不同的裝飾玩意，假花、羽毛、面紗之類，有時候也會用一條寬寬的絲帶來束約頭髮，而不用帽子，更加自然。晚上頭上裝飾羽毛，向前伸去，使對面的人不得不保持一定的距離。

當時的偶像之一：馬龍・白蘭度，他穿Ｔ恤、皮夾克，騎摩托車，不知道有多少青年學他這套打扮

好萊塢電影明星奧黛麗・赫本在電影〈羅馬假期〉中的打扮，騎義大利的偉士牌摩托車，穿Ａ字裙，一一成為時尚

　　五〇年代的休閒時間越來越重要，因此，也出現了單純為休閒目的而設計的時裝，休閒的內容多種多樣，去牙買加旅遊、打網球、開遊艇、逛街、開車兜風，都有不同的、色彩鮮豔而舒適的服裝，以前那種一件休閒裝供所有目的使用的情況一去不復返了。

　　經過戰爭的壓抑而產生單調的色彩之後，五〇年代是色彩絢麗的時期，從心理來看也是很自然的，長期沒有色彩，當然希望色彩豐富而燦爛。迪奧的紅色得到廣泛的喜愛，原因就在這裡。即便藝術上也出現了多姿多采的情況，美國的抽象表現主義發展迅速，成為戰後藝術的主流，傑克森・帕洛克（Jackson Pollock）拿油漆在畫布上甩滴成畫，成為時尚；詹姆斯・迪恩（James Dean）這個英俊瀟灑的男演員，活力四射，喜歡飆車，也是時代之寵兒，這兩個人物都是因為開車速度太快而在車禍中喪生，帕洛克在1959年去世，成為偶像；而迪恩則在1955年開著「保時捷」喪生，時年僅僅廿四歲。

　　美國的年輕人喜歡這些悲劇性的英雄，而歐洲的青年偶像則全然不同，他們崇拜的是荒誕的演藝者薩穆爾・貝克特（Samuel Beckett）、尤金・尤涅斯科（Eugene Ionesco），或者形象醜陋的存在主義哲學家讓－保羅・沙特、阿爾伯特・卡繆（Albert Camus），與美國崇尚的那些英俊偶像大相逕庭。年輕人穿黑色的衣服，奇裝異服，以朱列特・格列科（Juliette Greco）為偶像，崇尚存在主義，則是歐洲的時尚。

　　大約沒有人會想到，馬龍・白蘭度（Marlon Brando）在〈慾望街車〉中穿的Ｔ恤，居然

會成為時裝的潮流，白蘭度穿 T 恤，外面是黑色的皮夾克，在電影〈野東西〉（the Wild One，1954）中表演得很酷，而詹姆斯・迪恩也穿同樣的一套，在〈沒有事業的反叛者〉（Rebel Without a Cause，1955）中有精彩的表演，他們的夾克和 T 恤成為當時年輕人不滿現狀的一種表達方式，對空虛的表達方式。德國電影〈臭小子〉（Halbstarken，英語 rowdy, teddy boy）也有類似的打扮，由卡林・巴爾（Karin Baal）和霍斯特・布霍茲（Horst Buchholz）飾演，西方的青年人都有宣洩自己不滿的新方式，這個方式是以穿著為中心。

搖滾樂（Rock'n'roll）也在這個時候粉墨登場，最早是由比爾・哈雷（Bill Haley）開始的，之後，艾維斯・普利斯萊（Elvis Presley）將它發揚光大，普利斯萊「貓王」後來被視為搖滾樂的奠基人，受世人崇拜，也是因為他對於搖滾樂的成功演繹。雖然年輕人在這個時期已經隨搖滾樂跳舞了，但是整個社會還是中庸而穩健的，還沒有出現動盪的文化和對傳統觀念和價值的衝擊，搖滾樂充其量不過是一個年輕人的玩意，無傷大雅，誰也不曾想到它在十年之後會挑起軒然大波，成為衝擊主流文化的先鋒隊。五○年代的青年主要是被消費主義吸引，也受到冷戰對峙的威脅，比較容易服從權威的國家觀念。他們希望體面、雅緻、得體、受人尊重。對於女孩子來說，穿著的目的是戀愛，戀愛的目的是結婚，其實還是很傳統的家庭觀念在左右青年的行為。方才十五歲的依拉・馮・福斯騰伯格（Ira von Fürstenberg）在威尼斯嫁給阿爾豐索・霍亨羅赫親王（Prince Alfonso zu Hohenlohe），不知道羨煞了多少少

偶像人物比爾・哈雷（穿淺色風衣者）很受當時年輕人的崇拜，他這身穿著，有不少青年模仿

女；1953年，年輕而美貌的賈桂琳‧波維耶（Jacqueline Bouvier）嫁給美國英俊的聯邦參議員約翰‧甘迺迪（John F. Kennedy），也是轟動一時的大新聞，後來甘迺迪當選美國總統，賈桂琳這個第一夫人自然成為世界女性穿著打扮的偶像。好萊塢也有自己的頂尖新聞，1956年，美貌絕倫的女演員葛麗絲‧凱麗（Grace Kelly）嫁給摩納哥萊尼爾王子（Prince Rainier of Monaco），繼而成為摩納哥王后，可算是一個傳奇的美麗神話；巴蘭齊亞加為害羞的絲潘妮亞德‧法比奧拉（Spaniard Fabiola）設計了婚紗，出嫁給比利時的包多因國王（King Baudouin of Belgium），使世人對於灰姑娘的故事有了更加信服的認同；一半德國血統，一半波斯血統的索拉亞（Soraya）由於嫁給波斯的一個皇族，也得到皇后的地位。五〇年代是充滿了浪漫的幻想時代。

　　一切看來都是可能的，特別是那些出身卑微的小女子，透過模特兒表演而一夕之間成為炫目明星的故事，更讓人感到美夢成真的可能。一個波蘭警察的女兒多維瑪（Dovima）正是這樣成為世界名模，然後再嫁給權貴，夢就完成了。這些故事當然讓女孩子們憧憬、陶醉，服裝可以改變人的形象，更加可以改變人的命運，有什麼道理不喜歡時裝呢？

2‧克莉絲汀‧迪奧——溫柔的獨裁者

1947年以前迪奧還是一個沒沒無聞的普通設計師，1947年2月12日，他推出自己的所謂「卡羅爾」系列時裝設計，震動了整個時裝界，也吸引了全世界女性的注意力，從這時開始，十年之間，他成為世界時裝設計界無可爭議的領袖和大師，直到他在1957年突然去世，其影響無遠弗屆。那次時裝表演結束之後，狂熱的觀眾湧入後台看看這個設計奇才是什麼模樣，結果看見的是一個四十二歲年紀、身材不高、頭上禿頂的男子，有人刻薄說：與其說他像一個時裝天才，不如說像個村公所的職員來得合適。

　　一向有點靦腆的迪奧對於他的成功是很開心的，他自然地回答大家提出的各種問題，他的風範也令不少喜歡他的服裝設計評論家傾倒。一個來自美國的迪奧迷說他是「一個拿破崙、一個亞歷山大大帝、一個時裝的凱撒大帝！」評論家卡麥爾‧斯諾說他設計的是「新面貌」，從此，迪奧稱之為「卡羅爾」系列的這套服裝，就被稱為

法國的時裝設計大師克莉絲汀‧迪奧

迪奧的晚裝系列發表,他每年推出兩個不同的系列

迪奧的服裝雖看來輕盈,但事實上非常沉重,此為他的一件早期設計

「新面貌」,這是第二次世界大戰結束之後最重要的設計,影響時間長達十多年,受它的影響,整個世界的時裝設計都走上了完全不同的發展方向。

對於「新面貌」和迪奧設計的意義,斯諾曾經說:「迪奧挽救了巴黎,就好像(第一次世界大戰期間)馬恩戰役挽救了巴黎一樣。」由於有了迪奧的設計,在戰爭期間不斷衰退的巴黎時裝業才重新振作起來,開始新的發展,走向繁榮。喜歡他設計的女性實在太多了,以致他在蒙塔尼路上的時裝店不得不開門到午夜,以滿足顧客的需求。

1947年8月,迪奧又推出了冬季系列,同樣極為成功。他的設計誇張得令人難以置信:大裙子一層又一層,總周長達到卅六公尺,多層設計,採用輕盈的面料,得到的不但是超乎想像的夢幻效果,也得到了世界女性的心。

從這年開始,連續十年,迪奧每年推出兩個系列,往往是春季和秋季推出,一一成為世界的轟動。1949年,百分之七十五的法國時裝出口都是他設計的作品,可以說他已經成為時裝的同義詞了。1949年蓋洛普民意測驗表明,克莉絲汀·迪奧是當時世界上最著名的五個男人之一。

這個害羞的法國男人如何能夠取得如此輝煌的業績呢?其實,平心而論,他的才能並不比他的一些同代人高,比如克理斯托巴·巴蘭齊亞加就比他聰明得多,也更有才華,連迪奧自己也承認巴蘭齊亞加是一個大師。但是迪奧長於學習,他注意其他設計師的長處,巴蘭齊亞加認為迪奧在運用面料方面簡直是無人可以企及的,

1952 – Ligne Sinueuse

1953 – Ligne Tulipe

1952 – Ligne Longue

1952/53 – Ligne Profilée

1953/54 – Ligne Vivante

1954 – Ligne Muguet

1954/55 – Ligne H

1955 – Ligne A

1955/56 – Ligne Y

1956 – Ligne Flèc

迪奧「新面貌」的設計發展，服裝設計圖下面的線條表達了迪奧設計的造形概念，並註明了流行時間

他重視襯裡的處理，一層又一層的行線，用粗硬布襯墊，加上層層薄紗，因此不但整個服裝看來非常挺刮，並且顯示出非常豐富的形式內容，在這一方面，他的同代人中無一能夠達到。

　　當然，對於迪奧的設計，還是有人有微詞的，可可‧香奈兒就是其中的一個，香奈兒的設計中心是女性的自由和解放，強調寬鬆、隨意和舒服，與迪奧的誇張形式截然不同，因此，他們兩人在設計上的觀念也大相逕庭。香奈兒說：「迪奧哪會給女人穿衣服？他不過是把布料套到她們身上而已。」

　　其實，所謂的「新面貌」是時裝史上的一個最大誤會，迪奧的服務其實在觀念上並不新，他恢復了十九世紀和以前的女性服裝是女性本身的累贅和負擔的舊路，功能反而讓位於形式，女性穿他的「新面貌」非常不方面，他的日常衣服重八磅，而正式繁瑣的晚禮服居然重達六十磅，也就是差不多卅公斤，穿的人實在累得不行，何來舒適？她們穿了這樣重的服裝，雖然看來典雅，但是連跳舞都跳不動了，晚會上只能呆坐一邊，服裝不就恢復了十九世紀的惡行了嗎？

迪奧在1947年推出轟動世界的「新面貌」設計，影響世界時裝潮流十年之久，歷久不衰

1957年迪奧的設計款式，直身，上部三角形　　　　　　　　迪奧1955-56年系列中的泡裝（Talon Boule）

　　「新面貌」是一個對時裝革命的反彈，它要把婦女恢復到1900年前後的「美好時代」去，在觀念上是倒退的，它適應了戰後女性期望美好的心理要求，但是在設計的原則上卻具有很大的復古性。迪奧自己就表示：他希望能夠重振傳統法國服裝的雍容典雅，這個動機他並不太提，因為怕被人們譏笑為復古主義，但這正是他成功的祕密。他說「歐洲挨了太多的炸彈，現在應該是享受更多焰火的時候了」，他的設計就是焰火，是喜悅、奢華的舖陳。他對於自己的成功從來都不抱疚，他認為自己是適合潮流的，因而是正確的。

　　迪奧也是一個天才的市場營銷家，他知道怎樣推銷自己的設計，如何樹立自己的形象。他要求他的時裝模特兒在表演的時候要具有劇院舞台的效果，而不僅僅只是穿了衣服上台走路的女孩，她們在天橋上旋轉，令觀眾迷惑而眩目，她們的步行節奏和速度一樣，並且每個模特兒在號碼之外還有自己的名字，這樣就無形中賦予了服裝以性格的生命力。比如在表演中叫：「第一號，維蒂！……第二號，帕戈列斯！……」等等。迪奧每六個月就推出一個新的系列，也是極為成功的市場運作方法，他是時裝史中第一位每次新系列都改變裙襬高低，甚至改變整個服裝輪廓的設計師。因此能夠保持永遠創造新聞，創造時髦的潮流。

　　克莉絲汀・迪奧於1905年1月21日出生在法國諾曼第的格蘭維爾（Granville, Normandy），是毛利斯・迪奧（Maurice Dior）的五個孩子中的一員。他的父親是著名的肥料製造商，家境殷富，村裡的人說：迪奧身上始終有肥料的味道。打從孩提時代起，迪奧就對服裝感興趣，他熱愛和崇拜他的那位儀態動人的母親。最早他想當一個藝術家，但是父親堅決反對，因此他去學習政治學，計畫要當外交家。而他的父親卻為他開了一間畫廊，這樣，迪奧可以在業餘的時候縱情享受他喜愛的現代藝術。但是，由於股票市場崩潰，父親幾乎破產，迪奧需

迪奧「新面貌」裝的改進設計，稱為「山谷線」（意指身材凹凸有致： 迪奧1950年系列中的S字裝設計
Ligne Muguet）

要自己掙錢養活自己了。他只好出售了自己的畫廊，當過一段不長時間的自由插圖畫家，最後，他找到一個合適的工作，投靠到時裝設計師羅伯特・皮貴特（Robert Piquet）門下，當了一名時裝設計師。

1939年，第二次世界大戰爆發，迪奧不得不中斷自己的業務而去參戰，但是一年之後他退伍了，到法國南部與父親和妹妹會合，在那裡當農民。1941年，他回到巴黎，得到魯西安・勒朗的聘用，而重新設計服裝。在幾年之中，迪奧完全改變了勒朗的設計路線，取得成功，他的設計如此不同，以致美國記者都問那個在幕後的年輕人到底是誰。他利用自己的設計吸引了法國的棉紡大亨馬謝爾・波薩克（Marcel Boussac）的注意，波薩克很喜歡迪奧的設計，要求他放膽地使用豪華的面料來設計，因此，迪奧就在蒙塔尼路卅號開設了自己的時裝店，一直在那裡經營自己的業務。

知道內幕的人都說，雖然迪奧母親早已去世，但是對他的影響還是最大的。他對於母親有非常美好的回憶，也的確受到母親極為典雅和美麗的儀態的影響。他是個乖孩子，聽母親的話，聽父親的話，努力學習，工作勤奮，所有與他共事的人，或者當過他的雇員的人都誇他性情好，對人彬彬有禮，無論公司裡地位多麼低的職員，他都會對他們鞠躬問好，在上電梯的時候會讓女性職員先上，他甚至會用上一個月的時間為自己公司的數百名職工一一親自挑選合適的聖誕節禮物！

迪奧喜歡佳餚美食，並且不喜歡一個人獨食，他經常是與一小群自己的最好朋友在一起，比如讓・科克圖、克理斯提安・比拉德、作曲家喬治・奧利克（Georges Auric）、佛朗西斯・普列茲（Francis Poulenc）以及他的公司管家雷蒙德・澤納克（Raymonde Zehnacker）

1990年代時裝
設計師雷尼‧
格勞阿根據迪
奧原設計發展
而成的獸皮系
列之一

夫人。他的最大弱點是迷信，他萬事都要問他的算命家德拉哈耶夫人（Madame Delahaye），這個算命家給他出主意，事無大小，都要由她說了才算，大事如商業上和波薩克合作建立迪奧時裝公司，小事則如迪奧的辦公室中用什麼花也是由她挑選。

迪奧每年兩次推出他的新時裝設計系列，在推出之前，他總是陷入相當沮喪和緊張的境地。他會逃到楓丹白露或者普羅旺斯鄉下的一個地方，把自己鎖起來，拒絕見任何人，只有僕人在給他送食物的時候方才例外。在那裡，迪奧開始設計新一輪的時裝系列，他首先在大速寫本上畫草圖，經常是通宵達旦地苦苦思索，畫廢的稿紙滿房都是，直到最後產生了創造性的靈感。在那些思考的漫長日子裡，他手下六、七個設計師緊張地在房外等待他的出現，迪奧在得到靈感、設計出草圖之後，會突而走出房間，手上拿著數百張設計稿，這些設計師歡呼，並且開始著手把他的設計草圖變成設計圖，年復一年，每年兩次，周而復始，在十一年中，一共廿二次，次次如是，迪奧的時裝就此成為世界最著名的系列。

迪奧有極為溫柔、體貼人的秉性，也有極為強烈的藝術家的氣質，但是必須注意到的是他還是一個非常聰明的生意人。1947年他第一次到美國訪問的時候就明白，美國會提供他一個空前的、無以倫比的巨大市場機會，他當時去那裡僅僅是接受德克薩斯一家百貨公司頒發的設計獎而已，而這次訪問，的確轉變了他後來的設計和經營方式。他說：我是在出售我的設計觀念、我的想法。他明確他的目的不是要賣自己的服裝，而是出售自己的設計。因此他創造了專利費用（license fee）這個方式，影響全世界的設計業。從1949年以後，迪奧開始從每個售出的設計專利中抽取一個百分比，做為專利費，對於利用他品牌的服裝配件、香水也實行同樣的專利費，因此獲利相當豐厚。他的第一種香水是在1947年推出的，稱為「迪奧小姐」（Miss Dior），之後也有稱為「迪奧拉瑪」（Diorama）、「迪奧利西莫」（Diorissimo）的，讓‧考克多把迪奧的名字解釋為兩個字的合成，即「Dior」（迪奧）是由「迪」（Dieu

意思為「上帝」）和「奧」（or，意思是「金子」）組成的，這個說法在商業上頗具有煽動性，也與迪奧本身的企業成功吻合。

　　早期的時裝設計師往往受完美主義的折磨，他們會由於剪裁上相差幾英吋而失敗，因此在設計和剪裁上斤斤計較，苦苦思考，直至達到完美的目的。而迪奧則沒有這樣的問題，對他來講，最大的問題不是他的服裝完美與否，而是國際市場的運作。他關心的是他在世界各地時裝的成功，而不是僅僅在巴黎的成敗。他親自為自己在倫敦、紐約、阿拉加斯的時裝店設計，並且還要考慮在不同國家對時裝的不同需求和標準，他會根據那些地方的顧客的特殊要求來設計，做出調整，使那裡的服裝真正能夠滿足當地的客戶和民眾喜愛。在商業運作方面，迪奧已經超越了他同代的所有時裝設計師了。這種巨大的市場運作機制，使他的公司終年忙於為不同國家中的時裝店提供大量的特定設計，迪奧每年提供的服裝設計總量是一千種以上。

　　這種超大規模的國際性經營，對於希望每年能夠創造完全不同的新時裝系列的迪奧來說，顯然造成了極大的壓力。他的健康狀況每況愈下，五〇年代中期，他出現了明顯的憂鬱症狀，怕干擾、怕噪音，在他多處的設計公司和設計辦公室中工作的雇員要穿上軟底拖鞋，以免打擾他。他有時感到壓力太大，甚至不敢走進辦公室，不得不叫司機在時裝店周圍兜圈子，直到他感到壓力減退一些之後，再去上班。他的管家雷蒙德‧澤納克夫人經常為他工作到深夜，會接到他號啕大哭的電話，訴說自己不堪承受的工作壓力。

　　外界對於迪奧的這種壓力和憂鬱狀況是一無所知的，但是，有人注意到他的腰圍日漸加寬，只有他的司機，也是他同性戀的朋友佩羅丁諾（Perrotino）知道他已經有過兩次心肌梗塞了。迪奧的同性戀也是一個外界不知道的祕密，他的戀愛也非常不幸福，他喜歡的青年男子很多都棄他而去，使他終日鬱鬱不安。他認為是由於自己太胖了，這些人才不喜歡他，因此在1957年夏天，他決定去義大利的蒙特卡蒂尼（Montecatini）接受節食減肥治療。他的算命師德拉哈耶夫人在她的牌中看到厄運，因此要求他改變計畫，不要去減肥。他第一次，也是唯一的一次沒有聽德拉

1950年代為了適應雞尾酒服設計出來的無帶胸罩

哈耶夫人的勸告，他帶了自己的司機、教女，到蒙特卡蒂尼的健康中心去減肥，他在那裡減食瘦身，治療很艱苦，在他到達的第十天，也就是1957年10月23日，由於心臟衰竭，他去世了，終年只有五十二歲。一代時裝大師如此早逝，是時裝設計界一個巨大的、難以彌補的損失。

迪奧雖然去世接近半個世紀了，但是他的時裝設計路線卻依然很頑強地不斷一而再地體現出來，他矯揉造作、誇張的手法、他在設計上極為敏感的處理、他的靈感和創意、他對時裝業的經營理念，都為後人在時裝設計上開拓了一條與可可·香奈兒完全不同的途徑。

3·紀梵希

1952年，當紀梵希在巴黎創立自己的時裝店的時候，他方才廿五歲，是當時所有時裝設計師中最年輕的一位。他在建立自己的設計公司之前，曾經在艾爾薩·西雅帕列利的時裝店做過好幾年的流行服飾設計，因此具有一定的經驗，對於時裝也有相當的了解。在為西雅帕列理工作的時候，他已經發展出自己的時裝風格來，就是比較簡單、通用的服裝，而不僅僅是正式的晚禮服。他的對象是比較年輕的消費者，而他原本僅僅打算提供青年人一些簡單好看且有多種功用的服裝設計，後來居然在上流社會流行開來，成為高級時裝，這恐怕是始料不及的。

他最早推出的個人系列是簡單的白色棉布襯衣，衣袖上有誇張的荷葉邊裝飾，對比強烈，所引起的歡迎和興奮不下於克莉絲汀·迪奧的「新面貌」系列。紀梵希重視誇張的色彩，而服裝的造形又相當簡練，因此很有個人特色。在某個方面來說，他回復了「高級時裝」的風光和典雅、高級的面貌，但是他一向否認自己是一個改革者，他說他僅僅是追求完美而已。他崇拜克理斯托巴·巴蘭齊亞加

紀梵希的時裝設計極為美麗和雅緻，這是當時最美麗的模特兒之一卡普琪（Capucine）穿著他設計的時裝

做為自己的導師，他不斷透過設計使自己的設計達到高度雅緻的水準，從而使十九世紀的「高級時裝」的精神再次復興。

1957年，巴蘭齊亞加決定不允許新聞媒體參加他的時裝發表會，紀梵希也追隨他，不許記者採訪他的時裝發表會。新聞記者只有在服裝推出的八個禮拜之後，方可以看到新的設計，這樣，無論記者的看法如何，已經無法影響輿論和消費者了。

這樣做的結果，是導致新聞媒體對他們的服裝進行抵制，但是，這年迪奧去世，而巴蘭齊亞加被視為世界上最重要的時裝設計師，媒體無法抗拒他的力量，也無法不報導他的設計。抵制顯然沒有奏效，而紀梵希也因此得到益處，他的作品往往被與巴蘭齊亞加的作品一起報導和評論，使他在市場上得到持續的成功。

他真正引起媒體廣泛注意的是他開始為好萊塢的女電影明星奧黛麗‧赫本（Audrey Hepburn，1926-93）設計服裝，包括演出的服裝和平時生活的服裝，他與赫本之間也建立起長期的友誼關係。這個世界知名的明星穿了他設計的時裝，清麗脫俗，自然也就成為他的設計的最好推廣人。

路易斯‧費勞德設計的時裝

4‧路易斯‧費勞德

路易斯‧費勞德（Louis Féraud）於1955年在法國的坎城（Cannnes）推出自己的第一套時裝系列，當時引起廣泛的注意，他使用的色彩相當強烈，的確具有視覺上的轟動效果。這套系列顯示他之後一直保持的風格特徵，他的地中海色彩感、強烈的西班牙和美國印第安人文化的情緒感，都反映在他的設計上。他剪裁簡單，但是裙子都普遍比較短而緊身，加上突出的色彩，形成自己的品牌特徵。費勞德的主要顧客中不少都是著名的電影明星，比如法國著名的電影明星碧姬‧芭杜就是他的重要顧客，這些名人對於推動他的設計起了很大的作用。芭杜喜歡他的服裝，她一旦看中了他的一個款式，會一口氣訂購上百套。坎城舉辦的國際電影節吸引了全世界不少的明星前來，因此也就為他帶來了數量相當可觀的顧客。好多好萊塢的女影星都喜歡他的設計，比如英格麗‧包曼、伊麗莎白‧泰勒（Elizabeth

范倫鐵諾設計的
雅緻時裝，這是
橙色圖案系列，
是他最正式的晚
裝設計

Taylor）、金・諾瓦克（Kim Novak）、葛麗絲・凱麗等等，她們都是費勞德的忠實顧客。路易斯・費勞德也為不少電影設計了服裝，其中主要的是碧姬・芭杜的電影（比如En cas de malheur）。

一個很偶然的機會，奧列格・卡西尼（Oleg Cassini）在巴黎的時裝展上看到路易斯・費勞德設計的系列，極為感興趣，他認為與巴黎典雅高貴的時裝相比，路易斯・費勞德的作品不但美麗，還包含有濃烈的青春氣息，這是當時巴黎時裝中所沒有的，卻正是美國市場所需要的。卡西尼是美國的重要時裝設計師，他曾經為美國總統約翰・甘迺迪的夫人設計時裝，儀態萬千，極受世人歡迎和喜愛。長年以來，他對於美國人的穿著習慣和喜好有獨到的了解和充分認識，他一發現路易斯・費勞德服裝設計的獨特個性，就立即與費勞德簽定了打入美國市場的合同。由此，費勞德很快就藉由美國而在全世界銷售自己的服裝。他開始到全世界各地遊覽，調查當地人們對於服裝的要求，了解文化和習俗，設法使自己的設計符合各地的需求，找尋設計的靈感。他在巴拉圭和巴西交界的地方買了一處房產，做為自己設計的一個根據地，在那裡設計了他大部分的作品。

世界各地的漫遊給予費勞德極大的靈感和衝動，他的設計因此也日新月異，他的作品充滿性感，色彩強烈，黑人女士穿來特別好看，他是世界上第一個聘用黑人女模特兒的時裝設計師，在當時雖然引起騷動，但是後來則為很多設計師模仿。

5・范倫鐵諾

講到時裝，那就不得不去巴黎，因為巴黎是世界時裝的中心，時裝起源在那裡，世界大部分的時裝設計師也在那裡發展起來，無論是哪個國家的設計師，巴黎是他們必須要經歷的一個搖籃、一個中心、一個戰場，所謂「高級服裝」在巴黎就是時裝的代名詞，法國人認為：時裝是法國的，外國人沒有時裝的觀念，沒有時裝的文化，沒有資格進入時裝設計。他們對此很自豪，很得意，也很警惕，隨時防止外國勢力進入他們的時裝界。以往也有些外國設計師很成功，如西班牙的克理斯托巴・巴蘭齊亞加、艾爾薩・西雅帕列理等等，但

是他們都是憑藉著巴黎的舞台才取得成功的，自然也成了法國的設計師。對於巴黎在時裝界的壟斷地位，法國人是非常刻意保護的，有時候近乎偏執和歧視了。

五〇年代，隨著經濟的發展和時裝意識的開始流行，有些外國的服裝設計師開始企圖挑戰法國時裝的壟斷地位，這個時期巴黎之外最重要的一個時裝大師就是義大利人范倫鐵諾（Valentino），他的全名叫范倫鐵諾‧克利門地‧魯德維科‧加瓦拉尼（Valentino Clemente Ludovico Garavani），爲了取得更好的商業宣傳效果，他就簡單地取「范倫鐵諾」爲名，做爲自己的品牌。

范倫鐵諾在1950年到巴黎學習服裝設計，他到巴黎著名的時裝協會上課，他同時也去修戲劇、舞蹈和舞台表演的課程，豐富了自己對於戲劇化效果的認識，他在國際羊毛協會（the International Wool Secretariat）的時裝競賽中獲大獎，從而開始走上時裝設計的道路，如果綜觀時裝史，會發現不少傑出的時裝設計師，比如卡爾‧拉格菲爾德（Karl Lagerfeld）、聖‧羅蘭（Yves Saint Laurent）也是走這條路而成功的。

范倫鐵諾開始跟隨讓‧德塞（Jean Dessès）設計時裝，時間長達五年之久，透過這個階段的設計實踐，他逐步掌握了時裝設計的所有技巧，之後又再跟隨法國設計家姬龍雪（Guy Laroche）設計，更趨成熟，1957年，他終於開設了自己的時裝設計公司，獨立創作、設計和經營了。

在第一個階段，范倫鐵諾僅僅設計豪華的時裝，因此在社會上，除了少數富有的女士之外，沒有多少人知道。1968年，范倫鐵諾推出他的「白色」系列，極具現代感，而同時又充滿了青春的氣息，震動了時裝界。這是他時裝設計的成功轉捩點，也是他的時裝設計的高潮，他簡單但華貴的感覺是很少設計師所具有的。他採用這種風格，爲美國總統甘迺迪的遺孀賈桂琳設計了再嫁給希臘船王奧納西斯時穿著的婚紗，轟動一時。

范倫鐵諾雖然以白色系列而出名，但是他最受喜歡，也是人們最深刻的設計是他的白底上起橙色花紋的設計，這個設計成爲他的招牌和標誌。他在大多數的設計中依然使用比較簡單的色彩，而橙色的圖案則主要在晚禮服中使用。

典型的「雞尾酒服」

雞尾酒服有許多變種設計，這是其中之一

1968年，范倫鐵諾在巴黎開設了自己的時裝店，1975年在巴黎開始推出批量化的時裝，開始從高級時裝發展到批量的、針對比較廣泛的民眾的服裝，因而更加成功。

6・雞尾酒服

所謂雞尾酒服（the cocktail dress）是時裝設計史中跟隨黑色小衫、白色大衣之後又一個里程碑的設計。黑色衫、白色衫都是可可・香奈兒發動的時裝潮流，而雞尾酒服則是克莉絲汀・迪奧在1948年推出的潮流。這個設計的要點是前胸開領比較低，吊帶在肩膀靠近手臂的位置，暴露出比較多的胸部和幾乎整個肩部，顯得相當性感。領口有V形的，也有心形的，裙身則有A字裙或直身。裙襬長及小腿，比正式的晚禮服稍短，非常適合在時間較早一些的社交活動中穿著，是介於休閒和正式晚禮服之間的一種服裝，去喝茶、劇院，去夏天的舞會都很適合。設計既典雅也輕鬆，可以戴首飾，不戴首飾也不顯突兀，具有很好的彈性搭配功能。此外，穿這種稱爲雞尾酒服的女性，由於服裝比較緊湊、隨意，因此看上去也比較年輕。而最特別的是，那些十多歲的少女穿上雞尾酒服，卻會平添一點成熟的風韻，所以廣受各個年齡層的女士歡迎。

7・內衣面面觀

新面貌流行，內衣就更加重要。爲了要塑造出一個特定的女性型體，肩部和臀部都加墊，以便造形，而腰部也要束縛，使身材顯得更加纖細和女性化，因此，身體部位必須加以調整和再塑，這就是爲什麼五〇年代在內衣設計上有較大發展的原因。迪奧的方法很多，他或者使用短平紋縐紗片（taffeta slips）做成玫瑰型的褶皺裝飾帶（rosettes ruches），或者薄紗和骨片做的緊身內衣（tulle bustiers），加上填料（padding），突顯出女性身材的特徵，胸部、臀部和腰部是重點部位。因此，內衣的功能也就非常重要了。

法斯在內衣設計上有很多的貢獻，他在低領口的服裝上使用他稱爲「籃狀的緊身內衣」（法文bustier corbeille，英語basket bustier），來突出胸部的輪廓，他也是最早採用杯狀胸罩的設計師，是九〇年代開始流行的所謂「魔術胸罩」（Wonderbra）的先驅。他的設計其實道理很簡單，使用金屬線網、柔軟的墊料來托起胸部，形成特定設計的形狀。

馬謝・羅查斯在內衣的設計上具有很獨特的貢獻，他在女性緊身帶（法文guêpièr，英語waspie）設計上具有決定性的作用。這種緊身帶，或者稱爲束腰帶其實就是以往的緊身胸衣的縮小，僅僅用來束縛腰部，使腰部顯得更加苗條。這個時候的女性都在外衣下面穿用胸罩和束腰帶，胸罩採用螺旋型的車線方法，形成尖錐型，是這個時候的時尚。束腰帶從腰部一直

束縛到大腿根部，是為了達到強調細腰和突出臀部的目的。

在服裝設計上，襯衣也比較講究堅挺的效果，突出腰部，也使整個身體的造形比較挺一些。襯裙用尼龍平紋縐紗、薄紗做，少女喜歡穿多層的襯裙，增加一點神祕感。

8・時裝設計黃金時代的終結

雅克・法斯1954年死於白血病，時年僅僅四十二歲，而克莉絲汀・迪奧則在1957年死於心臟病，時年也只有五十二歲，時裝設計的這些頂尖大師們的早逝的確是極大的損失，留下的空白是無法彌補的。當然，他們影響了整整一代的設計師，使他們的構思和精神能夠得到繼續承傳，從而壯大了時裝設計的多元面貌。但是，他們的去世，也可以說是宣告了時裝設計黃金年代的結束。1960年開始，代表反文化、反主流、反權威的那些離經叛道、驚世駭俗的古怪服裝和代表通俗文化的街頭便裝充斥市場，典雅的時裝就悄然退出了。

這個年代的時裝設計師充滿信心，極具自信，他們認為時裝的女性，如果遷就，時裝就沒有品味，因為這些女性其實並不知道什麼才是正宗的品位，時裝設計師不是要討好她們，而是賦予她們好的設計。克莉絲汀・迪奧就曾經說：「我要把婦女從自然主義中解放出來！」而法斯則說：「因為女人對服裝挑挑揀揀，所以才出現了這麼多糟糕的時裝設計師，其實她們應該做的就是少挑剔，穿就是了！」但到了六〇年代，再也沒有人有這個氣概批評女性對於時裝的無知，也沒有人認為設計理應如此高傲、如此自我中心

這個時期化妝的標準形式，髮型、眼、眉、唇等等，都是50年代最流行的方式

這是法拉加莫設計的兩對美麗的鞋

了。時裝設計的發展因此從英雄時代轉變為參與時代，服裝的高貴、典雅、儀態萬千的氣度也就逐漸消失了。

可可‧香奈兒當時是居住在瑞士的一個老婦人，她對於迪奧和法斯的這些話感到氣憤，因此，在離開巴黎之後的十五年，她毅然回到巴黎，推出自己的新系列。她原來想向法斯挑戰的，沒想到當她推出新系列的時候，法斯已經去世了。巴黎人依然很認同法斯的說法，就是女性對於服裝其實沒有什麼頭腦，因此應該少指手畫腳，把設計交給時裝設計師來做，自己安於穿就是了。香奈兒回國之後推出的系列並不太受歡迎，她的設計一如既往，方便、舒適、大方，她無法想像為什麼男人就是不喜歡穿著簡單舒適的女性，反而喜歡迪奧他們這些把女人打扮得誇張而奢華的人的設計。

女性設計師，好像維奧涅特、香奈兒、艾爾薩‧西亞帕列理都是在第二次世界大戰前物資緊缺的年代中成功的，她們努力給婦女提供真正適合女性需要的設計，但是戰後的年代是男性的年代，是生意的年代，僅僅舒適而沒有龐大的商業運作功能顯然不是經濟機器的需要。我們還記得，在廿世紀剛剛開始的時候，簡‧拉文用三百法郎（相當於50美元）開設了自己的時裝店，到第二次世界大戰結束之後，像這樣緊巴巴開業的方式已經不可能了，當馬謝‧波薩克投資迪奧公司的時候，他投入的金額是五十萬美元。

女性設計師並不是全軍覆沒，香奈兒雖然已經七十多歲了，但還是能夠使自己的品牌確立，她設計的那些簡單輕巧的斜紋呢套裝、過膝的裙子，行邊的上衣依然被大家視為典雅且好的設計。上百萬件她的設計在全球生產和消費，從紐約到東京，依然風行。但是做為一個時代，時裝追求典雅高貴的時代已經一去不復返了。

9‧此十年的面貌

化妝品的變化好像時裝變化一樣頻繁，也就是說每年變兩次，這與迪奧推出他的一年兩次的時裝系列是一致的。為了達到特殊效果，不同的搭配不斷被創造出來，比如冷綠色的眼影、苔綠色的眼線、古銅色的睫毛是一套搭配，或者銀藍色的眼影、深藍眼線、紫色睫毛是另外一套搭配。多種色彩組成的搭配最重要，以往那種簡單色彩的化妝已經過時，流行的是多色彩系列的搭配。五〇年代，流行眼影色彩與手提包色彩搭配，比與衣服的色彩搭配還要重要。但是這種流行持續不長，很快地女性認為無需一定配手提包，配手套、帽子也都不錯。

五〇年代化妝的要求是人為感強，現在講究化妝而不起眼，化妝突出自然感，在當時不時興的，底粉打出好像曬過太陽的古銅色，唇是橘紅色的，而眼影是銀色的，複雜的色彩搭配才受歡迎，這樣可以和「新面貌」服裝配合，也與追求「美好年代」的浮誇精神符合。這

首飾的設計也
講究雅緻和浪
漫情調，這是
迪奧在1957設
計的首飾

種化妝，好像在臉上寫了「不要碰我」的字樣，濃妝使人們感到隔閡和疏遠。時裝好像雕塑，化妝好像平面設計，當時留下的無數張明星照片、時裝雜誌都可以顯示出這個時期的流行化妝方式。

這個時候的少女已經有合理的零用錢了，因此她們也成為化妝品工業的目標，她們的眼影色彩比較淡一些，也畫得寬一些，嘴唇沒有那麼稜角分明，但是柔潤得多。法國女電影明星芭杜是這個時候的偶像，連她的馬尾髮式也成為無數少女的模仿方式。

當時的少女並不追求性感，但是希望看上去比較成熟，注意色彩的協調。外出穿著的衣服流行一律黑色，甚至頭髮、眼線也染成黑色。頭髮有長有短，但是都刻意梳成凌亂的大波浪。

年紀大一些的婦女卻不同，她們的頭髮和化妝的色彩好像衣服一樣更變頻繁，頭髮的長短曲直變化無窮。當然最流行的還是金髮，如果頭髮的色彩無法與衣服配合的時候，女性就把重點放在頭髮的裝飾上。頭髮飾品倒沒有一定之規，只要色彩合適就行。這個時候發明了噴筒髮膠，立即風靡一時，拿髮膠來造形頭髮，簡直可以隨心所欲。特別是在五○年代的末期，流行把頭髮向後梳，髮膠的功能就更加顯著了。

耳環在這時也十分流行，習慣用大耳環，金色最受歡迎，與耳環配套的手鐲、項鍊當然

當時的偶像之一：法國電影明星碧姬・芭杜

就隨之流行開來。珍珠依然是項鍊的首選，也幾乎成爲晚會必須的配件，或者單串，或者多串，反正有珍珠就行。迪奧在首飾設計上引入了粉色系列和煙灰色，也很受歡迎。

當然，帽子也是必須，只是帽子現在小多了，最後變成一頂小小的、緊扣頭的微型貝雷帽，當然，到六○年代之後，女性完全無需再戴帽子了。

頭巾也講究，特別對於那些坐敞篷汽車的女孩子來說，頭巾成爲必須。把正方形的頭巾疊成三角形來包頭，在下顎打個結，又具有功能性，又好看。手套也是一種必備的配件。一九五○年代初期，白色的手套是與兩件的套裝配合，中長的手套配正式外套，而長手套配晚禮服。這些手套往往採用和服裝同樣的面料製作，摩納哥王妃葛麗絲・凱麗經常用皮手提袋，從而開創了名牌手提袋的先河，她當時是使用愛馬仕牌的手袋，這種比較大一些的手提袋後來乾脆被稱爲「凱麗袋」。

腰間的皮帶流行寬大，不但具有功能，也是一種必要的裝飾。

鞋子非常講究，尖頭鞋流行，鞋跟往往採用一種比較細的、略微彎曲的「薩巴林納」鞋跟，是奧黛麗・赫本拍電影時穿而開了風氣之先。赫本和法國電影女演員碧姬・芭杜原來都是芭蕾舞演員，因此她們也開創了穿平底芭蕾舞鞋的先例。特別是在五○年代開始流行的搖滾樂中跳舞的女孩子，感到平底舞鞋特別舒服，因此更加流行，而年紀大一些的女士也就跟隨小青年穿，成爲另類普及的鞋了。

10・此十年的偶像

這個時期的偶像很多，但是依然是以好萊塢的電影明星爲主，女性們也同時把社會名流視爲偶像。比如上面提到的摩納哥王妃葛麗絲・凱麗，她從一個電影明星變成一國的皇后，是多少少女的夢想偶像。

這個時候一些非常有性格也非常美麗的新明星成爲崇拜的偶像，其中清純美麗的奧黛麗・赫本是極爲受人歡迎的，她天真而單純的形象、舞蹈的姿態，在〈羅馬假期〉、〈薩巴

林納〉、〈漂亮臉蛋〉這些電影中的演出自是轟動一時，她的穿著是如此地合體，因此她就自然成為時裝的代言人了。不知道當時有多少少女想模仿她的打扮和儀態呢！

悲劇結局的好萊塢明星瑪麗蓮‧夢露（1926-62）性感天真，一頭淡色的金髮，嬌滴滴的儀態，是男性的性感偶像。她的複雜而多姿多采的戀愛，也是社會的議題。她演出的電影〈紳士愛金髮〉、〈怎麼嫁給百萬富翁〉、〈七年之癢〉在當時都有不俗的票房。而伊麗莎白‧泰勒也是當時一個極為受喜愛的性感女明星，她的容貌、表演的性格，都受到社會的廣泛歡迎，她在電影〈巨人〉、〈太陽中的位置〉、〈雨樹鄉〉、〈熱屋頂上的貓〉的表演都很傑出。

法國女影星碧姬‧芭杜是歐洲超級明星，她的性感、清純表演，征服了歐洲男人的心。與奧黛麗‧赫本一樣，是當時最大的偶像人物。1956年拍攝的〈上帝創造女人〉，她穿著比基尼泳裝演出，轟動西方世界，她的馬尾髮型、大耳環、寬皮帶、魚網襪、芭蕾舞短裙也立即流行。

性感是被崇拜的重要原因，美國那些被稱為「大胸脯」類的性感明星包括瑪麗蓮‧夢露、珍‧羅素（Jane Russell）、珍‧曼斯菲爾德（Jayne Mansfield）、金‧諾瓦克，而歐洲則有義大利的蘇菲亞‧羅蘭（Sophia Loren，1934- ）、吉娜‧洛洛布利姬達（Gina Lollobrigida，1927- ），瑞典的安妮塔‧艾克伯格（Anita Ekberg，1931- ）等等。

除了明星之外，也有一些其他的女性成為偶像，其中在這個十年中很受女性歡迎和崇拜的是阿根廷總統庇隆夫人瑪利亞‧依娃‧艾維塔（Maria Eva Duarte, Evita Perón，1919-1952），這個出身卑微的女子，憑自己的勇氣和才智，成為國母，成為阿根廷部分民眾的代言人，她的音容笑貌使西方女性，特別是出身比較貧寒的女性為之傾倒。

當時的偶像之一：美國電影明星奧黛麗‧赫本

第七章

搖晃的六〇年代：1960-1969

1 · 導言

這十年在文化上是「反文化的時代」，稱爲「搖晃的六〇年代」，是廿世紀中變化最大的年代。傳統的文化形態、價值觀念、思想意識，乃至時裝上的典雅主張都被拋棄，整個社會的思維方式都有很大的變化。

六〇年代同時也被視爲新發現的自由時代，很多新的思想、新的藝術模式、新的文化現象也在這個時候形成，普普藝術、搖滾音樂等都誕生於此時。

社會經歷了巨大的改變。1963年開始的越南戰爭、美國的民權運動、歐洲的各種激進政治思潮、中國的文化革命等等，都給世界各地的不同社會、不同文化帶來劇烈的衝擊。

這個時代充滿了各種社會動盪，直到六〇年代末，才又趨於新的穩定。促成這些動盪和變化的一個重要因素是：戰後嬰兒已經長大，步入青春期，有些上了大學，有些進了高中。他們人數眾多，精力旺盛，無論從美國的反戰運動或中國的文化大革命，都可以看出年輕人已成爲推動社會的重要動力，也成了社會動盪的主要因素。

進入六〇年代的西方社會，經濟有了很大的發展，消費產品相當豐裕，消費文化興起，物質主義甚囂塵上。比起他們在四、五〇年代的稀缺文化中成長起來的父兄一輩，六〇年代的年輕人是在豐裕文化中成長起來的。此時的年輕人雖然生活無慮，但卻仍然感到無法在精神上和物質上得到滿足，他們對父母、教會、師長都不再崇拜，「反權威」成了他們的主要思潮。當時有一位經濟學家加爾布雷斯，寫了一本反映新經濟型

披頭四樂團的四成員，對於六〇年代的年輕人而言，他們的音樂和穿著打扮是最有影響力的

（左圖）太陽是60年代「花童」們最喜歡的圖騰之一，此爲英國模特兒珍・史琳普頓為髮型師卡利塔拍攝的廣告，她的頭髮被設計成太陽的形式。珍和另一位當時最著名的英國模特兒特威姬都是非常消瘦的。如果在五〇年代，這種身型的女模特兒是根本不可能成功的

態的著作，題目就叫「豐裕的年代」。豐裕的物質文化，加上社會價值觀的急遽改變，以及年輕人思想上的動盪不安，構成了六○年代社會變化的主要時代背景。

綜觀歷史上所有時期，兩代人之間總有差異，總有衝突，但從未有過任何年代，兩代人之間的「代溝」會像六○年代那麼深刻和嚴重。從反戰運動等一系列社會事件中都可以看出，年輕人反對社會的權威，反對他們父輩的價值觀，已經成為主要的思維取向，成為當時的時代特徵。

反戰情緒下，和平運動成為一股很大的力量。那時流行的是泛義和平觀，基本是為和平而和平，並不包含正義的價值內容或其他政治涵義。此時的流行群體如花童（flower boy）等都是用和平鴿、花束、橄欖枝等做為象徵。至於如何才能爭取到真正的和平，則並沒有被認真思考。

六○年代社會組成的一大特點是中產階級的壯大成熟。中產階級在五○年代還是一個較小的階層，而到六○年代已儼然成為社會的主體了。他們人數多，收入高，對生活品質有較高要求，成了物質文化發展的主要社會支柱。

五○年代的年輕人大多上進、勤奮、努力工作，而六○年代的青年崇尚的是享受主義，對於辛勤勞動等傳統美德興趣不大，而嚮往著更舒適、更安逸的生活形態。

當時，很多基本的社會道德觀念都發生了急遽的變化。諸如家庭觀、婚姻觀，對婚姻配偶的忠貞概念，乃至傳統兩性在家庭中的角色分工等等觀念，都發生了根本的變化：婚姻變得不再重要，而以同居的方式為多；性放縱、性濫交開始氾濫；對配偶的忠貞被當成一種落伍的、滑稽的道德觀；兩性在家庭中或社會上的作用也和以往大不一樣了。年輕人急於表達自己的選擇權利，服裝正成了一種表達的符號，不僅是一種舒適或保暖的需求，更是一種社會身分和地位的象徵。

新的文化影響下，一切都崇尚和以往完全不同的新品牌。從哲學到音樂，從時裝到流行時尚。當時在哲學上流行的是「存在主義」，音樂流行「搖滾樂」。標新立異成了社會的主要取向。年輕人的追求是「開心」，凡是可以令人開心的都受到歡迎，都會很快成為新的品牌、新的

60年代設計的色彩非常強烈，這位模特兒身著的褲裝和整個室內的設計都反映了這個特徵

流行，搖滾樂就是一個典型的例子。與典雅沉悶的古典音樂或流暢單調的舊式爵士樂相比，搖滾樂更能讓人開心，令人興奮，所以受到年輕人狂熱的追捧，很快流行開來。

生活之中充滿了年輕人膽大妄爲的各種試驗，而技術上的進步和突破更具有推波助瀾的作用。避孕藥的發明就是明顯的例子：1961年，口服避孕藥上市，令追求性開放的青年男女少了一份後顧之憂，旋令當時的性革命更加轟轟烈烈。由於女性在生育上有了更大的選擇權，也間接地改變了她們的社會地位。

除了思想意識形態上的解放，反權威、反傳統的自由化傾向之外，六○年代迅速發展的經濟也爲年輕人提供了經濟獨立的基礎。當時大多數年輕人有了自己的收入，雖然尚不是人人都很富裕，但起碼已是衣食無虞，而無需再依賴父母。手裡有了錢，他們就更能按自己的選擇去消費了。

新經濟奇蹟在西方的出現，造就了一批年輕的企業家。這些人很懂得年輕人的心態和要求，他們知道年輕人喜歡什麽，會買什麽。他們開辦的一些新型企業，諸如音樂商店、迪斯可酒吧、性用品商店等，都是他們的父輩不曾想過也大不以爲然的。這批新進的年輕企業家，本身既是很有經濟實力的消費者，又給同輩的年輕人提供了嶄新的消費渠道，創造出從未有過的新的消費產品，大大促進了消費主義的盛行。當時最大宗的消費主要集中在時裝、旅行、毒品和搖滾樂上。

音樂是當時能夠跨越國界、跨越種族、跨越社會等級、跨越性別，而將西方的年輕人凝

披頭四成員和約基合影，站在約基右邊的是米亞·法羅（Mia Farrow）。披頭四以約基爲他們的精神導師，當時的年輕人連服裝都受到東方宗教很大的影響

聚在一起的重要因素。

搖滾樂一掃古典音樂的沉悶，以嶄新的音樂語彙表達出年輕人的心聲，因而所向披靡，大受歡迎。初期的比爾‧哈利和「貓王」艾爾維斯‧普萊斯利是搖滾先驅，後來有披頭四、滾石樂團、「誰」（The Who）、「結子」（The Kinks）、吉米‧亨德利克斯（Jimi Hendrix）、艾利克‧布頓（Eric Burdon）等重要的音樂團體和音樂家。他們的音樂主要是表達他們自己想說的話，也唱出了年輕人的心聲。搖滾樂和性、毒品，一起成爲那一代年輕人的基本主題，成了一種精神紐帶，連隨之興起的搖滾舞，也很快成了新的生活方式。

在眾多著名的音樂團體之中，披頭四是最具影響的一個。該團在音樂上不滿足於個人的慾望，希望能找到人類自身內心的啓蒙，對音樂有更高精神層次的追求。1967年披頭四宣佈將一位宗教領袖約基

以「花的權利」命名的和平運動宣揚廣義的愛與和平，獲得很多年輕人的認同。這是1967年，一對嬉皮男女在倫敦舉行的長達14個小時的集會中

（Maharishi Mahesh Yogi）做爲他們的精神首領，他們讓西方的搖滾音樂和東方印度的古典宗教有了聯繫。

除了披頭四之外，當時還出現了很多頗有影響的流行搖滾樂團，諸如「熱」（Hot）、「水深火熱」（HIP，是英語Hot in Cool「冷中的熱」的簡稱）等，HIP就發展成「嬉皮」（Hippies）這個詞，代表了由於共同的價值觀和對社會的認同而形成的新一代人。他們反權威、反傳統，特別喜歡搖滾樂，沉溺於大麻等毒品和迷幻劑。嬉皮的成分較爲複雜，倒並不止限於低收入、低教育的下層人士，亦有不少高收入、高學歷的人士參與。

在六〇年代後期，頗受年輕人歡迎的英國時裝設計師瑪麗‧匡特（Mary Quant）在她的設計中率先採用了塑膠的白色雛菊。很快地，塑膠花就成了年輕嬉皮們的一個常用標誌。他們把塑膠花戴在頭上，代表對和平的訴求，後來更被廣泛應用在各種遊行和集會中。當時有一個不但對很多年輕人，甚至對他們的家長都很有吸引力的名爲「花朵力量運動」（Flower Power Movement）的組織，主張「無限的愛和無限的自由」，也是使用白色雛菊來做爲他們的

標誌。

當時的年輕人常常舉行各種集會和遊行，來表達他們的訴求，諸如反對社會不平等、民權運動、反對越南戰爭、不忍耐運動、反種族主義的歧視等等，在這些活動中，塑膠花都被用來做爲一種主要的訴求象徵。初期的運動是非政治性的，著重希望提高個人的自由度，但後來就加入了越來越多的政治內容，變得泛政治化了。

最初是美國的年輕人積極參與了美國黑人反對種族歧視的民權運動，美國出兵越南以後，更掀起了聲勢浩大的反戰運動。而且，就地域範圍而言，也越出了國界，從美國發展到歐洲。在歐洲，激進的左翼學生運動亦在此時興起，反對現行的政治制度和體制，衝擊傳統文化，展開了很多泛政治化的討論：如對哲學、政治學、權力結構的討論等。在法國、德國出現了一些由青年學生領導的激進反抗運動，這些運動都是從馬克思的著作裡尋求靈感，獲得鼓舞和支援的。當時這種激進的左翼反對運動在歐洲和美國都十分流行，他們的一個重要主題是反對現行的政治制度、反對資本主義制度。

1968年，美國國民自衛軍在俄亥俄州大學開槍打死了示威的學生，第一次發生流血衝突。是年春天，前蘇聯坦克軍衝入布拉格街頭，鎮壓了捷克斯洛伐克的民主運動。這些事件都將當時的反對運動推向高潮。

1968年發生的另一件大事是巨型戶外音樂會「愛的夏天」在倫敦、洛杉磯、舊金山等地相繼舉行，吸引了成千上萬年輕人參加，集會的主旨是和平。蜂擁而來的年輕人聚集一起唱歌、跳舞、作愛，形同大型的嘉年華狂歡活動。當時還有很多這種戶外音樂會在各地舉行，在這些動輒幾千人的集會上，參與的年輕人不但高聲唱出他們的訴求，同時酒精、毒品也成了他們的必備物品。規模最大的一次於1969年8月在紐約附近的伍德斯托克舉行，表演持續多日，與會者達百萬之眾，是有史以來時間最長、最狂熱的一次音樂活動。

此後，花童、嬉皮、普普、搖滾樂等熱潮逐漸消褪，六○年代激進狂熱的青年運動開始沉寂下來了。

六○年代裡，對東方宗教尤其是印度古典宗教裡一些特別教派的崇拜十分流行，不少年輕人穿上類似佛袍的服裝，配戴念珠，茹素等。同性戀運動和女權運動都很風行，並和社會上的左翼運動融爲一體，蔓延得很迅速。而六○至七○年代更是國際恐怖主義組織發展最爲猖獗的時候，一些持極端主義思想的派別，如日本的紅色旅、德國的紅軍等都曾發動過大規模的攻擊事件。極端的左翼思想在這時發展很快，新一代人對和平和愛的夢想卻走到了恐怖的反面，這真是對這個時代不幸的諷刺。

這個期間的時裝設計用「天翻地覆」來形容也不爲過。香奈兒、迪奧的設計都被年輕人拋棄，高品味的典雅時裝已不復受推崇，年輕人追求的是標新立異、與眾不同的新設計。服裝奇才聖‧羅蘭的新設計：黑色的過頭高領衫，外加皮夾克，有強烈的象徵主義傾向，就深

為當時的摩托車騎士和披頭四歌迷的歡迎，很快流行開來。

聖・羅蘭的崛起，不僅是時裝界升起的一顆新星，更代表著時裝設計一個新時代的開始。

早在五〇年代，法國電影明星碧姬・芭杜就曾說過，我絕不要穿我母親穿過的衣服。她認為香奈兒的設計只適合老年人穿著。在六〇年代裡，她代表著對新時裝的探索，成了新一代人的偶像。

迷你裙是當時時裝上的一個重要新突破，這一潮流是由瑪麗・匡特和安德列・科拉吉興起的。這種短小的裙子，源起於倫敦。除了裙子之外，還有一些簡單而短小的外衣設計，統稱為「小衣服」裝（Plain little minidresses），穿起來很緊身，很受當時的年輕人，特別是十來歲的青少年的認同，風行一時。這和母親一輩的穿著風貌真是完全不同了，迷你服裝成了當時的青少年和傳統服裝告別的最主要手段。

穿起迷你裙，看上去像單純無邪的新鮮少女，相當煽情。五〇年代流行迪奧的新面貌風格，腰身窄小，長裙寬大，女士們崇尚成熟的風貌，但到六〇年代，已被天真的兒童面貌取代了。

匡特剛開始是銷售自己喜歡的服裝，直到六〇年代，才開始樹立自己的品牌。她於1965年訪問美國時，身穿迷你裙，隨著流行音樂起舞，受到美國年輕人狂熱的歡迎。匡特成了迷你服裝主要的推動者。

時尚的另一個潮流是消瘦。和以往的服裝要求穿著者身材較豐滿、胸部高聳、富有女性韻味不同，六〇年代的迷你服裝要求穿著者身材消瘦、胸部平坦。當時著名的英國模特兒特威姬（Twiggy）體重不到九十磅，穿上迷你裙顯得像個小女孩，是第一個消瘦型孩子氣的當紅女模特兒，她受歡迎的程度可與披頭四媲美。那時英國模特兒最受歡迎，如珍・史琳普頓（Jean Shrimpton）、潘妮洛普・特莉（Penelope Tree）等人都很走紅，她們都是消瘦型的，而且看上去都像是尚未發育的小孩子。

1960年代流行剪裁簡單的迷你裙，常採用黑白搭配的幾何紋樣

六〇年代裡有一位出名的攝影師叫大衛・貝利，他所挑選的攝影模特兒也全是消瘦型的。他自認整個拍攝過程就是「性的過程」，攝影機就像是男性的性器官，每拍攝一張作品就是作一次愛。他以這種感覺和眼光去從事攝影創作，作品中充斥著挑逗的成分。他對服裝倒沒有太大的興趣，但非常注意突出模特兒的消瘦和性的象徵。貝利在六〇年代很受重視。1966年由義大利導演安東尼奧尼執導的題為「爆炸」（Blow Up）的影片，劇中的男主角就以大衛・貝利做為原型。女主角是一位德國的模特兒，由真正的德國模特兒博魯什卡・馮・列赫多芙（Verushka von Lehndorff）扮演，極其消瘦，影片中展示的是非常極端的時裝觀念，引起很大爭議。美國時裝雜誌《時尚》的主編戴安娜・佛理蘭也很欣賞貝利，在雜誌上發表過不少他的作品。

在這種時尚風潮中，減肥、瘦身一時成風。不少少女為了追求漂亮，瘋狂節食，甚至患上了厭食症。因過分節食而死亡的事也曾有發生。

印花超短裙，加上緊身連身褲襪，再配上花形首飾和大波捲的短髮，是60年代典型的打扮

比起倫敦和美國，此時的巴黎則相當沉寂了，青年人對高級時裝不感興趣，典雅也變得不合時宜。幸虧後來成為美國第一夫人的賈姬一向非常支援巴黎的典雅時裝，她和她的婆婆——老甘迺迪夫人是巴黎時裝發表會的常客，每年差不多要購買三萬美元的時裝。1960年，甘迺迪當選美國總統，賈姬成了第一夫人，這對巴黎的高級時裝真是一個巨大的支援。當她身著名貴的巴黎時裝，步出白宮時，顯示的是西方文明的價值觀。這一對新總統伉儷的穿著和以往的老式政治家夫婦完全不同，給白宮帶來一股清新風氣，深受美國人民喜愛。不少美國政界的上層人物也都隨賈姬而對法國時裝情有獨鍾，因而巴黎時裝還是能得到認同。

成為第一夫人之後，賈姬曾多次訪問巴黎，和法國時裝界、時裝設計師都有不少接觸。1961年，甘迺迪夫人訪問法國，在艾麗舍宮會見媒體，被稱為「典雅陛下」（Her

Elegance），儼然成爲典雅時裝的代言人。甘迺迪總統遇刺時，賈姬身上那套染血的香奈兒套裝，給世人留下深刻的印象，人們對她備感同情。

由於甘迺迪總統的被刺，賈姬短暫的黃金時代也隨之結束了。後來，賈姬再嫁希臘船王奧納西斯，受到非議，使得她的公眾地位有些動搖，但她卻一直受到媒體的重視。1966年，賈姬身穿一條緊身短裙走進公眾的照片刊登在《紐約時報》上，報導說「迷你裙的未來從此有了保障」。

1961年前蘇聯太空員尤理‧加加林成功登入太空，成爲人類第一位翱翔宇宙的太空人。這一事件極大地刺激了美國，太空時代的競爭由此展開。1969年，美國太空人阿姆斯壯等人登月成功，漫步月球，震撼了全世界。宇宙觀對時裝設計也造成了相當的影響。

第一套未來風格的時裝是由科拉吉設計的。1961年他率先對法國的典雅時裝發起衝擊，推出迷你裙；1964年他又推出太空服裝，摒棄了所有傳統服裝的設計手法。表演的模特兒裝扮得像外星人，穿著白色長靴，在伸展台上快速走動，服裝非常幾何化，引起相當大的轟動。

另一位採用未來風格的時裝設計師是皮爾‧卡登。受到未來主義思潮的刺激，他也設計了一些機器人風格的服裝，剪裁上刻意突出幾何風味，服裝結構有稜有角，短小、直身，大量採用針織面料，頸線像是用一把直尺畫出來似的。內穿黑色高領毛衣，紮進長褲裡，也是

一種新的穿法。

這兩位設計師的色彩都是以黑白為主，略有一點其他顏色做點綴，使設計帶上一種強烈的現代主義的感覺。

第三位當時很重要的時裝設計師帕科‧拉巴涅（Paco Rabanne）設計了一些烏托邦服飾，採用塑膠和金屬做裝飾，有點像宇航服。他也做過不少未來主義的設計，例如為影片〈巴巴列拉〉（Barbarella）中珍‧芳達（Jane Fonda）扮演的角色設計服裝。視覺效果很前衛，但穿起來則不太舒服。

當時最受歡迎的時裝設計師還是聖‧羅蘭。他的靈感常常來自街頭，將通俗文化成功地推廣到高級時裝上。他的另一重要設計便是中性服裝（unisex，無性別化設計），他第一次將燕尾服引入女裝，也獲得成功。他將歐普藝術和普普藝術介紹到時裝設計裡，並融入了東方文化和嬉皮文化，甚至結合了東方哲學的精神。和以往的時裝大師不同，他的設計並不僅針對高收入的上層社會人士。他設計的服裝不太昂貴，大部分人能買得起，很受大學生和知識分子的歡迎，成功地吸引了新潮的年輕人。

一直以來，高級時裝都是針對個別顧客量身定作的，但在六○年代成衣時裝店紛紛出現，「Ready to Wear」成了新的潮流。高級時裝也開始批量生產，這是六○年代時裝業的大革命。過去不足掛齒的批量化成衣，也登上了時裝的大雅之堂。以往高高在上的時裝也開始批量生產了。幾乎所有的時裝設計師都要開設自己品牌的成品時裝店，並且成了主要的銷售手段。成衣時裝店的出現，模糊了社會上在時裝方面的巨大鴻溝。所有的設計都追求絕對的自由，各種迥異的風格諸如超小（Mini）和超大（Maxis）的設計共存，長褲和裙子、未來風格和民俗風格共存。

有人認為這是「時裝世紀」的終結，五○年代的時裝大師巴蘭齊亞加更直斥批量生產將時裝「變成縱慾」，很不滿意迅速增長的成衣時裝店。在激烈的商業競爭中，他不得不關閉了在法國和西班牙的時裝作坊。他的那些上層社會的顧客都很感徬徨，因為流行服裝根本不適合她們，再到哪裡去尋找中意的服裝設計師呢？

但事實上，雖然時裝業的確起了很大的變化，但卻沒有爆發革命，到七○年代時裝業又有了某種程度的恢復，並有了新的發展。

2‧伊夫‧聖‧羅蘭

大概沒有哪個時裝設計師能夠產生類似伊夫‧聖‧羅蘭（Yves Saint Laurent，1936-）所造成的激動和轟動。聖‧羅蘭是在1936年出世的，他的設計天分使他被公認為克莉絲汀‧迪奧之後最重要的時裝設計師，是迪奧的最好接班人。1958年1月30日，迪奧去世之後的

聖・羅蘭為他的首瓶男用香水拍攝廣告，這也是他唯一的裸體照

三個月，他推出了自己的系列，在國際時裝界立即引起轟動，人們蜂擁至他設在巴黎蒙塔尼路卅號的時裝店，要看看他的代表時裝未來發展方向的新設計，欣賞他的雅緻風格，想看看這個靦腆的年輕人能否在披頭四、搖滾樂和甲殼蟲的狂瀾裡挽救法國的上等時裝。這位廿一歲的青年的確沒有讓觀眾失望。

聖・羅蘭推出的服裝設計系列比迪奧的「新面貌」服裝更加具有革命性，也引起更大的轟動，他推出的名為「特拉佩茲」的新系列，不但維護了法國高級時裝的基本風格和品質，並且也注入了青春的氣息。當然他的個人風采也使人們著迷：他個子很高，非常消瘦，很年輕，一副害羞的樣子，更加叫人憐愛。

法國的報紙都報導了他這個時裝發表會的消息，並且冠以大標題「迪奧的時裝終於得到發展和繼續了」！對於巴黎人來說聖・羅蘭不僅僅是一位傑出的時裝設計師，並且是在六〇年代烏煙瘴氣、價值顛倒的混沌中拯救巴黎時裝的最主要大師，人們喜歡他不僅是因為他的服裝，更是因為他代表了迪奧去世之後法國時裝界終於又有了新的領導，從而能夠在六〇年代的污泥濁水中保持自己的風格，不至於同流合污。法國人對他的喜愛已是超出時裝設計的界限，而達到拯救法蘭西文化的高度上。

年輕的聖・羅蘭與迪奧在設計上有很大的不同。迪奧的口號和設計是要把婦女從自然中解脫出來，他的設計是讓婦女擺脫自己本身的自然形態，經由他設計的服裝而形成一種由他程式化的雅緻。而聖・羅蘭卻剛好相反，他認為服裝設計的主旨還是要突出婦女自己本身的美，應該透過服裝來體現婦女的自然形態。他的口號是「打倒麗池（象徵上層社會婦女的場所），街頭萬歲」，他的設計就是要使服裝與大眾的生活、街頭的文化建立密切的關聯。因此，迪奧可以被視為出世的設計師，而聖・羅蘭卻是入世的。他的設計有些冒犯傳統的方式，黑色的皮夾克、高領毛衣裝、短裙，是學生們喜歡的打扮，是塞納河左岸的知識分子喜歡的打扮。面料商波薩克曾經長期擔任迪奧的面料商，對聖・羅蘭也深具信心，相信他的設計會造成面料銷售的新局面，因此樂意繼續做為他的面料供應商。

雖然迪奧比較注重傳統的典雅和美觀，而聖・羅蘭則比較注重六〇年代青年人的喜愛，但在本質上，他們其實還是有許

椰棕和亞麻，木珠和玻璃珠，這些廉價的材料也能在高級時裝中佔一席之地，是聖・羅蘭的設計給予肯定的答覆。這是他的1967年非洲風情系列，受到新聞媒體和時裝客戶的一致好評

多相似之處。他們都出身於富裕的家庭，都崇拜自己美麗的母親。兩個人都很早就意識到自己具有同性戀的傾向。兩個人都是很好的讀者，並且對於文化、知識都十分重視。他們也都很早就顯示出時裝設計的才華，聖‧羅蘭在十八歲的時候就已經與卡爾‧拉格菲爾德一起贏得國際羊毛協會服裝設計大獎，並且因此被迪奧聘用從事設計工作，當時主要是做畫線打樣工。

與迪奧不同，聖‧羅蘭在愛情上比較幸運，他在成功推出自己的「特拉佩茲」系列之後幾天，就遇到自己的同性戀人，一個非常聰明並且接受過很高教育的男子，名字叫做皮埃爾‧別基。他與別基成為生意上的合夥人，他們的時裝店很快在規模上和銷售上都超過了迪奧的時裝店，別基比聖‧羅蘭大六歲，在行為上成為他的保護人。

1969年聖‧羅蘭將「花童」們那種跳蚤市場服裝的氣息和圖案混合起來，引用到這套充滿浪漫情調的絲綢裙裝上面

1960年，聖‧羅蘭應徵入伍服役。由於無法忍受軍隊的惡劣狀況，參軍沒幾周，他在身體上和精神上都瀕臨崩潰狀態。軍隊醫生用電擊和大量的鎮定劑來治療，使情況更加惡化，他的體重急遽下降到只有八十磅，幾乎講不出話來。皮埃爾‧別基終於設法讓他退伍，使他恢復健康，並且找到美國的投資家來支援聖‧羅蘭重新開設自己的時裝店。

1962年1月，時裝店重新開張，吸引了大量的好奇者和他的服裝喜愛者，當時擁擠的情況就和迪奧的時裝店開張時相仿。人們狂喜、歡呼、流淚、痛飲，這些都使聖‧羅蘭感到恐懼，他不得不躲到一個櫃子中逃避狂熱的顧客。從那個時刻起，那種對於電影明星來說最重要的狂熱歡呼集會就成了聖‧羅蘭的噩夢。一方面，他需要由這樣的公共活動來提高自己的知名度，但同時他卻最討厭、最害怕這樣的群眾集會。他總是說：這種狂熱的集會是他生活的一個圈套。

迪奧的時裝主要透過每年兩度的春季和秋季沙龍來推出，聖‧羅蘭一方面維持了這種方式，他說其實最主要的原因是他不能砸了為沙龍工作的一百五十名員工的飯碗。但在另一方面，他真正著力發展的是他設計時裝的成衣化過程。他開設了好多自己服裝的成衣店，以製成品服裝做為自己服裝的主要銷售核心，而不再依靠春、秋兩季的沙龍。這種做法，無疑是加重了自己的負擔，因為他既要為春、秋沙龍設計服裝，同時又要給成衣店設計服裝。他的設計工作量比迪奧要沉重得多，每年起碼要準備四套系列推出，這種負荷幾乎沒有設計師能夠承

聖‧羅蘭的俄羅斯系列中，採用了刺繡、皮裝鑲邊等俄國的傳統裝飾手法，袖口也特別膨大

聖‧羅蘭深明色彩之道，還沒有任何其他一位設計師能像他一樣將紅色和粉　聖‧羅蘭巧妙地將現代藝術的動機應用到高級時裝設計上
紅色用得那麼得心應手。這件晚裝背上的粉紅巨型蝶結成了引人注目的焦點

受，他因此經常感到精疲力竭。

　　聖‧羅蘭的主要恐懼還是他對於大眾的害怕，他害怕人，他高度敏感的特性使他在公共
場所中極為不穩定，他喜歡退隱到自己喜歡的設計中，而不是在大眾面前拋頭露面。長期以
來，這都是聖‧羅蘭的一個最大的行事特點。

　　六〇年代，聖‧羅蘭推出了一系列新的服裝設計，其中包括著名的長褲裝、具有非洲探
險時期英國風格的上衣（Safari）、半透明的套裝，但是最重要的還是以男士的無尾晚禮服
（tuxedo）為原型而設計的女性褲裝禮服。無尾晚禮服以往一直是男性專用的正式服裝，在
大型的正式場合、雞尾酒會上穿著。聖‧羅蘭把這種服裝改造成女裝，是一個重大的突破。
這一新設計令女性展示出特殊的氣質，並且很有品味，一時成為人們趨之若鶩的首選。他與
香奈兒有相似的地方，就是要從各個方面為女性的服裝探索新的可能性，並且新的服裝必須
是舒適的、功能好的。他從男性服裝中找尋合理的元素，然後把它們運用到女性服裝的設計
上，從而推進了服裝的發展。

聖‧羅蘭在1971年推出的40年代懷舊系列。他用通透的背部刺繡賦予傳統服裝新的時代氣息。圖中這位女模特兒瑪麗娜‧絲奇亞諾，後來成了紐約著名的首飾設計家

這款超尺寸的心型項鍊是聖‧羅蘭最得意的設計之一

　　他的一個好朋友凱瑟琳‧丹妮芙（Catherine Deneuve）曾經說：「聖‧羅蘭為過著雙重生活的女性設計服裝。他設計的日裝協助她們進入一個充滿了陌生人的世界，使她們行動自如，不至於招惹不受歡迎的目光，服裝設計強調體態的稜角，從而使穿著的女性具有力量和性格感，給予她們自信。而他設計的晚裝則使女性散發出嫵媚和魅力來。」

　　在晚裝的設計上，聖‧羅蘭的設計比較重視懷舊感，並且也設法使他的設計與當時流行的嬉皮文化有連帶關係。他說：晚上是大眾的、民俗的。他吸收了大量的異國情調做為設計晚裝的動機，包括中國、祕魯、摩洛哥的和中非的文化，也從貴族時期的威尼斯文化中找尋設計的靈感。威尼斯時期的花花公子卡薩諾瓦風格很令他著迷。1976年，他推出沙皇時期的俄羅斯風格系列，其中具有明顯的「俄羅斯芭蕾舞團」舞蹈服裝風格的影響痕跡，《紐約時報》撰文說這個系列的確是一個革命。但是，其他一些媒體對於俄羅斯革命系列卻不是那麼喜歡，它們評論說這個系列過於懷舊，缺乏新意。聖‧羅蘭並不在意媒體的說法，他繼而推出的俄羅斯農民系列，色彩豐富，充滿了俄羅斯民族的活潑和生動感。之後他又推出中國系

列，具有更加濃厚的舞台戲劇效果，當時還沒有任何時裝設計師敢於像聖‧羅蘭一樣使用強烈的黃色和紫色系列來設計服裝，聖‧羅蘭在色彩設計方面不但使用了強烈的補色計畫——黃色與紫色，同時他還使用了其他強烈的色彩，比如粉紅色、橙色和大紅色等等。他在色彩的把握上具有超人的天分和功力。

　　眾所周知，聖‧羅蘭是非常重視大學生群體的，他設計的好些服裝都是針對他們的，包括皮夾克裝、超短裙等等。但是他絕對不是僅僅把自己圈在大學生顧客中，而是兼顧各個方面的顧客的需求。他喜歡現代藝術，特別是喜歡野獸派的馬諦斯、畢卡索、蒙德里安、維塞爾曼，和他的好朋友普普藝術大師安迪‧沃荷的作品。他把他們的作品全部運用在自己的服裝設計上，使他的服裝具有強烈的現代藝術感，是當時極為少見的設計方法。他的設計是對每一位藝術大師的敬禮和表示自己的崇拜之情。

　　聖‧羅蘭認為，人們希望每天的服裝都不同，頭天穿歐普藝術風格衣服，第二天就穿中國風格的衣服，穿四〇年代的款式，穿六〇年代的迷你裙、中迷你裙（midi），這都是選擇，而不是主流。變化無常，是服裝設計師應該重點注意的設計方向，不要讓人每天看來一個模樣，保持變化，是他們的天職。

　　聖‧羅蘭在短暫的軍旅生活之後，患上了嚴重的憂鬱症，這種精神壓力相當嚴重，不得不依靠酒精和藥品來排解。他在六〇年代更是日益酗酒和吸毒，藉此來保持自己的精神不至於崩潰。他被熱愛他的富裕的嬉皮包圍，被他的顧客包圍，寸步難行，沒有行動自由。這批人喜歡在聖‧羅蘭和皮埃爾‧別基位於馬拉克池的別墅聚會，其中包括石油巨子保羅‧蓋堤的美貌年輕妻子妲莉莎，她由於過量吸毒而死亡，也是一時的大新聞。聖‧羅蘭的助手，也是當時穿著最入時的女性之一露露‧德拉‧法拉斯由於酒酗過度，不得不做手術將胃部切除。這種糜爛的生活，對於聖‧羅蘭是非常有害的。

　　聖‧羅蘭在好幾次公開的新聞報導場合中承認自己有酗酒和吸毒的問題。七〇年代中期，他到美國的醫院治療酒精中毒，並且以後多次去那裡治病。雖然他的麻煩多多，但在公眾的心目中，他仍是最傑出的時裝設計師。人們喜歡他的設計，無視他個人的問題。1983至1984年，他做為世界上第一位在世時裝設計師在紐約大都會美術館舉辦自己的設計回顧展，這是前所未有的事情。他在時裝界的地位越來越高，五十歲的時候已經被視為大師。他在八〇年代開始考慮如何從迪奧之前的歐洲時裝中找到發展的動機，九〇年代，他推出的新系列就明顯具有迪奧之前時裝的典雅和特點。《紐約時報》撰文說：當人們在時裝舞台上找尋新鮮玩意兒的時候，聖‧羅蘭卻在考慮如何能夠設計出可以持續發展的時裝。

　　1992年，在巴黎歌劇院舉辦了慶祝聖‧羅蘭時裝設計卅周年的盛大慶典，當模特兒穿著他為女性設計的燕尾服和其他系列服裝在伸展台上列隊走過的時候，不少人感動得流淚。這是聖‧羅蘭設計的一個總結。在此之後，他的設計逐步轉向高級時裝，也日益走向比較花俏

的方向了。

伊夫‧聖‧羅蘭是當代時裝設計一個極爲突出的代表，美國版的《時尚》雜誌恰如其分地評論道：「可可‧香奈兒和克莉絲汀‧迪奧是巨人，而聖‧羅蘭卻是一個天才。」

3‧安德列‧科拉吉

安德列‧科拉吉（1923-）的作品非常準確地迎合了六〇年代的氛圍和需求，他的時裝是這個十年的象徵和文化的表現。1961年，他和後來成爲他妻子的科奎琳‧巴利耶（Coqueline Barrière）在巴黎開設了自己的時裝店，從而開始了成功的時裝設計生涯。

科拉吉和巴利耶，都曾經爲西班牙時裝大師克理斯托巴‧巴蘭齊亞加工作過一段時間，因此對於時裝設計具有很好的了解，並熟悉整個行業的運作流程。他們學習到最重要的一點就是如何在設計時裝時候，不要過於拘泥細節裝飾，而把設計的焦點放在整體的剪裁設計上。巴蘭齊亞加爲他們樹立了一個非常傑出的榜樣，他的設計給予這對年輕夫婦很深刻的影響。

科拉吉本人曾經學習工程，後來又當過飛行員，因此對於技術美學有很深的愛好。他設計的服裝採用白色，或者是明快的色彩，突出體現了他對於科學技術感的熱愛。他有明顯的未來主義美學傾向，因此他與妻子合作，推出了1965年春／夏季的時裝系列，這個系列立即成爲六〇年代的象徵。他的設計採用了白色和明快的淺色系列，具有宇宙服裝的一些特徵，帽子、眼鏡和手套也都配合這個設計，造成一種前所未有的清純和未來感的面貌，極受當時青年人的喜愛。

科拉吉的未來系列設計之一：白色短外套、柔軟的針織連身褲襪成了這個時期的服裝設計中現代感的標誌

羊毛的針織連身裝，加上平底柔軟的鑲毛靴，再架上一副誇張的宇宙時代風格的墨鏡，一股新鮮的未來派氣息撲面而來

這個時期是稱為「迷你裙」的超短裙剛剛成為時髦的時期，科拉吉設計的超短裙也具有這種未來主義的特點，採用了比較有幾何形式的剪裁，他的超短裙是未來主義的體現。加上白色塑膠靴子，靴頭是方形的，這些處理都與宇宙時代密切相關。裙子有時候還採用了塑膠片和金屬片這樣的特殊裝飾，更加突出未來感。當然，穿這樣的服裝，行動起來並不方便，表演這些服裝的模特兒不得不特別練習如何穿這種服裝走路，可見雖然形式上十分眩目，但功能性是不好的。科拉吉的設計講究幾何形式，有稜有角，帽子、頭盔、假髮也都配合服裝，構成新的面貌。

科拉吉設計的這種類型的服裝被稱為「宇宙時代面貌」（Space age look），由於符合時代的精神需求，因此模仿者甚眾，可能是當時被抄襲和模仿得最多的設計了。他對於被廣泛抄襲非常憤怒，指責新聞媒體是抄襲風的始作俑者，他的這個指責造成他與新聞媒體之間關係的緊張，新聞媒體連續兩年拒不報導他的設計，他卻依然悠然自得，為自己的顧客設計百慕達短裝和穿在短衣下面的寬鬆連衣外褲。他設計了如此之多的短小服裝，使可可‧香奈兒非常憤怒，她說科拉吉是在破壞女性的形狀，糟蹋女性美好的身材，而科拉吉冷靜地回答說：我不用解剖刀就能使女孩子們年輕廿歲。的確，他設計的連衣外褲比胸罩多了大約一英吋的空隙，使女性的身體比較自由，而不受胸罩的束縛，因此很受當時主張徹底解放的新女性歡迎。

1969年，他推出了自己的第二個系列，稱為「未來時裝」（Couture Future），他的這個系列是針織面料的緊身裝，包括彈力緊身褲和緊身連衣褲，好像是第二層皮膚一樣，非常貼身。他說：其實他真正想設計的是運動裝，他自己是一個登山運動愛好者，對於運動情有獨鍾。最後他發展到認為唯有長褲才能使女性得到完全的自由，這個新的看法，使得連迷你裙都顯得過時了。

科拉吉在1985年把自己的業務賣給日本的Itokin集團，自己完全投身到繪畫和雕塑上。現在，他的六〇年代未來主義風格設計又重新被發現出來，他被當成時裝設計上的柯比意（現代主義建築大師）重新受到重視，不少他的早期設計被參考沿用。

4‧皮爾‧卡登

皮爾‧卡登（Pierre Cardin，1922-）是中國人非常熟悉的一個法國時裝設計大師，他很早就注意並且刻意打入中國市場，他設計的服裝、飾品無處不在，領帶、香水、家具、服裝、食品遍佈世界各地。他一共有六百多家工廠，分佈在九十多個國家中，在卡登企業中工作的員工超過十五萬人，可以說形成一個巨大的時尚帝國。卡登的總部在巴黎艾麗舍宮旁邊，在那裡開設了男女裝、童裝店、家具店、食品店等，一共九家之多，在商業上如此龐大

圓形的佈景道具、鏤空的圓形紋樣，表現出三度空間的立體效果，這是皮爾‧卡登的典型手法

皮爾‧卡登的設計越來越精練，也越來越現代

黑色長手套和黑色長靴，令這身原本不甚突出的短裙變成非常前衛的設計

的設計師在世界上也不多。他自稱自己排在戴高樂、碧姬‧芭杜之後，是法國第三名人。

　　卡登的成功其實與時裝發展的轉折有密切關係。自從克莉絲汀‧迪奧的「新面貌」系列推出之後，巴黎完全沉浸在一片迪奧的狂熱中，人們穿迪奧、談迪奧，好像時裝設計唯有迪奧別無選擇一樣。皮爾‧卡登就是在這樣一片迪奧和「新面貌」的熱潮中走出自己的設計道路來的。他的成功是因為他刻意不再重複迪奧的路，而開拓自己的設計方向，在一片迪奧時裝熱的時候，他的設計提供了一個不同的選擇。

　　皮爾‧卡登的成功還在於他對於當時法國的時裝行業瞭如指掌，他曾經為帕昆、西雅帕列利、迪奧工作過，他透過為這些法國最傑出的時裝設計家的工作，完全掌握了時裝設計的訣竅，也了解到時裝顧客的品味和需求。其中對他影響最深刻的是為迪奧工作的經驗，他在1947年為迪奧工作，那正是「新面貌」時裝系列推出的最轟動時期，他在這個時期進入迪奧公司，對於迪奧的設計就有了非常準確的掌握。他知道如果自己繼續跟隨迪奧，他不可能有自己的創造，因此在1949年離開迪奧公司，自己開創業務。

　　1950年，皮爾‧卡登開設了自己的公司，他在1951年推出自己的時裝系列。這個系列應該說在設計上是很有獨創性的，由於當時缺乏資金，因此這個系列僅僅只包括五十套外衣和套裝，但是他的設計卻獲得巨大的成功。他的成功之處在於他完全避免模仿當時兩位最主要

的設計師的風格，一位是迪奧，另外一位是巴蘭齊亞加。那些希望看到與迪奧、巴蘭齊亞加不同風格的顧客在皮爾‧卡登的設計中找到滿足。

皮爾‧卡登1922年誕生於義大利的威尼斯，十四歲的時候開始學習裁縫，他很早就顯示出他不僅僅是一個好的裁縫和服裝設計師，同時也是一個非常精明的生意人。1951年他開設自己的公司，他的業務是從卅個雇員開始的。由於設計的成功，次年，也就是1952年，他的公司員工已經達到九十人了。他的設計很獨特，而他的價格也是少有的昂貴，他設計一件套裝的要價高達一百廿萬法郎，即便在今天也是相當駭人聽聞的高價。當然，他自己也說：現在如果開出這樣的高價，我都感到汗顏和羞愧。

皮爾‧卡登在生意上非常精明，他是第一個為百貨公司設計批量服裝的設計師。他為法國的「春天百貨公司」（Le Printemps）設計服裝，銷售非常好，而他又相繼與日本和中國建立了市場關係，將自己的品牌打入這兩個潛力極大的亞洲國家，從而逐步建立起自己龐大的時裝帝國，可見他的聰明和遠見。他非常注意專利和品牌，因此他在世界各地都能夠牢牢地把握自己的市場。

卡登是一個非常傑出的時裝設計師，他在1958年設計出全世界第一個無性別服裝系列（unisex collection），這個設計不強調性別，對厭惡過分強調女性特徵的青年女子來說是一個解放，對於青年男性來說也是一個非常特殊的選擇，因此受到廣泛的歡迎。

皮爾‧卡登最大的成功在1959年，他設計了法國第一個批量生產的成衣時裝系列，成衣在英語中稱為ready-made，而當時法文中根本沒有這個詞。他的設計打破了小批量的高級時裝市場，使時裝觀念能夠進入千家萬戶，進入普通老百姓的日常生活，對於人們的生活方式來說不啻是一場革命，對於時裝行業更是一場革命。由於他這種被視為離經叛道的行為，而遭到法國時裝協會革除他的會員資格。但是，成衣觀念在美國得到市場的全力支援。挾美國龐大市場的支援，時裝化的成衣逐步成為世界服飾的主流，成為人們喜歡的方式，最後，即便法國也不得不接受這個觀念，法文也創造出一個新的名詞來稱謂它：prêt-à-porter。時裝從此有兩條而不是僅只一條出路：或者保持高貴的地位，僅僅為少數人設計，所謂的「高級服裝」；或者是變成時裝化的成衣，從而成為普通人都能夠享受的產品。皮爾‧卡登的成衣道路，是現代時裝設計的一條康莊大道。他的名字也因此被廣泛記取。

卡登的業務遠遠超出了時裝的範圍，他在1968年為義大利米蘭和威尼斯的玻璃工廠設計玻璃製品，之後又設計工業產品，包括收錄音機、咖啡壺、時鐘、玩具，還生產巧克力、地毯、塗料、衛生紙。他設計私人飛機，為美國凱迪拉克公司設計豪華汽車，他的香水和化妝品更加著名，他設計的香水「第十六系列」和「阿瑪迪斯」都是極為受歡迎的產品。他設計的帽子更是熱門貨。

皮爾‧卡登精通商業，他倡導商標轉讓、設計專利轉讓，利用這個方式和利潤抽成的方

法與其他公司合作，商業利潤自然巨大。1981年，他收購了巴黎協和廣場附近的著名餐廳「馬克西姆」，把「馬克西姆」餐廳推進世界市場，利用這個連鎖餐廳來倡導法國烹飪和美食，俗名叫「美心」的「馬克西姆」餐廳是不少世界都會中最豪華的餐廳。

雖然說皮爾·卡登的成功是由擺脫迪奧的設計風格開始的，但是如果看看他的作品，迪奧的痕跡依然非常清晰，他追求的典雅風範，是迪奧的一貫風尚。但是，卡登比迪奧更加懂得時代意識，他在1964年就設計了登月題材的系列，比美國太空員登陸月球早了五年；1979年，中國大陸剛剛開放，他已經設計和推出了中國系列，利用中國古典建築的飛簷形式設計出肩部挑高的女裝，領導風氣。他在色彩的運用上也非常大膽，無論是運動型的服裝還是休閒型的服裝他總能夠早於時代推出。他的服裝保持女性的高雅和秀美，並沒有走極端的方向，因此在六〇年代之後，還能夠繼續流行，就是因為他的設計走的是根據人的形態，而不是根據時代激盪的設計路線。

5·帕科·拉巴涅

拉巴涅為影星珍·芳達在電影〈巴拉列拉〉中設計的服裝，充滿野性的性感

帕科·拉巴涅（Paco Rabanne）的成功與安德列·科拉吉非常相似，也是由於與迪奧走完全不同的設計道路，而得到肯定和歡迎的。他的設計具有強烈的未來主義風格，主要體現在服裝面料上，他是最早使用金屬材料做為面料的設計師。

拉巴涅生於1934年，他的父親是巴蘭齊亞加的主要裁縫，他自己卻不是從時裝設計或者裁縫開始生涯的。他曾經是巴黎大學建築系的學生，主修建築設計和建築學。起初，他對於建築具有濃厚的興趣，但後來卻逐步轉移到服裝配件的設計上來。他開始嘗試設計一些女用手提袋、女用鞋等服裝配件，這些設計與人體的使用直接有關，充滿了挑戰。由此，他對於設計產生了越來越強烈的興趣，終於離開了大學的建築專業，開始為巴黎當時最著名的一群時裝設計師工作，其中包括巴蘭齊亞加、皮爾·卡登、紀梵希等人，一共工作了八年之久，對於這些大師的設計可說是瞭如指掌。之後他又到迪奧的公司工作，更了解到這位當時世界最頂尖的設計大師的設計方法。他為迪奧公司專門設計塑膠的首飾，最終找到自己的定位，從而自立門戶，於1966年12月在巴黎開設

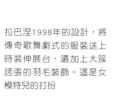

拉巴涅1998年的設計，將傳奇歌舞劇式的服裝送上時裝伸展台，還加上大簇誇張的羽毛裝飾。這是女模特兒的打扮

帕科‧拉巴涅這件1999年的短裙，演繹出60年代幾何風格的回響

拉巴涅設計的晚禮服和雞尾酒服，均由金屬小片串聯而成，隨著模特兒的走動，在燈光下變幻出不同的顏色來

了自己的設計事務所，專門設計新潮的服飾。他在這個時候推出的第一個系列，是十二套被稱為「不能穿的時裝」，這些時裝是用塑膠碟子做的，引起相當大的轟動。三個月之後，他為巴黎「瘋馬」夜總會的舞孃設計了類似的演出服裝。十二月，他又推出了使用鋁片和皮革、鴕鳥毛製作的服裝。所有他的這些設計，都採用了非常特殊的材料，具有相當大的轟動效應。但卻是只能看，難以穿的另類服裝。

然而，拉巴涅的這些另類設計，卻得到好萊塢和世界各國演藝界的歡迎，他們喜歡穿著他這些難穿的奇裝異服，在公眾場合吸引媒體和大眾，就好像三〇年代穿大白衣吸引大眾一樣。他的服裝充滿了未來主義色彩，正是這個時候大眾所追求的形式。驚險電影詹姆斯‧龐德（代號007的英國特務的傳奇）中的女郎都穿他設計的服裝，從法國電影明星佛朗斯娃‧哈蒂（Françoise Hardy）到美國電影明星奧黛麗‧赫本也都穿他的時裝，透過媒體和電影的傳播，他的設計自然得到世界性的認可。他的服裝材料實在太重，單靠線是無法把這些金屬片縫合在一起的，必須使用鉤子、鏈子之類的方法，可以想像穿他的衣服其實是非常辛苦的事。

帕科‧拉巴涅對於新材料總是興趣盎然，他曾嘗試使用樹脂玻璃，使用處理過表面的紙張，或者具有彈性的繃帶來設計新時裝。到九〇年代，在經過了將近卅年的探索之後，突然感到自己依然不敵科拉吉的設計，在未來主義的表現上，始終沒有能夠具有科拉吉的前衛觀，他感到失落，在1999年突然宣佈退出時裝設計，從此退休。

6‧依曼努爾‧烏加諾

烏加諾（1933-）的先輩是義大利人，後來隨家人遷移到法國南部，義大利和法國南部的人文氣氛給予他很深的影響，他日後的設計在各方面都流露出地中海的影響：熱情、奔放。

烏加諾從一開始就對於自己的前途充滿了信心，他很早

就開始設計服裝，相信自己是具有才能的，他曾經爲巴蘭齊亞加工作了六年，學習到服裝剪裁的技術。之後又爲科拉吉工作了二年，繼續學習設計和剪裁。他設計過色彩鮮明的運動夾克和一些短褲，初步顯示出自己的特點。他採用非常強烈和鮮豔的色彩、非常強烈的圖案，這些都是地中海熱情的象徵。他喜歡在胸前設計大花圖案，在身上使用團錦，誇張和歡樂的情緒，充滿了他的所有設計。與其他時裝設計師相比，烏加諾從來沒有過精神沮喪的時候，他總是熱情的、積極的、樂觀的，這種精神狀態反映在他的服裝上，同時也感染了喜歡他的服裝的人們。即便不穿他的服裝，看著他的設計也都是一種享受和歡樂。他的設計注重突出女性人體的線條，有時候暴露部分身體，因此很性感。這種大膽的設計處理和色彩、圖案、剪裁等等結合起來，很能夠征服相當一批顧客的心，特別是美國顧客，他們喜歡他的設計，也敢穿他的服裝。

烏加諾富有女性味又不失幽默感的設計

烏加諾認爲，時裝同時要是職業的，也是私密的，兩者並不矛盾。他與瑞士藝術家索尼亞‧克納普合夥開了自己的沙龍，他與美麗的女演員阿諾克‧愛米（Anouk Aimée）有很密切的關係，而愛米也同時是他最忠實的顧客，1989年，他娶了義大利女子羅拉‧凡法尼（Laura Fanfani），次年生了一個女兒。

烏加諾設計的時候從來不畫預想圖，他是拿著面料直接在模特兒身上設計的，每天平均工作十二個小時，工作的時候不斷播放古典音樂。他在創作上的這個習慣使他能夠長期保持獨立的心態，使他的生意也能夠相對獨立。1996年，義大利費拉加莫（Ferragamo）集團兼併了他的公司，但是依然保持著烏加諾在公司中無可質疑的設計領導地位。1999年，烏加諾推出自己一套新系列，他展示了基於現代主義特色的嬉皮時裝，裙子很長，有褶邊，有花卉圖案，上部有比較堆砌的裝飾，袖口和領口裝飾得很繁複，或者是薄棉布長褲、皮質輕盈

烏加諾採用牛仔風格配件的女裝設計

拉格菲爾德設計的時裝在1990年代再次復興，這件服裝是按照他在1960年代的設計重新整理，在1999年推出

1954年，17歲的拉格菲爾德與一些社會名流，其中包括19歲的聖·羅蘭（中間）以及歐洲皇室的公主們

的夾克，內衣的袖口和領口都用皮毛滾邊。

7·卡爾·拉格菲爾德

卡爾·拉格菲爾德（1938-）是德國出生的法國時裝設計師，父親來自瑞典，是一個成功的企業家。他的家庭富裕，對於從事服裝設計自然很有幫助，他能夠在豐裕的環境中做自己喜歡的事，他選擇了藝術和時裝。他的母親經常帶他去巴黎逛服裝店，使他很早就受到巴黎時裝的熏陶。他喜歡巴黎，從五歲開始學習法文，十四歲隨家人遷居到巴黎，因此投身於時裝設計。他的一個早期設計在1954年獲得國際羊毛局舉辦的時裝設計獎，因此開始進入時裝公司工作，包括讓·巴鐸的時裝公司，經驗也就開始越來越豐富起來。他在巴鐸公司從事設計工作，同時喜歡藝術、文學、歷史、語言、音樂、建築和書法，特別喜歡十八世紀的藝術，他設計了許多產品，包括飾品、鞋子、面料、游泳衣、領帶等，風格開始形成。

拉格菲爾德廿多歲的時候開始為法國和義大利的兩家著名時裝品牌店工作，即法國的「科勞耶」（Chloé）和義大利的「芬迪」（Fendi）。芬迪主要出品毛皮服裝，是義大利名牌店。他在那裡工作了十六年，設計了許多傑出的時裝系列，而他與科勞耶的合作更長達廿年之久。

雖然同屬在六〇年代脫穎而出的新人，拉格菲爾德的設計方向與皮爾·卡登、科拉吉卻大不相同。當科拉吉集中精力設計宇宙時代的服裝時，他則刻意把高級時裝轉化為成衣化生產的服裝。他長期以來堅持做一個獨立的自由設計師，並不急於成立自己的公司，也不去給其他設計師打工，從比較自由的立場來探索設計。經過一段獨立工作經驗之後，他感到需要與一個專業的大公司合作，從而更了解行業的情況，也為自己創造一個出頭露面的機會。因此他在五〇年代初期與聖·羅蘭合作，並且在1954年和聖·羅蘭一起獲得羊毛協會設計大獎，他的設計天分得到公認。後來，他不但在聖·羅蘭的設計公司工作，不少其他的設計事務所也都請他設計，他的名氣因此越來越大，被稱為「卡爾皇帝」。

拉格菲爾德與其他設計師的不同，在於他滿足在其他名牌公司從

事設計，並不刻意打自己的招牌。他為芬迪公司的設計生涯可追溯到五〇年代，從1965年開始，卡爾‧拉格菲爾德就主持芬迪公司的皮毛服裝設計，直到今日，他依然擔任芬迪皮草系列的全部設計任務。而他同時從1963年開始為科勞耶公司工作，差不多工作了廿年，之後離職，退隱了大約十年。從1993至1997年之間重出江湖，推出自己具有強烈女性韻味的青春新系列，依然獲得很大的成功。

拉格菲爾德的最大成就在於重新振興香奈兒式的雅緻時裝。1983年他受聘於香奈兒公司，負責時裝部門的設計工作，這年，他在位於巴黎康朋路的香奈兒時裝中心推出了自己的新設計系列，是他對於香奈兒風格的詮釋和發展。在這個系列中，他完全恢復和發展了香奈兒的設計，使香奈兒的設計在廿世紀末重新熠熠生輝。這真是

任何人都沒有想到的，因為對於大多數人來說，香奈兒已經成為史蹟，是過去的設計，不可能重新復活。而拉格菲爾德卻從香奈兒的設計中看到合理的東西，也了解到當今的女性還是希望既舒適又具女人味，同時還要高貴雅緻，而香奈兒的設計正包含這些因素。他因此把這些因素加以發揚光大，在這次的時裝發表會上非常轟動地改變時裝發展的方向。美國婦女重新掀起了一陣香奈兒熱，拉格菲爾德的設計保持和發揚香奈兒的設計，並且把這股熱潮一直帶入到廿一世紀中去。

8‧馬克‧波漢

克莉絲汀‧迪奧去世後，聖‧羅蘭擔任了迪奧公司的藝術設計總監。1960年聖‧羅蘭辭職，另立門戶，開始了自己的時裝設計業務後，這個職位就由馬克‧波漢（Marc Bohan，1926- ）取而代之，直到1989年這家公司被義大利的吉奧佛朗哥‧費列（Gianfranco Ferré）收購為止。在他擔任迪奧公司設計主管的卅年中，波漢創造了相當紮實的服裝面貌，他的設計是基於傳統高級時裝的道路，主張典雅、高貴。他是六〇年代動盪時期依然堅持迪奧路線的主要設計師之一，法國的時裝因此保有經典的延續。

姬龍雪1960/61年的系列，色彩強烈單純，具有時代的特徵

9・姬龍雪

姬龍雪（1923-1989）在時裝設計上走的道路與眾不同。第二次世界大戰結束後，他去了美國，主要從事成衣設計，因此對於批量生產有很好的認識，對於美國巨大的市場也十分了解。1957年回到巴黎之後，他開設了自己的時裝店，開始從事高級時裝的設計。他的設計，從一開始就考慮到市場的效應，剪裁簡單，並且具有很典雅的形式。他習慣使用比較大膽的色彩，紅色、黃色、橙色、綠色是他喜歡的色彩，如此大膽的色彩，正好符合了六〇年代的精神。他的設計因此在這個時期非常受歡迎，不但當時的青年喜歡，即便法國上層社會的女士也喜歡穿他設計的服裝。他的顧客包括了法國龐畢度總統夫人、作家佛朗絲娃・莎岡（Françoise Sagan）等。除了女裝之外，姬龍雪也設計男裝，同樣非常典雅。

10 · 桑尼亞 · 莉姬爾

桑尼亞（Sonia Rykiel，1930- ）的設計是以羊毛衣出名的，由於她在懷孕的時候找不到合適的毛衣，因此動了自己設計毛衣的念頭，從而開創了自己的設計業務。隨意的、家庭手工編織的毛衣與精心設計的高級時裝原本屬於完全不同的範疇，但是在六○年代，由於社會追求反主流、反權威、反文化的方向，所以她的設計也就應運而生，並且取得很大的成功。

桑尼亞最早是把自己編織的毛衣放在丈夫的商店中出售，孩子出世之後，她繼續設計毛衣，並且逐步設計了從小到老的整個系列。她設計了毛織的套裝、大衣、上衣、裙子、寬大毛褲、圍巾和帽子，是毛衣設計中最完整的一個。她的設計非常精緻，既隨意、寬鬆，但依然合身而不會太鬆垮，穿在身上十分貼切和得體。雖然是毛衣，卻依然顯得苗條，保暖又好看，當然成為一時之選。1968年，桑尼亞·莉姬爾在巴黎開設了自己的時裝店。五年之後，由於在設計上的成功，她被推選為法國時裝成衣協會（La Chambre Syndicale du Prêt-à-Porter）的副主席。她的設計在美國極受歡迎，她被稱為「針幟皇后」。她的貢獻在於把毛織服裝推到高級時裝水準，她的毛衣不是運動裝，更多是休閒裝，舒適、隨意，但是又不失風雅，在西方各國她都很具影響。

11 · 瑪麗 · 匡特

瑪麗·匡特生於1934年，是「搖曳的倫敦」最主要的設計代表。她的貢獻在於她設計了全世界第一條超短裙，創造了剪成幾何形狀的髮型，使用了燦爛的色彩，並且設計了有圖案的連身褲襪。

1955年，匡特在倫敦的皇帝大道上開了一間小小的時裝店，叫「巴薩」，這是她的業務的開端，她的目標就是當時具有反叛精神的青少年。她推出小到幾乎無以復加地步的裙子，是後來「迷你裙」的雛型。

匡特是倫敦人，在哥德史密斯學院學習美術，她對設計的興趣很大，因此開始嘗試設計服裝。由於她的青少年傾向，服裝設計活潑、青春，所以一經推出就獲得巨大的成功，從而走上設計生涯。她喜歡直線方式，剪裁簡單，具有日夜

瑪麗·匡特坐在自己設計的產品中，她25歲就開設了自己的時裝店，非常成功

60年代的當
紅英國模特
兒特威姬，
消瘦體態是
當時的時髦

都可以穿的特點，很受青少年歡迎。她開始設計
裙子的裙裾原來還是在膝蓋以下的，但是後來越
來越短，終於成為迷你裙，或者稱為超短裙，她
成為超短裙的創始人。她的創造好像潮水一樣源
源不斷，完全征服了六○年代的青少年。她所設
計的「熱褲」、褲裝、低掛到屁股上的腰帶等，
成了六○年代的象徵。她的標誌是一個黑色的雛
菊，出現在她設計的所有產品上，從服裝到化妝
品，無處不在，是品牌意識成熟的標誌。

　　這裡經常遇到一個具有爭議的問題：是誰最
先發明了迷你裙？匡特不糾纏在這些問題中，她
說迷你裙應該是街頭的少女自己流行起來的，她
做為一個時裝設計師僅僅是把它們時髦化罷了，
這個解釋其實非常聰明，也是事實。

　　匡特的時裝店中當時僅僅銷售她自己縫製的
服裝。但是到六○年代，她的商店已經成為世界
著名的品牌，她設計的服裝流行於全世界，她的
業務也成為一個世界帝國。她設計的服裝定位於年輕人，而她的設計是以簡單為中心的。與
那些複雜的巴黎時裝比較，瑪麗・匡特的設計非常清純和簡潔。她的設計包括時裝、飾品、
化妝品，都走同樣的簡潔路線。她是第一位採用PVC塑膠設計外衣的設計師，也是第一位設
計有長長背帶的手袋的設計師，還是第一位把設計的目標鎖定在青少年身上的設計師。現
在非常流行的時裝術語「面貌」（look）也從她開始的。1966年她被命名為英國的「本年女
性」。六○年代的英國青年被叫做「垮掉的一代」，精神頹廢，標新立異，匡特的市場就是
對準他們。她早期設計迷你裙受他們歡迎，因此她在1963年成立了「活力公司」，以造形簡
潔、年輕而標新立異的設計來滿足青少年的需要，她推出的設計立即受到近乎狂熱的歡迎，
暢銷西方世界，是嬉皮的最愛。1965年，迷你裙和宇宙風格橫行一時，匡特把她原來已經很
短的裙子再提高到膝蓋以上四英吋，形成極為短小的「倫敦裝」，風靡世界。她設計了雨
衣、緊襪、內衣和游泳衣，與迷你裙配合，形成時尚，之後又推出相關的家具、床上用品、
針黹服裝、領帶、文具、眼鏡、玩具、帽子等等，內容眾多，也形成自己的產品系列。

　　匡特雖然在六○年代先聲奪人，但是到七○年代末，她差不多完全被遺忘了，她出售了
自己的業務，把精力完全放在為其他公司設計化妝品上。她與哈蒂・阿密斯（Hardy Amies）
一樣，完全靠自己以往的名望謀生，她的名字在日本迄今依然非常有號召力。

匡特是最具有典型意義的六〇年代時裝設計師，她的名字和她的設計將永遠被記錄在時裝史中。

12・此十年的面貌

頭髮在這個時期與以前非常不同，迷你裙女王瑪麗・匡特偏愛五點剪（five-point cut），這種髮型立即風靡全世界。自從1917年可可・香奈兒的泡泡頭以來，還沒有哪種髮型會如此風行。無論是保守的還是前衛的女孩子都把頭髮剪成匡特的「五點」式。匡特的「費加羅」維達・薩遜（Vidal Sassoon）根據披頭四的「臉盆裝」設計了非對稱的髮型，並且使這個髮型更加有稜有角，突出六〇年代桀驁不遜的氣質。這種叫五點剪的髮式，是從頭部中間開始，分出非對稱的五縷，剪出稜角來，整個髮型好像是太空飛行員的頭盔一樣。女性的整個設計是柔弱的脖子、消瘦的、弱不禁風的身體，加上一個圓形的、好像頭盔一樣的髮型，眼睛畫得大大的，一副天真無邪的模樣。小女孩的面貌、桀驁不遜的頭髮，是六〇年代很多女孩子的形象。六〇年代的女性不要女性的嫵媚，也不要性感的渲染，要的是天真無邪，要的是小女孩氣質。1959年佛拉基米爾・納巴科夫的小說《羅麗塔》暢銷一時，他所塑造的羅麗塔就是這樣一個典範，不少人都競相模仿。

　　多少年來，女性都穿著內衣，從緊身胸衣到吊帶、胸罩，到了六〇年代，居然出現了以標榜不用胸罩、不要內衣的潮流，稱為「沒有胸罩的胸罩」，加上連身褲襪、平底靴子，成為當時最流行的搭配。原來的濃妝也為更加自然的化妝取代，瑪麗・匡特說：所有舊式的化妝都滾蛋。新的化妝要營造出小女孩的皮膚感，要有偶然性，面部化妝的標準是要看上去好像是沒有化過妝一樣。嘴唇顏色應該自然，基本看不出有塗過口紅的痕跡。但是眼睛則要著意刻畫，眼影要重、要突出，眼影膏可以塗很多層，假睫毛非常流行。英國的三個頂級模特兒之一的潘妮洛普・特莉的假睫毛誇張得不得了，卻是很多

雛菊是60年代象徵
愛與和平的象徵，
這是當時流行以雛
菊裝飾頭髮的方式

女孩了模仿的方式。這個時候的女性，無論年紀多大，都可以把自己打扮成少女模樣，追逐流行風氣，而毫不需要不好意思。

　　花是主要的裝飾品，瑪麗‧匡特的塑膠花非常流行，甚至當成首飾。採用得最多的是雛菊，形狀誇張，與自然的雛菊並不相同。由於塑膠是當時的新產品、新材料，因此被視為一種代表未來的物質，象徵宇宙時代、宇宙航行，也預示未來，而得到廣泛的流行。無論是配件、飾品，還是衣服本身，都可以用塑膠。帕科‧拉巴涅就是一個廣泛使用塑膠設計服裝的設計師。色彩可以多種多樣，這個時期對色彩的運用已經達到毫無顧忌的地步，任何色彩都可以使用。沒有章法，沒有規矩，宇宙時代的色彩自然是地球以外的，也就是能夠想像出來的都是合適的。時裝史上沒有任何時期在色彩上可以如此淋漓盡致，自由發揮。衣服設計從形式到色彩都要有輕盈的感覺，因為宇宙服應該是輕盈的。而靴子卻必須是平底的，沒有高跟鞋，一年四季都穿靴子，不分春夏秋冬，也是風氣之一。激進的髮型、幾何圖形的服裝剪裁、普普藝術和歐普藝術的動機、絢麗的色彩，時髦集中在消瘦的模特兒特維姬身上，那種小女孩式的裝扮，風靡一時。這種使用未成年少女做為時代偶像的風氣，就始於六○年代。

　　除了特維姬之外，還有一個未成年少女模特兒在當時引起廣泛的模仿，那就是珍‧史琳普頓，她被暱稱為「史琳普」，是取她的姓的前面三個音節，英語中是「蝦」的意思。她在眼影位置畫得暗暗的，好像是沒有睡夠的黑眼圈，直直的長頭髮，所謂的「清湯掛麵」式，頭部位置的髮型圓圓的，長髮在後面垂下，不但在當時成為風氣，迄今也還有不少女孩子留這種髮型。也有人使用假髮，以達到頭髮造形的目的。

　　當然，嬉皮是反對假髮的，他們寧願留長髮，也不願意為了時髦的髮型而裝假髮。男男女女都留長髮，是這個時代的特點。六○年代中，有時候要分辨男女都十分困難，因為頭髮都是長長的，而衣服也都穿得男女不分。所謂不男不女的打扮，是這個十年的寫照。

　　環境主義、綠色主義、回歸自然是這個時候青年人喜歡的口號。回歸自然是美好的，為此，大家都喜歡花卉，無論是鮮花或是人造花。天然面料、自然材料、鮮豔的服裝都是回歸自然的宣洩方式。上個十年流行尼龍長襪、短髮、皮靴、短裙，現在突然轉向長髮、赤足拖鞋、牛仔褲、棉織品服裝、刺繡、阿富汗羊皮外套，或者從美洲印第安人服飾中發展出來的皮革服裝和飾品。印度的長圍巾、蠟染的T恤（圓領衫）也大行其道，成為一時之好。不但在青年人中十分流行，並且在一些高級時裝店中也有出售，從洛杉磯到巴黎、倫敦，無處不見。嬉皮在跳蚤市場和舊貨市場中找尋古怪的外國服飾，以標新立異。他們把破爛服裝也當做時髦，這股風氣居然影響到時裝設計，一些大名鼎鼎的時裝公司也設計和生產襤褸的服裝，以適應潮流。裸露是時髦，1968年的《時尚》雜誌推崇穿透明的T恤，以暴露沒有胸罩包裹的乳房，不少女孩子也就跟風而穿，招搖過市，十分顯眼。嬉皮主張刺青紋身，或者在身體上做繪畫，《時尚》雜誌也刮起此風，不少名模特兒都請人在身體上作畫，並發表在時

裝雜誌上，更令年輕人趨之若鶩。德國一個貴族出身的模特兒博魯什卡‧馮‧列赫多芙在身體上畫畫，後來更乾脆自己正式開業為顧客紋身。

當然，還是有不少婦女希望保持淑女形象。1962年化妝品大亨海倫娜‧魯賓斯坦針對這一顧客群，推出了自己設計的「每日美人」化妝和美容系列。花費六十五美元，就獲得從健康飲食、保健運動、按摩、面部保養和化妝品，到手指和腳趾護理、洗頭等基本美容和保健的全部資料和材料，並加午餐一份。這個系列一經推出，立即產生廣泛的社會需求。要做完她這個系列的保養，需要六個小時，但是婦女們還是非常踴躍，可見當時對於自己形象的追求有多麼強烈。

13‧超短裙

超短裙是這十年中被談論得最多的服裝設計，但是如果沒有連身褲襪和靴子，超短裙的效果肯定不會如此轟動。這三個部分要合併使用，才能真正收到設計效果，才能夠產生這個年代的服裝形象。如果單純講超短裙，第一個設計師應該是瑪麗‧匡特；但是說到把超短裙和連身褲襪、靴子合併使用，那則是安德列‧科拉吉的創作了。這個創造非同小可，它的真正意義在於把「高級服裝」（haute couture）和日常街頭服裝的界限混淆了，從而造成服裝設計上高低不明確的設計傾向，與普普藝術的手法是一致的。

1966年，美國電影界中以歌舞出名的大師法蘭克‧辛納屈拉（Frank Sinatra）的女兒南西‧辛納屈拉發表了自己的唯一唱片專輯〈這些靴子是為步行用的〉，世界各地的女孩子都穿著迷你裙、連身褲襪、靴子，唱著南西的歌曲，精神奕奕，十分代表

（上圖）迷你裙是60年代的精神，
這是4名穿迷你裙的英國模特兒
（右圖）穿迷你裙的葛麗絲‧凱麗

流行歌曲明星齊拉・布萊克穿著具有大方格圖案的迷你裙

六○年代的時代風範。

　　科拉吉是這個運動的最主要推動者，他強調超短裙必須與靴子和連身褲襪一起穿才有氣質。他主張穿上長靴，靴底要平，這樣才能和地球密切地聯繫在一起。他還設計了保暖的羊毛緊身褲襪，使女孩子在冬天也可以穿超短裙。

　　在這個迷你裙的浪潮中，其實最重要的發明應該是連身褲襪，英語叫pantyhose。連身褲襪的成功與迷你裙是分不開的，它們共同發展，共同流行，並且也互相配合，缺一不可。連身褲襪圖案、設計、色彩多種多樣，與當時的歐普藝術（光效應藝術）和普普藝術有密切的關聯，也有一些連身褲襪採用了心理變態的動機做圖案，反正是應有盡有，名目繁多。連身褲襪終於使吊帶襪走入了歷史，使迷你裙成為可能。當我們看到迷你裙和連身褲襪的時候，應該記得創造它們的是瑪麗・匡特和科拉吉兩位。

14・此十年的偶像

這個十年中最大的偶像，當推美國第一夫人賈桂琳・甘迺迪（1929-1994）了。她的清麗脫俗，使美國所有的第一夫人都相形見絀。大家都注意到，她的美麗不僅僅是由於天生麗質，還在於她的穿著打扮。賈桂琳不像當時其他上層婦女那樣穿金戴銀，而是穿簡單的棉織服裝，從來不穿那些大紅大紫的顏色，而總是簡簡單單的淡雅色彩。例如淡淡的粉紅色，點到為止，從來不刻意，因此反而有一種前所未有的脫俗面貌，使世人為之傾倒。她使用的淡粉紅色成為1962年的流行色。

　　賈桂琳不但是六○年代的偶像，也是九○年代的偶像，原因在於她在打扮上注意自然的美，她從來不會躲在帽子的陰影之下，也不會讓面紗遮住自己的面孔，頭髮形式簡單樸素，突出自己容貌的特點，或者簡

在墨西哥訪問的甘迺迪夫人，她的打扮是當時最流行的：
多重的珍珠項鍊、短裙、手套和皮帶束腰

費‧唐娜薇在電影〈波尼與克萊德〉中的扮相

風靡一時的美國電影女明星珍・芳達

單的燙髮，或者把頭髮往後縮起，反正是簡單而秀麗。她不用大帽子，往往使用小小的「藥
盒帽」，罩在後腦勺，並不影響整個頭部和面孔。為了突出自己秀麗的脖子，她的衣領設計
處理也是很簡單，她喜歡使用三串珍珠項鍊，也成為當時的風氣。賈桂琳的衣服袖子是四分
之三的，也就是僅僅長及小臂，再加上長手套，是一個很好的搭配。裙子短，當她不再是第
一夫人的時候，她甚至穿迷你裙，一對修長的腿，是她姣好身段的焦點。在正式晚會上，雖
然她不得不穿曳地長裙，但是她會穿裸露肩部的短小上衣配合，形成對照。賈桂琳後來下嫁
希臘船王奧納西斯之後，由於不再是美國第一夫人，因此在穿著上更加率性寫意。她穿緊身
褲、吊帶Ｔ恤、拖鞋、大太陽眼鏡、馬尾髮型，居然又成為時尚。一個女性能夠影響世界的
時髦風氣如此之長，除了她的姣好身材、容貌之外，打扮得當是非常重要的因素。

　　1966年出現了另外一個時髦的偶像，就是流行歌手珍妮斯・卓普琳（Janis Joplin，
1943-70）。她穿著嬉皮的褪色天鵝絨衣服，被青年人稱為最傑出的藍調音樂家（藍調是爵
士樂的一個種類）。她的演唱是呼喊、尖叫，卻是在紐約州舉辦的「啄木鳥」（Woodstock
Festival，烏多斯托克音樂會）音樂會上最受歡迎的方式，她代表這個時候最放縱的一代，
演出的狂熱近乎瘋狂，酗酒和吸毒，她說：「我不想在七十歲的時候坐在電視前面度過餘
生。」因此放縱自己，結果她在好萊塢一家旅館中吸毒過量而死亡，年齡只有廿七歲。她的
去世更加使她具有傳奇色彩，青年人喜歡她、崇拜她，她的座右銘「我在老以前死」成為好
多青年人的信條，是搖滾樂隊「誰」的形象。

1960年，瓊安·巴茲（Joan Baez，1940-）推出自己的第一張唱碟，立即在美國取得成功，年輕人都爭相購買，風行一時，她當時才十九歲，她知道如何利用自己的名望達到政治目的，她支援美國黑人民權運動領袖馬丁·路德·金恩提倡的種族平等運動，反對美國捲入越南戰爭，她一直都是一個和平運動的積極分子，被稱爲「通俗音樂的聖女貞德」，是這個時代青年人的精神信仰偶像。

法國的偶像是佛朗絲娃·哈蒂（1944-），她的風格總是有些憂鬱，1962年她在法國總統戴高樂講話的中間休息中唱了「我同意」（Je suis d'accord）這首歌，風靡法國。她相貌姣好，長長的腿，有一張好像男孩子一樣的臉，鬃毛一樣的長直式嬉皮頭髮，一雙略有所思的大眼睛，是包括科拉吉、拉巴涅在內的設計師的靈感來源，他們就她而設計了未來主義的時裝，她的打扮和長相如此符合六〇年代中期的氣氛，因此極爲受歡迎，不少電影製片廠都找她拍電影，但是她還是喜歡專注在創作她那些憂傷的愛情歌曲，對銀幕興趣寡然。

美國電影女明星珍·芳達（1937-）肯定是這個時代的偶像之一。性感，穿著黑色的皮套裝和靴子，在1967年電影〈巴巴列拉〉中脫穎而出，完全是宇宙時代的人格化、肉身化體現。她是凡人夢想中的天上麗人，電影是由羅傑·瓦丁導演的，十年前正是他導演了〈上帝創造女人〉這部電影而推紅了碧姬·芭杜。當然，珍·芳達絕對不願意在歐洲跟著瓦丁的電影轉，她很快回到美國，投身於反對越南戰爭運動中，成爲一個極有爭議的偶像人物。

除此之外被視爲偶像人物的還有電影明星珍·謝別格（Jean Serberg，1938-1979），她在法國電影大師高達的作品〈平息〉中演主角。

瑪麗亞·卡拉絲（Maria Callas，1923-1977）是這個時代最著名的女高音歌唱家，在1951年就唱紅了世界舞台，她是在米蘭的拉·斯卡拉歌劇院唱出名氣的。她能夠堅持減肥，使自己從一個醜小鴨改變爲一個歌劇舞台上的巨星，這使好多女性爲之著迷，她還得以有希臘船王奧納西斯做自己的長期伴侶，更是羨煞女性們。1968年，奧納西斯娶甘迺迪遺孀賈桂琳爲妻，使她感到悲痛，因此在義大利名電影導演皮埃爾·帕索里尼（Pier Paolo Pasolini）的電影演出，也相當成功，奧納西斯感到有負於卡拉絲，因此在去世的時候給她留下相當可觀的遺產，但是她的心已經破碎，在五十三歲時鬱鬱而死，是時代的一個絕唱。

美國電影女明星費·唐娜薇（Faye Dunaway，1941-）在電影〈波尼與克萊德〉(Bonnie and Clyde)中扮演一個反叛的女性，戴頂貝雷帽，圍巾，緊身的套頭衫，口叼香菸，拿著左輪手槍，是六〇年代渴望反叛的青年喜愛的人物。她的這身打扮立即引起廣泛的模仿，唐娜薇在以後的一些電影中都有非常傑出的演出，包括〈網路〉、〈唐人街〉等等，更加加強了她的偶像感。

英國女演員茱麗·克里絲蒂（1941-）也是在穿著和打扮上很符合這個時代的風範，因此也成爲偶像。

第八章

反時裝：1970-1979

1．導言

頭戴花朵、腳踏稱爲「耶穌鞋」的皮拖鞋，笑容可掬的那些六○年代的理想主義青年，說說就到了七○年代，他們的烏托邦夢想居然成爲現實！未來的確是年輕人的。在德國，選舉年齡降到十八歲。越南戰爭結束了，民權運動有了立法的結果，他們爲之把六○年代搞得天翻地覆的訴求在這個時候都實現了。唯一不足的是：他們不再年輕了。他們在好幾年前還在叫嚷「不要相信任何卅歲以上的人」，轉眼自己就過了卅歲，那些在六○年代縱慾、吸毒的嬉皮老得特別快。新一代的青年人絕對不把嬉皮當作自己的先驅或者是同類，他們現實得多，沒有那麼多理想主義的念頭，他們爲失業苦惱，爲通貨膨脹緊張，對生活感到沉悶，他們從來沒有嬉皮那種樂觀。

七○年代的女權主義也與六○年代很不相同。女權主義者們現在知道無論她們的訴

喇叭褲和厚跟鞋都是70年代的風尚，雖然被批評爲太過矯揉造作，但卻一再被仿效

求如何強烈，都無法獲得一個真正的女權社會，這個社會依然是男性爲主導的。因此有些女權主義者轉而採取很暴力的訴求，其中一個極端的例子是女記者烏理克・梅霍夫（Ulrike Meinhof），她感到女權主義的失落，因此投身西德的極端恐怖主義組織「紅色旅」（the Red Army Faction），並擔任該組織的領袖之一。她參加搶劫、組織恐怖爆炸活動，很受當時媒體的注意。這個階段中，主張女權主義的女孩子用一些以往女性絕對不做的舉動，比如紋身，來標榜與男性平等。

（左頁圖）「巴黎現代藝術」展的另一件展品：有些服裝是三宅一生設計的，有些則是其他設計師用他所提供的面料設計的，衣服上隱約呈現安格爾名畫〈泉〉的裸女造型

70年代的浪漫，其實是有嬉皮文化的內涵，比如穿老祖母時期的服裝，而這些服裝並不是從高級時裝店買的，而是從舊貨攤販那裡買的，這種新的叛逆的價值觀，在70年代也能為社會接受

英國出現了第一位女首相：瑪格麗特‧柴契爾夫人在1979年當選，她的強悍作風，被稱為「鐵娘子」，受到很多女性的崇拜，成了前衛女性的榜樣。她成功地振興了英國疲弱的經濟，也化解了從五〇年代以來就震撼世界的那些放蕩不羈的青年女性的核心力量。

如果說六〇年代是以反叛為標記的，那麼七〇年代可以說是缺乏性格的十年。青年人還是青年人，這個時代的青年人依然充滿了反叛和探索，性解放、吸毒依然是西方青年人中的普遍行為，這個時期女孩子也還是要求更多的婦女權益。但是時代不同了，女權問題已經不僅僅是女孩子的事情，而是社會關心的主題，也逐步成為立法的內容。六〇年代嬉皮僅僅倡導無限的愛，永久的和平，是以花朵和愛心來做為自己的訴求方式，而到七〇年代，和平顯然不是這個時候的激進青年的手段，相反地，他們轉向暴力型的激進政治運動，出現了類似德國紅色旅、愛爾蘭共和軍、巴勒斯坦解放組織這樣一些機構，為了達到自己的目的，他們採取包括暗殺在內的所有恐怖手段。恐怖主義活動成為這個時期的政治生活的主要內容之一。這個時代各個階層都強調自己的重要，因為他們知道無論意識形態訴求如何美妙，都不可能有任何實際的結果，不如關心自己更為實在。婦女在認為現存的社會價值觀無法保護自己的權益時，也決斷地採取逃離家庭的方式，造成了許多的破碎家庭。人人關心自己，漠視公共利益，美國作家湯姆‧沃爾夫（Tom Wolfe）稱這個時期的青年為「為我的一代」（the Me Generation）。

就在痛苦的越南戰爭即將結束之前，西方國家在1972至1973年之間爆發了石油危機，也就是常稱的「能源危機」，美元隨即貶值，自從五〇年代開始的經濟繁榮成為史跡。六〇年代的樂觀青年人現在為新一代悲觀主義者取代，整個七〇年代他們看到的僅僅是衰退，因此，這十年被稱為是「倒胃」的十年，是沒有品味的十年，厚底的平底鞋、熱褲、聚酯纖維襯衣、喇叭褲、懷舊風、毫無未來感的「龐克」，還有閃閃發光的迪斯可裝，來來去去，什麼古靈精怪的東西都嘗試過了，但是卻毫無熱情，只是為古怪而古怪。不過，在貌似消極的七〇年代裡也有些積極的苗頭，這是後現代主義萌發的時期，也是折衷主義泛起的時期，這

些設計和文化上的運動，迄今依然有相當的影響力。

經歷了六〇年代喧鬧的嬉皮運動之後，七〇年代的中產階級們——他們其中不少人曾經就是嬉皮，開始完全放棄躁動不安的色彩、古怪的圖案、東方的裝飾，轉而主張自然材料和自然的美，棉、毛、亞麻織品得到廣泛的青睞，色彩也越來越浪漫和樸素。1973年開始「回歸自然」的運動，講究中性色彩，喜歡卡其色、沙色、灰褐色、橄欖色、磚紅色，這些色彩很容易和其他服飾搭配。時裝設計好像生活一樣，不再根據某種固定的模式，每個人都可以自由選擇適合自己的服裝。這種高度重視個人的服裝潮流，其實也還是可以從強調個人特點的六〇年代嬉皮文化那裡找到源頭。

一種新的環境意識開始在中產階級裡萌發，他們主張做「正確」的事，這種傾向為九〇年代流行的「政治正確」主張奠定了意識形態的基礎。雖然多元文化、和諧、平等的社會並沒有到來，但是在時裝表演的舞台上已經可以感受到這種訴求。把「高級時裝」和大眾品味結合起來，是一種追求，聖‧羅蘭的設計就是朝這個方向的積極探索。他設計的黑色皮夾克是大眾的，到七〇年代也是中

70年代是標榜「反時裝」的時代，但是在這個潮流中還是出現了一些典雅的回潮型服裝，這是時裝設計師姬龍雪在1971年設計的服裝，他努力把嬉皮文化和典雅服裝結合起來，頗有效果；這款佈滿賞心悅目刺繡花紋的薄緞連衣裙，可令任何一個嬉皮女郎搖身變成最受歡迎的兒媳婦

產階級喜愛的服裝，皮夾克具有六〇年代反權威、反主流的象徵意義，但是無可否定，它也具有獨立的審美價值，把高低品味混合起來，起碼使時裝設計在觀念上有了新的發展。聖‧

羅蘭設計的香水「鴉片」風行整個七〇年代，它的氣味和名稱都給人一種憂鬱的、遙遠的、異國情調的、有些少許邪惡的感覺，高低不明確，卻正是這個時代的一種傾向。西方的設計於此時不流行，東方的服飾、品牌感、神祕是這個時期西方時裝店的賣點，有人說：如果不是東方的設計，西方時裝業都不知該如何熬過七〇年代這個經濟慘澹的關口。

反時裝是這個時期時裝設計的一個觀念，無論是廉價的成衣還是高級時裝，長短隨意，穿著自然，根本不受時裝規範的約束。這樣一來，想要穿得高級還真不容易：因為高低不清晰，「如何穿才算是上流的穿法」頗費思量，

牛仔布料的熱褲

迪斯可舞廳的閃爍燈光幻化成可以穿著的閃閃發光的時裝，這套銀色的喇叭褲裝可看做是70年代時裝的代表作

與其絞盡腦汁去構想如何穿才合適，不如就穿成衣吧。其實，現成就有真正無分高低的服裝，那就是牛仔褲、牛仔裝，這種由美國發展起來的服飾在七〇年代極受歡迎，因為它隨意，可以適合各種場合，牛仔褲很快就成為那些不太講究的人們的制服。美國專門設計牛仔裝的李維·斯特拉斯（Levi Strauss）在1971年獲得美國時裝業的科提大獎（Coty Award），絕對不是偶然的。七〇年代，牛仔褲和牛仔裝深受西方各階層人士的喜愛，不分貧富貴賤、男女老幼都穿它，即便那些對服飾很挑剔的男女同性戀者也喜歡它。不少人的所有服裝都是牛仔褲和牛仔裝，看起來好像從來沒有換衣服一樣。穿牛仔裝還是一種立場的宣示：表示從來不在意時裝。牛仔裝是不分男女的，從而促進了無性別化服裝的發展，帶來一種平等的感覺，雖然事實上男女還是沒有達到真正的平等，但起碼讓追求平等的人們得到一些精神滿足。

七〇年代的格蘭姆搖滾（Glam-rock）演出，為牛仔褲壟斷下的單調而沉悶的色彩畫上一道高光，那些服色絢麗、化妝誇張的歌星們，例如蓋利·格理特（Gary Glitter）、馬克·波蘭（Marc Bolan）、大衛·包伊（David Bowie）使人們記起還有不同色彩的存在。特別是對於那些希望強調自己的性別特徵的男男女女，時裝和色彩還是要講究的，牛仔褲應該只是選擇之一，而不是全部。倫敦的小丑澤基·斯塔達斯特（Ziggy Stardust clone）的誇張戲劇服裝雖然有些驚世駭俗，但也不失為一種沉寂中的喧騰。

這個時候的美國時裝很受黑人「funk」音樂的影響，這類型音樂的演奏者多來自美國大都會中的貧民窟，他們根本不在意老式的時裝和打扮，他們希望能夠穿得吸引人注目，穿得與眾不同：炫耀的襯衣滿佈裝飾，義大利的緊身絲綢褲、黑色的領巾，外面是黑色的皮大衣，大平底鞋的底可以厚到六公分，跟則高到十五公分，服裝面料多樣，色彩混雜，那些最頂級的「惡俗」歌手的服裝往往用蛇皮製作，求其眩目的效果。絲綢服裝飄飄然，色彩鮮豔，很煽情。這種放蕩不羈的設計，給時裝設計師很大的啟發，知道要適合各種不同人的需要，在設計

滾石歌手蓋利·格理特在舞台上的雄姿，證明了閃亮的服飾並不會減弱男子漢的強悍氣概

上是可以大膽而無需墨守陳規的。即便是牛仔褲，也可以設計得與眾不同，襤褸、褪色，甚至破爛都可以自成一種風格，設計於是走上了一條與以往時裝設計很不同的道路。

褪色、襤褸的牛仔褲在這個時候開始出現，並且也演變成為類似喇叭牛仔褲、緊身牛仔褲、水桶褲這些不同的版本，並且色彩也引入牛仔裝、牛仔褲的設計中，不再是單一的藍色了。牛仔褲以前是工人階級穿的，是上班族穿的，現在居然成為高級時裝，牛仔褲上釘著各種名家的招牌，好像費奧盧奇（Fiorucci）、皮爾·卡登、卡文·克萊（Calvin Klein）等等。牛仔裝具有多元化的面貌，是一個很大的發展。這種風氣，也影響到美國演藝界的穿著習慣，以往好萊塢的電影明星都喜歡穿著華貴炫耀，而現在卻出現了一批喜歡穿牛仔褲的新明星，諸如甘蒂絲·博根（Candice Bergen）、梅莉·史翠普（Meryl Streep）等智慧型女星，穿著都很隨意。戴安·基頓（Diane Keaton）和伍迪·艾倫（Woody Allen）穿著白襯衣和牛仔褲在好幾套電影中的表演，傾倒了一大票觀眾，特別是戴安·基頓在電影〈安妮·霍爾〉（Annie Hall）中穿著寬大的卡其褲、白襯衣的自在風采，更成為百萬女性的偶像，他們為時尚定下了新的風潮。

這是迪奧公司1975年春季推出的職業婦女服裝，裙子比較淑女化，但涼鞋和墨鏡則突顯出女性風韻和年輕的感覺，墨鏡不是戴在臉部，而是推到前額上，也是一種時髦

其實，這種隨意風貌的背後，還是時裝設計的精心策畫。戴安·基頓在〈安妮·霍爾〉中的那套著名的打扮就是拉爾夫·勞倫設計的。另外一種時髦的打扮是略微長過膝蓋的黑色絲綢長衫，上班族喜歡穿，因為無論是上班還是去晚會都合適。這個時候的人知道如何為自己的職業穿衣服，當然，這個趨向發展到後來就變成了因職業而異的穿著類型標準化了。比如成功的女性穿襯衣和裙子，襯衣是高領的，與男性的襯衣顯然不同，肉色的連褲襪，低跟鞋，小小的金首飾，她們的信條是「為成功而穿」，與以前為時髦而穿或者為美麗而穿大相逕庭。七〇年代出版了一本暢銷書就叫《為成功而穿》，成為千千萬萬職業婦女的必讀手冊。

整個七〇年代的穿著都著重簡樸和隨意，即便打扮也是為了實際的職業目的，牛仔褲成為這個時期的象徵，就連安迪·沃荷這樣的普普藝術大師也穿著牛仔褲和燈芯絨上衣出席晚會，時代的確與以往不同了。

如果說這個十年的服裝還有出界的時候，那就是在晚裝上。這個時期晚裝設計走極端是相當顯著的現象，因為日裝簡單樸素，所以一些對此不滿的人就把壓抑的感覺從晚裝上發洩出來，迪斯可服的喧鬧和俗豔就是一個很好的例子。聚酯纖維襯衣、俗氣的小飾件、熱褲，舊式的抽紗上衣搭配花俏的牛仔褲，人造纖維做的仿四〇年代式樣的服裝，或者仿五〇

年代的雞尾酒服，加上身體大面積的暴露設計，是這個時代晚會中常見的打扮。紐約市的「五十四號工作室」是當時各種時髦人物的集中場所，很有吸引力，文化圈、演藝圈的名人和其他仰慕者都在此流連忘返。毒品和迪斯可最受歡迎，服裝自然也就配合這種氣氛。這裡的人對於品味有自己的詮釋：「最好的品味就是壞品味。」什麼不合適就偏要穿什麼，是對這個時代風格的一種反叛。

這種喧鬧的穿著和行為中，逐漸產生了新的走向，凡是太過繁瑣，就會出現簡單，如果過於樸素，一定會引發裝飾氾濫的。減少主義，或者稱為「極限主義」是七〇年代另外一種設計上的走向。建築上的「國際主義風格」已經流行了近廿年了，那種由密斯·凡·德洛推行的「少即是多」的風格風靡世界，在服裝設計上自然也有它的反映，這個時期在時裝設計上出現的「極限主義」與五十四號工作室代表的混亂風格當然有關，但是真正的影響還是來自建築、平面設計和工業產品設計上的「國際主義風格」。

極限主義風格服裝的代表人物是美國時裝設計師羅依·哈斯頓（Roy Halston），他是第一位設計出極為簡單的服裝的人。他設計了具有現代風格、線條極為簡單的套裝：絲綢的套頭上衣，連褲裝，色彩往往是白色、米色，或者粉色系列，他企圖用這樣的設計來抵禦五十四號工作室的喧鬧服飾。然而，他失敗了。極限主義服裝缺乏市場，1984年他的公司宣告破產，1990年他自己死於愛滋病。九〇年代末，時裝界出現七〇年代風格的復興，他的品牌在1999年再次浮現，這次就比較成功了，可惜他已無緣得見。

七〇年代也是健身俱樂部開始成為熱點的時候，好多青年人跑去健身，因此也激發了健身服飾的流行。緊身健身服、緊身褲成為時髦。當然，穿這樣的服裝，必須有好身材，否則就會自暴其短了。服裝的流行又回過頭來激發了積極健身以達到好身材的熱潮，流行服裝和健身的互相激勵是很有趣的。服裝越來越緊，而身材也要求越來越苗條，繼之而來的就是節食。七〇年代末，那些緊身牛仔褲窄到女孩子不得不躺在地上才能把拉鍊拉上。為了表示苗條，她們的襯衣下面的扣子都不扣，顯示自己無需胸罩的天生體態，為此，又產生了運動型套頭衣。

七〇年代穿著打扮最激進的莫過於龐克了，他們光頭、紋身，在身體各個部位穿孔戴環，穿著邋遢不堪，破爛的圓領衫、廉價的皮衣、閃光的魯勒克司上衣、印上豹皮紋樣面料、軍隊制服、多克·馬騰靴子，凡社會認為最低品味、最惡俗的穿著，他們就拿來穿，他們對未來沒有任何信心，對六〇年代那代的青年人表示憤怒，他們對花卉、自然表示仇恨，六〇年代的口號是「愛與和平」，而

一對龐克男女全身披掛，讓詫異不已的遊客拍照。這種相當煽情的裝束很快就有了不少年輕的追隨者

龐克的口號是「性與暴力」。六〇年代主張自然面料，比如棉布、羊毛、亞麻，而龐克非要用人造材料和塑膠。他們如果不是光頭就削成叫「美洲莫希幹人式」的髮型，僅僅在頭頂中間留一排好像雞冠的頭髮，染成紅色或者綠色，脖子上戴著廁所抽水馬桶的鏈子，鏈子上掛了一些完全不相干的玩意做為裝飾，比如安全夾、避孕套、納粹的卐字徽章、骷髏飾件，穿著性商店中買的那些挑逗的內衣。這種極端的穿著打扮有時候使人想起達達藝術來。

當龐克裝扮泛濫之時，不少年輕人又轉而重新追求浪漫色彩。此為薇薇安・魏斯伍德推出的另一種風格：像芭蕾舞服的短裙，內加多層襯裙使之撐開，用不連襪的緊身連衣褲、高跟鞋和鬆緊腰帶與之搭配

時裝設計師薇薇安・魏斯伍德（Vivienne Westwood）設法把龐克打扮引入時裝設計，她是這個時期成功地把反叛文化改變為主流文化的設計師。九〇年代，義大利設計師凡賽斯、法國設計師高提耶（Gaultier）重新掀起龐克復興風，而最早設計龐克裝的魏斯伍德倒沒有再跟進了。七〇年代那些用避孕套、安全夾做裝飾的龐克女孩絕對不會想到她們的這些玩意會在九〇年代成為高級時裝的內容。九〇年代著名的英國電影明星伊麗沙白・赫莉（Elizabeth Hurley）就穿著凡賽斯設計的「安全夾裝」，出席她與雅詩・蘭黛（Estée Launder）化妝品公司簽定合同的儀式，當時名人雲集，誰也不覺得她的穿著有什麼不安。

當英國正受街頭文化影響的時候，法國、義大利和美國已開始重新建立自己的時裝店，不少相當有才能的時裝設計師不再為大時裝店工作，而開始建立自己獨立的時裝設計事務所和商店，在這波個人化的時裝設計浪潮中，很多弄潮兒很快就消失了，但是也有少數終於創出一片天，成為著名的設計師。比如法國的克勞德・蒙塔那（Claude Montana）、特利・穆格勒（Thierry Mugler）、讓・保羅・高提耶（Jean Paul Gaultier）。1973年，聖・羅蘭的合夥人皮埃爾・伯傑（Pierre Bergé）和傑克・莫克利（Jacques Mouclier）在法國時裝協會中確定了新的規定，為青年設計師展示自己的才華提供了舞台。高級時裝的展出時間是每年的一月和七月，觀

褶皺雕塑：日本時裝大師三宅一生的設計將服裝變成一件藝術品

衆是小規模的時裝界、客戶和新聞媒體，而年輕人的時裝展主要是展出他們的成衣化時裝，時間設在三月和十月，兩種類型的展示互不衝突，不少重要的時裝設計師，比如法國的特利·穆格勒和日本的三宅一生就是從這種成衣展中崛起而成為大師的。

三宅一生是在1970年脫穎而出的時裝設計師，也是第一個在巴黎高級時裝業中確立自己地位的亞洲設計師。其後，許多日本時裝設計師相繼在國際時裝界中嶄露頭角，如花繪森（Hanae Mori）、山本耀司(Yohji Yamamoto)、川久保玲（Rei Kawakubo）、越野淳子（Junko Koshino）和島田淳子（Junko Shimade）。七〇年代到八〇年代，是日本時裝設計進入國際水準的時期，西方的時裝設計講究突現女性的特徵，而東方的設計卻有一種西方沒有的隱藏式、象徵式的美，日本時裝更多地從日本和服中擷取動機，往往採用幾何形式來突現美學內涵。西方人採用營養品、體育運動來改變身材，使之達到理想的形式，而日本設計採用與身體完全不同的形式來達到異化的美學目的，他們的作品更加像藝術品，而不像常規的時裝。

這種驚世駭俗的打扮是穆格勒1999/2000時裝展的一部分

2·特利·穆格勒

這位七〇年代重要的設計師，出生於1948年。在龐克風潮日盛的七〇年代裡，他依然堅持比較典雅和女性化的路線。他在設計女裝時，在肩部加上厚墊，將腰部紮細，而裙襬則寬大自然，注意刻畫女性身材的曲線美，留意表現胸部、臀部的女性特徵。穆格勒的設計動機很明確：他要透過自己的設計，令婦女們看上去像女神，或是女英雄，起碼也要讓她們的「工作服裝」穿出成功的風貌來。

穆格勒的設計稜角分明，比較誇張，他不太在乎一般的女性會否接受他的設計，倒是為不少影視歌星設計

穆格勒1979/1980的時裝：寬肩、蜂腰、誇張的臀部

過有戲劇化效果的穿著。在他的時裝發表會上，走在伸展台上的不僅是模特兒，還有他特邀的明星們，諸如捷利‧霍爾（Jerry Hall）、勞倫‧修頓（Lauren Hutton）、戴安娜‧羅絲（Diana Ross）、伊萬娜‧川普（Ivana Trump）、提皮‧赫德倫（Tippi Hedren）和莎朗‧史東（Sharon Stone）等。穆格勒對時裝表演非常重視，他不但設計表演的服裝、配件，連模特兒的髮型、化裝，表演場地的燈光、音樂都親自設計，務求整個表演的完美效果。

十四歲的時候，穆格勒曾在家鄉史特拉斯堡做過芭蕾舞蹈演員，後來成了一位很有才華的攝影師，他的廣告都是自己拍攝的。這位自學成材的設計師於1974年在巴黎開設了自己的設計室，以相當戲劇化的設計風格贏得客戶，但初始並不為主流社會接受。

總的說來，穆格勒的設計有很強的感染力，富女性味，比較誇張，甚至有些賣弄風騷，但仍不失典雅。他在1995年展出的服裝系列很能代表他的特色：一件黑色的直身晚裝長裙在臀部上方開口，還用從腰部掛下來的三串珠鏈來著重裝飾，使幾乎露出一半的臀部分外醒目。另一套黑色套裝的袖子在肘關節處斷開成上下兩截，寬肩翻領的上衣剛剛遮過乳房；下面的裙子在緊貼股溝下方處也截斷開來，連內褲都可朦朧看見，整個小腹則完全裸露，相當驚世駭俗。

穆格勒在1995年展出的另一套黑色套裝相當大膽狂放

3‧讓－查爾斯‧德‧卡斯特巴捷克

讓－查爾斯‧德‧卡斯特巴捷克（Jean-Charles de Castelbajac, 1949-）是一位非常有使命感的設計師。雖然他出生於一個保守的法國貴族家庭，但他卻積極地投身於1968年的巴黎學生運動，並將他的反叛精神表現在他的時裝設計中。

卡斯特巴捷克在1970年首次推出他的時裝系列，

穆格勒在1995年展出的一件黑色直身晚裝長裙，以半裸露的臀部做為重點

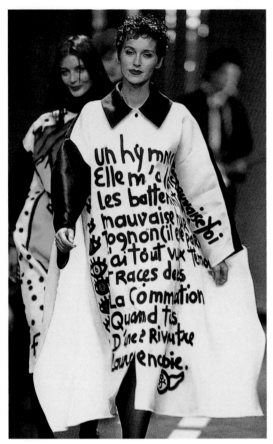

每一季的發表會，卡斯特巴捷克都會邀請一位現代派藝術家上台為展出的時裝加上現代藝術風格的裝飾，他將此稱為「圖畫時裝」，這已成了他的時裝表演的一個保留節目

他是第一位將運動服裝和職業服裝提昇到時裝層面上來的設計師。他認為：「拯救世界的最好方式就是永遠穿出格調來。」（"Saving the world is always in style."）

卡斯特巴捷克是一位環保意識很強的設計師，他喜歡運用傳統的天然面料：棉布、羊毛、亞麻等，甚至嘗試過用木頭、稻草、舊漁網做設計。當然，他並不排斥新材料。他也設計過用尼龍製成的服裝，並且加入一些現代藝術的元素，還不時地摻入他特有的幽默成份：他設計過一套名為「長途跋涉的雨衣」的服裝系列，所用的圖案是將明信片拼貼而成的。他的創新精神還體現在他的時裝發表會上，每一季的發表會，他都要邀請一位現代派藝術家上台為展出的時裝加上現代藝術風格的裝飾，他將此稱為「圖畫時裝」，這已成了他的時裝發表會的一個保留節目。

卡斯特巴捷克的設計具有永不過時的特點，因為他從不追逐時尚潮流，在設計中他總是我行我素，按自己的想像去設計。在色彩方面，他一直保持著童心，喜歡直接採用原色。他甚至在一件夾克上縫上一隻小泰迪熊。

另一方面，他又是一位很嚴肅的設計師。1977年，他為羅馬教皇設計了教皇服。

卡斯特巴捷克不但設計服裝，他還設計服裝飾物、配件，以及室內裝飾擺件和家具。

4・克勞德・蒙塔那

七〇年代龐克風潮正熾，搖滾樂和偶像崇拜盛行，軍隊制服、皮夾克大行其道，這一切，給了出道未久的蒙塔那極其深刻的影響。到了八〇年代，他將這些元素發展成具有強烈視覺效果的前衛服裝，他的服裝成為八〇年代的象徵。

蒙塔那從七〇年代開始從事服裝設計，在他的女裝設計中，非常注重對肩部和腰部的處理：肩部特別平直、寬大，而且是越來越寬；而腰部則收得很緊窄，而且是越來越細。領子的設計也很有特色：上衣多為巨型翻領，開得很低，常常收在腰部略上方，而以一顆鈕釦釦上。搭配的裙子則既短又窄，表現出強烈的對比。有時也配緊身褲，但無論穿裙或著褲，模

特兒一律足登特別高的高跟鞋上台。

　　由於蒙塔那常常用黑色皮革做為服裝面料，並以金屬材料鑲邊，顯得又冷又酷，所以他曾被責難「為法西斯設計」。八〇年代裡，他也開始採用其他顏色，對深酒紅色特別偏愛。但他最著名的設計卻是一款襯以金色刺繡裝飾的白色皮革套裝。

　　蒙塔那對皮革情有獨鍾，不但設計了大量的皮革衣物，他自己也常常穿著皮夾克。雖然他的超尺寸皮製時裝並不是人人都讚賞，但他仍然是公認的皮革服裝設計大師，他認為設計皮革服裝時要有一點點野心，更要有強烈的結構感。

　　蒙塔那的時裝公司於1979年開業，但卻在1998年破產倒閉了。

5・讓・保羅・高提耶

蒙塔那典型的設計：精選的白色皮革，配上金色的刺繡和頭飾，誇張的肩部處理，塑造出兩性戰爭中女戰士的形象

法國時裝設計師讓・保羅・高提耶生於1951年，他是巴黎人，曾經為法國時裝設計師皮爾・卡登和巴鐸打過工，在他們那裡學習到設計的技術和品味，他最崇拜的設計師還是聖・羅蘭。對他來說，時裝設計上是根本沒有界限的，他並不把自己看做是一個時裝設計師，他到處旅行，蒐集各種玩意，他把在旅行中看到的新奇東西、產生的新奇感覺集中起來、結合起來，設計服裝，因此他的服裝設計總是充滿了驚奇和意外。他在1977年第一次推出自己的時裝設計系列，立即引起新聞媒體的廣泛注意，認為他是一個放蕩不羈的神童，被法國人稱為「可怕的孩子」（enfant terrible），直到現在，他在媒體中的印象依然如此，毫無改變。

　　高提耶對於同性戀持積極支援的態度，在設計上堅持男女服飾平等的原則，努力打破男女服裝上的差異，因此他的設計是相當中性化的。他在展出自己的設計系列時，總是堅持男女系列同時展示，以表示無歧視。

這件外套是蒙塔那1987/88年度的設計，寬大的披肩敞領是其特色之一

這套由帶土風味的針繡上衣和卡其布褲組成的套裝是高提耶在1976年設計的

因此，那些為他表演的模特兒直到上台以前都往往不知道誰穿裙子、誰拿香菸，這種打破男女藩籬的設計和表演安排，在時裝設計界也很少見。他的時裝表演往往出現男女服裝一樣的場面，好像雙胞兄妹同台一樣。高提耶的另外一個重要突破是：他是第一位在時裝表演中採用「真實的人」的時裝設計師，他請日常生活中的人充當模特兒，因此台上肥瘦、高矮都有，很具有真實生活的氣息。

高提耶的設計主張吸收各種各樣的參考，他稱之為「真實的服裝」，他的「蒙古人」（Mongols）系列、「時髦的猶太拉比」（Fashionabel Rabbis）系列和「大旅遊」（Grand Tour）系列都是這個主張的很好例子。把一些很消極的、很反叛的動機轉變為很積極和時髦的設計，是他的一個很大長處。比如他把反叛的龐克紋身刺青做為動機，設計Ｔ恤（圓領衫）就是一個很好的例子。他不但設計多變，並且也是一個最能容忍和最有耐心的設計師，對於不同的立場、看法、美學觀點他都能夠安靜地聽取，也能夠接受。他的設計可以是和風細雨，也可以是暴風驟雨；可以是溫柔的，也可以是挑逗的，正因為這樣，他的顧客層面才特別廣泛。美國流行歌曲巨星瑪丹娜請他為自己的「金色野心」演唱會（Blond Ambition tour）設計演出服，他的設計是胸罩高聳的緊身胸衣，這個設計透過電視網、MTV網路的轉播而傳遍世界。緊身胸衣從以往僅僅是包裹在層層服裝下面的輔助內衣，變成挑逗的外衣，內衣外穿也就開了頭。

高提耶的服裝設計內容豐富，他的服裝配件飾品的設計同樣是充滿折衷主義色彩和饒有趣味的。1997年，巴黎的時裝協會邀請這位「年輕的創造家」（the Young Créateur）設計一套高級時裝系列，他的設計獲得高度的評價。經歷了廿多年的設計生涯之後，他的想像力、創造力一點也沒有減弱和褪色，法國人說他是法國時裝、巴黎時裝的最大希望。

高提耶並不忌諱讓男士們也穿上裙裝，他甚至還反串為模特兒，親自穿上裙子「秀」上一把，當然還要配上他最喜歡的條紋汗衫

6 · 高田賢三

墨西哥藝術家
芙麗達·卡
蘿,右側是高
提耶1998年的
另一款設計

高田賢三（Kenzo Takada）生於1939年，他是日本設計師中在國際時裝界享有極高聲譽的一位。由於長期推廣自己的設計，使用「賢三」這個字的拼音「Kenzo」做為品牌，所以很多人都不知道他姓高田。他在設計上一個非常具有個人特點的突破，是把嬉皮風格和日本傳統的風格結合，發展出高級時裝來。

1970年，高田賢三在巴黎以自己的品牌推廣自己設計的服裝。他是第一個在國際時裝市場上樹立自己品牌的日本設計師。

在2000年的時裝系列中，高田賢三展示了他的日本的根：一款改良過的和服

高田賢三的設計充滿了愉快、輕鬆的氣氛，色彩多樣、隨意，東方和西方的動機好像不經意地融合在一起，這種設計的取向，很受當時青年人的喜歡。因爲從七〇年代開始，越來越多的人已經到處旅行和出差，國際意識越來越濃厚，他的設計正好符合這些具有國際眼光的年輕人的要求。他把日本精緻和簡單的和服形式引入西方時裝，同時也從拉丁美洲吸收了當地濃郁的色彩和具有鮮明地方氣息的服裝設計，他把東方的、斯堪地納維亞的和拉丁美洲的文化在時裝設計中融合在一起，取得極爲突出的效果。

高田賢三是日本進入西方的幾個時裝設計師中最歐洲化的一位，他不但長期生活和工作在歐洲，他的品味和習慣也更加接近歐洲設計師。他成功於七〇年代，是當時最傑出的設計師之一。進入九〇年代和廿一世紀，大部分七〇年代的設計師已經退出設計界，他卻還能夠在世界時裝界擁有相當高的地位，他的設計依然是時髦的對象。他除了設計女裝之外，還設計男裝、童裝、窗簾、內衣面料，他設計的女性時裝，比較集中在成衣化的方向上，這樣使他擁有比較廣闊的國際市場。

7 · 花繪森

花繪森（Hanae Mori），日本時裝設計師，生於1926年，本來是在東京學習文學的，已經有了兩個孩子，但是由於喜歡時裝，因此轉行學習，逐步成爲一個傑出的設計師。其中最主要的刺激因素是1962年與可可·香奈兒的會面，她被香奈兒的設計征服了，認識到要在時裝上成功，目標必須要定得高。因此她從一開始就把自己的目標對準了巴黎的高級時裝界，她很自信，認爲自己在設計上有天分，正是這種自信心和雄心，才使她進入主流。

她在時裝界的發展並不平順，她花了整整十五年時間才達到自己的目的。1977年，經過好長時間的摸索，她終於在巴黎的蒙塔尼路開設了自己的時裝店，正式進入巴黎高級時裝設計界，她是第一位在巴黎高級時裝界闖出名堂的日本人，也是第一位在巴黎開時裝店的日本人。

她的公公是紡織廠的老闆，因此她開始從事設計的時候是透過

色彩鮮豔，青春煥發，舒適大方，這是高田賢三設計的寬鬆的四分之三長大衣，花俏的套裝加上純色的貝雷帽，也是滿新穎的搭配

他的關係，利用他的面料來設計服裝，她的設計風格典雅，又具有巴黎的氣派，很快就在日本建立了聲譽，她的最早一批顧客都是日本人。由於她堅持不懈地努力，終於在挑剔的巴黎時裝界站穩了腳跟，不但有了自己的客戶群，還很快在紐約開設了分店。

在時裝設計上，她遵循一條歐洲路線，遵循一條西方人習慣的路線，而不像三宅一生那樣把日本的傳統審美引入現代服裝設計中去。她的服裝設計極富女性感，優美典雅是最突出的特點，經常採用透明和半透明的絲綢來製作服裝，上面再用日本傳統的花卉圖案來裝飾，基本是在西方的形式上加上日本傳統的裝飾，因此很爲西方女性喜愛。

1999年，她把自己公司的業務交給媳婦Penelope Mori。這位來自美國加利福尼亞的模特兒，在接手業務之後，把喀什米爾羊毛套頭外衣和日本的和服結合起來，設計出新的服裝系列，也很受歡迎。

花繪森的這套雞尾酒會禮服並沒有採用任何日本傳統服裝的動機。她將女性的優雅矜持表現得恰到好處，絕不比任何法國設計師遜色

8・三宅一生

日本的時裝設計在這個十年中進入國際平台，出現了好幾位具有國際聲譽的時裝設計師，包括上面提到過的高田賢三、山本耀司，和三宅一生（Issey Miyake）。特別是三宅，他的知名度在法國甚至還排在聖・羅蘭前面，是時裝設計界第一個享有這樣地位的亞洲設計師。

三宅一生於1938年出生於廣島，父親是個軍人，從小由母親帶大。1945年，美國在廣島投下原子彈，母親受到很重的創傷，四年後去世，三宅也因爲原子彈輻射的影響，造成兩腿長短不一，走路微跛。

三宅在十幾歲的時候就夢想成爲一個畫家，但是後來爲櫥窗中的服裝所著迷，從而走上服裝設計的道路。三宅進入東京多摩美術學院設計系，學習服裝設計。從他設計的第一個系列命名爲「物與石之詩」，他的才華已經初露端倪。1964年畢業後，三宅轉赴巴黎，次年

三宅一生充滿雕塑感的設計根本無需任何首飾或
配件來點綴，他對帽子情有獨鍾，在他所設計的
時裝中，帽子就像一件獨特的藝術品。此為他在
1978年的一款設計

三宅一生1997/1998的設計　　三宅一生1999/2000的設計

進入巴黎高級時裝培訓學校深造。1966年，三宅成為當時著名的時裝設計師姬龍雪的助手；
1968年，又轉至另一位著名設計師紀梵希麾下。毫無疑問，從巴黎的學校，和著名設計師的
工作室裡，三宅學到了許多高級時裝的設計和製作技巧，對巴黎和法國的時裝業也有了更多
的了解。不過，他一直在尋求著一條不同於傳統高級時裝的道路。

　　1968年5月，巴黎大學生發生騷動，這一政治事件正如三宅自己後來所說，對他「在時裝
設計上的想像力產生了很大的影響」，對他後來的設計方向和道路有決定性的作用。由於他
的想法不為當時的巴黎時裝界所接受，於是三宅去了美國，在設計師傑佛理・比內手下研究
成衣服裝設計。1970年，三宅回到日本，在東京開辦了「三宅時裝設計所」。

　　1971年2月，三宅一生在東京首次展出他的新時裝系列———一組從柔道服獲得靈感的粗
棉布時裝，然而，這一大膽的新設計沒有成功：深受西方文化浸淫的戰後一代日本人並不賞
識這種源自自己民族服飾的新外觀，對歐洲時裝的盲目崇拜和對自身傳統文化的自卑，使得
他們無法理解三宅所設計的寬衣縛帶的東方型服裝。他們甚至嘲笑他的設計是「裝土豆的口
袋」。

　　然而，三宅並沒有因為不順利的開頭而放棄自己的追求。七〇年代裡，他不斷舉辦大型
服裝發表會，每次推出的服裝都展現出濃郁的大和風情。1971年，他將他的「土豆口袋」帶
去紐約；1973年，他的設計進軍巴黎；1976年，在東京和大阪舉行題為「三宅一生和十二位
黑姑娘」的時裝發表會，大獲成功；隨後，他在東京和京都推出「與三宅一生共飛翔」的服

裝新系列，引起極大的轟動，場場爆滿，觀眾多達二萬二千人次。他的新穎設計在西方也深受矚目，在紐約和巴黎的時裝展都深受歡迎。三宅的設計中表現出來的新觀念、新創意，對故步自封的西方時裝界發起了革命性的衝擊。他成了第一顆在國際時裝界冉冉升起的設計新星。三宅的設計影響了整整一代設計師，七〇年代以來，國際時裝伸展台上寬鬆的剪裁，黑、白、灰的色彩搭配蔚為風氣。三宅以他獨特的設計，將現代藝術的魅力注入了時裝。正如美國的著名畫家羅森伯格所言：「三宅是一位國際藝術家，是影響最大的日本藝術家。」

三宅一生的創作靈感雖來自日本，但卻有世界意義的內涵。

西方自文藝復興以來，崇尚個性解放，追求感官刺激。表現在服裝設計上則為採用一切可能的手法，諸如緊身、聳胸、束腰、凸臀，以求最充分地呈現人體線條。然而東方文化卻追求天人合一，崇尚人與自然的和

每一次輕輕的移步，都會讓這些精心設計的褶皺如燈籠般晃動起來，三宅一生1992年推出的這一系列喚起了對童年情趣的留戀

諧，於服裝上則表現為寬鬆飄逸，隱人體於服裝之內。三宅一生透過他的設計實踐，成功地向世人展現了東方精神與現代社會的結合。他採用東方的設計動機，但並不排斥選用愛爾蘭的毛料、義大利的絲綢，甚至連紙張、橡膠、塑膠等工業生產的原料也都是他考慮的元素。他對於東方元素的運用，絕不像某些西方設計家那樣僅僅以異國情調做為噱頭，而是要創造人體和服裝的和諧之美。

三宅一生在設計中特別注重面料的選擇，他要求的面料肌理必須是有新鮮感的，是與眾不同的。在設計中，他很注意充分發揮面料的特性，從而使自己設計的服裝永遠令人耳目一新。他說過：服裝不但要被人從外面看見，也要讓人從裡面能感覺到。因此，他只有在完全熟悉了一種面料的性能之後，才去動手設計服裝。他對所有能做為面料的素材都饒有興趣地加以試驗，甚至親自動手去紡線、織布。他常常深入紡織廠或作坊，從半成品，甚至次品、廢品中獲取靈感和啟發。

三宅一生從傳統的日本和服中汲取了剪裁、結構等方面的養分，將傳統的披掛、包裹、

纏繞、褶皺用到現代服裝的設計中來。他使用立體剪裁的手法，直接將布料披纏在模特兒身上，進行「雕塑」，從而創造出與人體高度吻合，造形極度簡潔，富原創性的完美作品來。

三宅一生是一位勇於創新的設計師，他永遠在追尋新的途徑。他的很多設計甚至是相當「冒險」的。比如他曾用幾塊整布，披掛在模特兒身上，使之有節制地散落開來，顯出輕鬆的閒情逸致。有些設計又如日本武士的鎧甲，沉重而粗獷。曾在東京、洛杉磯、舊金山、倫敦等地的博物館展出他的著名設計作品：「無畏的晚禮服」，更是先從自然人體翻模，然後再用矽銅片鑄造而成。即使在成名之後，三宅也從未停止過對新穎設計的探索。

三宅一生不僅是一位才華橫溢的設計師，同時也是一位成功的服裝企業家。他涉足的範圍包括時裝設計、成衣製作、服裝銷售和面料生產，商業活動遍及東京、紐約、巴黎、倫敦。他設於東京的服裝廠，從紡織到成衣形成一個完善的系統，除服裝外，也生產與服裝配套的鞋帽、手袋等配件。

直到今天，三宅一生仍是世界時裝舞台上舉足輕重的大師級人物，從活躍於世界各地時裝伸展台上的、帶有明顯東方風韻的眾多廣袖、縛帶、軟立領的寬鬆款式中，人們仍能感覺到他的影響。

9 · 此十年的面貌

七〇年代，大家熱中討論的議題是「什麼是美」。以前「美」是由普羅大眾來討論的，而這個時代，學者特別是研究社會心理的學者也加入時裝和美的關係討論中來了。從歷史的角度來看，這個十年的確是研究美的時代，從1922至1970年，專門研究「美」的著作寥寥無幾，而僅僅在七〇年代這十年中，卻突然出版了多達四十七本討論美的專著，並且大部分是從社會效應的角度來研究外表的美，都認為外貌的美對於職業來說是一種確實的保證。但是，對於美的本質依然眾說紛紜，很多人認為：空泛地討論美，是嬉皮對於觸摸不到的本質的探討，是理想主義的。而另一些人則認為美具有裝飾的意義，並非自然獲得，類似迪斯可那種俗豔的東西也是美的，當然還有一些人認為美是激進、是革命、是社會的反叛。

「自然美」首先是由工作婦女提出來的，她們認為工作本身比她們的外貌更加重要，但是她們也知道，如果要讓她們的男性老闆和上司對自己有好感，外貌是非常重要的，打扮合時、頭髮乾淨、指甲修整是每個職業女性都遵循的基本方式。一般不使用過於豔麗的色彩，潤膚油和皮膚色的眼影油最常用，指甲油

典型的70年代流行化妝，尤其為希望成功的職業女性所崇尚

也多使用透明無色的,這些都是職業婦女的祕密武器,頭髮式樣注重多層吹乾,自然的形式下是複雜的製作過程,頭髮要明亮,表示健康。電視影集〈霹靂嬌娃〉中的女明星法拉‧馬卓之所以紅遍世界,大約與她那頭精緻的頭髮有密切關係。長髮而多層,既具有運動風格的健康感又性感,她的髮型據說是電影和電視中最成功的髮型,很多人仿效。黑人女性設法把頭髮弄直,而白人女性則想學黑人婦女的髮型,其實都不適合。

不僅頭髮要看來自然健康,即便身體也有同樣的要求,這樣就影響了服裝設計的方向。為了顯示健康,成功女性要全年保持陽光曬過的古銅色皮膚,暗示全年無需上班,可以隨時到海濱曬太陽,也就暗示了自己相當富有。當然,不是人人都可以經常去海濱,更沒有很多人可以在冬天到夏威夷、佛羅里達或者地中海去曬太陽,因此就出現了很多種所謂的護膚品,可以使皮膚看來是曬了太陽一樣黝黑而健康。

減肥是時尚,身材苗條說明營養好,說明有條件經常鍛鍊,但是並非人人都能夠有這些條件,因此減肥藥也就大行其道了。更多的職業婦女吃減肥餐,到健身中心鍛鍊,最成功的透過健身和飲食控制身材的例子是電影演員珍‧芳達,她在五十歲的身材和廿歲的時候相差無幾,羨煞多少職業女性。她還改變了健身中心以往那種職業性的沉悶氣氛,她自己在洛杉磯比佛利山的健身中心既明亮又美觀大方,裝修雅緻,她健身的成功使她的健身操以錄影帶和書籍的形式熱銷。

一襲老祖母年代的大流蘇披巾,一條手工編織的腰帶,再加上一款非常簡潔的民俗風的項鍊,就將這位一身黑色勁裝的現代女性變成女嬉皮了

對那些不想老到健身中心的女性來說,散步或者慢跑(jog)是一個很好的替代方法,慢跑很快成為美國女性的全民運動了。當然,有些女性僅僅以為多跑就好,沒有準備活動,也缺乏跑步的基本技術知識,因此也造成一些跑步時的意外,甚至有人由於心臟衰竭而喪生,不過這僅僅是極少數的例外。

誇張的眼睫毛在這個時期成為時尚,模特兒馬貴‧海明威(Margaux Hemingway)和童星布魯克‧雪德絲(Broooke Shields)是帶動眼睫毛時尚的主要偶像,她參加拍攝的電影〈漂亮寶貝〉(Pretty Baby)中的眼睫毛是千萬女孩子模仿的對象。馬貴‧海明威是已故作家海明威的孫女,她的扮相實在受歡迎,因此大化妝品公司法比奇(Fabergé)與她簽定了據說價格最高的化妝品模特兒廣告,金額達到一百萬美元。這個時候防皺霜熱賣,防皺霜的廣告說法是可以保證皮膚「永久性」的光滑,信不信由你了。

夜生活的打扮就大不一樣,越矯揉造作越表明你富有,眉毛畫得細細的,睫毛要染

色、要豔麗，唇膏從深紅色到黑色都有，人造纖維和乳膠做的緊身衣（skintight Lycra, latex outfits）都相當流行，職業女性白天和晚上的打扮簡直是判若兩人。

　　三○年代的時裝在七○年代有復興的跡象，總的來說，女性在晚上要女人氣十足，要與日間的形象完全不同。那些在五○年代出生的女孩子，幾乎就沒有穿過裙子，整個六○年代都是牛仔褲時代，到了七○年代，她們也希望有女性味了。但是，也還有另外一些同代的女孩子卻希望自己更加男性味，穿軍隊的迷彩服，好像剛剛從戰壕裡出來一樣，也是一種間接表達自己有政治覺悟的方式。

　　龐克運動是一個熱潮，影響打扮和服裝。耳朵、鼻子都戴環，身體上到處是紋身刺青，頭髮是染色的雞冠形狀，所謂美洲印第安「切洛基」髮型，或者留出西方魔鬼的角那樣的束髮，眼影、嘴唇和指甲都是黑色的，凡是能夠讓中產階級、職業人士討厭和震撼的方法就是他們的時髦，非常反叛。

　　到七○年代末期，這個時期的自然面貌、龐克面貌全部消失，紅唇、寬大的眼影、白皙的皮膚又成為時尚，與二○年代的打扮有相似之處。

70年代的女性，特別是職業女性，崇尚健康而自然的化妝，這是當時海蓮娜·魯賓斯坦在雜誌上發表的化妝技法系列

10·此十年的偶像

這個十年，社會風氣是講究承諾、挑釁和享樂。不講究永久，只講究享受，穿合適的衣服，在合適的時候做合適的工作，有合適的收入，嫁娶合適的對象，或者有合適的伴侶，到合適的夜總會，是職業階級的追求。來自尼加拉瓜的女孩子比洋卡·加格（Bianca Jagger，1950-）1971年嫁給名人麥克·加格（Mick Jagger）而受到女孩子們的崇拜，另外一個金髮美女霍爾（Jerry Hall，1956-）也嫁給加格，同樣受到崇拜。

　　能夠快速成名是很受人羨慕的，舞蹈家奧利維亞·紐頓（Olivia Newton，1950-）在短時間急速竄升為明星，她與約翰·特瓦佛塔（John Travolta）在電影〈油脂〉（Grease）中演出，是很多青少年仰慕的對象。

　　這個時期，有兩部電影挑起對三○年代的懷舊，由麗莎·明涅利（Liza Minnelli，1946-）主演的〈卡巴涅特〉（Cabaret）和〈被詛咒的〉（the Damned）很受歡迎，她

70年代偶像之一：著名化裝品公司露華濃的專用模特兒勞倫·赫頓

的那雙兒童式的大眼睛、短短的頭髮、很女性的嘴唇和身體，是一個很流行的搭配，她在〈卡巴涅特〉中的性格詮釋：放蕩不羈、脆弱而又充滿情感衝動，使很多女性為之醉心。

夏洛特・蘭普林（Charlotte Rampling，1945-）卻是以她的神祕感而受到崇拜。這個時期受到崇拜的偶像還有美國音樂人貝蒂・史密斯（Patti Smith，1946-），一個黑人女性，與色情文化有密切關係，她是比利時的設計家安・德姆連密斯特（Ann Demeulemeester）的偶像，後者為她設計了整個時裝系列。

英國電影明星珍・比金（Jane Birkin，1943-）把嬉皮文化和法國通俗文化結合起來，成為一個性感的偶像。她的髮型和牛仔褲是千萬青少年女性的模仿對象。

模特兒勞倫・赫頓（Lauren Hutton，1943-）是一個很令人注意的偶像人物，做為一個模特兒，她卻拒絕把門牙的縫隙透過牙科方法合攏，加上有點彎曲的鼻樑，其實並不完美，這些居然都成為她變成當時最搶手的模特兒的原因，實在跌破不少人的眼鏡。她是當時身價最高的模特兒，卅五天的工資高達十七萬英鎊。最初她是被賣斷給化妝品公司露華濃（Revlon）的，但最後終於擺脫了廣告的限制，跑到美國拍電影，她與美國著名的男電影明星理查・吉爾（Richard Gere）在電影〈美國舞男〉（American Gigolo）中有相當傑出的演出，改變了自己的發展前途。

法國電影明星凱瑟琳・丹妮芙（1943-）在導演路易・布紐爾（Luis Buñuel）的電影〈Belle de Jour〉有相當傑出的表演，她飾演一個受尊敬的中產階級女性，由於性幻想的驅動，居然跑去一個日間的妓院做妓女。丹妮芙成為法國七〇年代最重要的女電影明星之一，在法國電影史上有很重要的地位。

美國激進民權運動分子安傑拉・戴維斯（Angela Davis，1944-）是一個採取武裝暴力做為政治訴求的青年女性，她被美國聯邦調查局列為最危險的十大罪犯之一，因犯罪行為被判監禁十六個月，1972年才獲釋放，居然還有不少女孩子把她當做崇拜偶像。

女權主義運動的領袖在這個時期也很出風頭，比如格羅麗亞・斯坦南（Gloria Steinem，1934-）就是一個很受崇拜的偶像。她創辦了女權運動雜誌《女士》（Ms.），是一本很流行的雜誌。美國一個放蕩形骸的女權主義者謝爾・海特（Shere Hite，1942-）把自己視為女性的性解放象徵，她訪問了三千多個女性，詳細詢問了她們對性的態度和性生活細節，最後出版了具有相當震撼力的著作《海蒂報告》，因此也是具有解放意識的女性崇拜對象。南西・佛萊迪（Nacy Friday，1937-）研究母女關係問題，她的著作《我的母親和我自己》深刻地從一個女權主義者的立場剖析了母女關係的複雜性，也是一時的暢銷書，並且對於完全由男性控制的媒體來說是一個衝擊。這類女權運動的作家和活動家還有貝蒂・佛萊丹（Betty Friedan，1921-）、艾利絲・史瓦澤（Alice Schwarzer，1942-）等等。

第九章

英國時裝

1.導言

英國是時裝設計的重要大國，其實，廿世紀初期的幾個時裝設計先驅就是來自英國，這個國家最早進入工業化階段，最早形成中產階級消費群，因此也就具有比較成熟的時裝市場，時裝設計在這個國家一貫具有重要的地位。不過，英國與法國不同的是：英國很少跟隨歐洲的潮流，如果從現代藝術運動和現代設計運動來看，就可以看到英國總是置身度外，並沒有參與類似立體主義、表現主義、達達主義、超現實主義、未來主義這些潮流，也沒有捲入類似「新藝術運動」這些設計運動的漩渦，英國人總是我行我素，走自己的道路，它的雕塑、繪畫和設計一樣，總是英國的，而不是國際的。在時裝設計上，英國反而影響了國際，特別是六○年代以來，以瑪麗‧匡特為代表的一批設計師獨樹一幟，自成一統，他們設計的超短裙成為國際流行的式樣，這也就非常代表英國時裝的走向：不仿效外國，而希望能夠影響外國。英國出現過許多重要的時裝設計師，比如諾爾曼‧哈特耐爾、哈蒂‧阿密斯、具有前衛意義的名店比巴（Biba），以及設計師薇薇安‧魏斯伍德、贊德拉‧羅德斯（Zandra Rhodes）、加斯帕‧康蘭（Jasper Conran）、凱瑟琳‧哈姆涅特（Katherine Hamnet）、拉法特‧奧茲別克（Rifat Ozbek）、約翰‧加理亞諾（John Galliano）、亞歷山大‧麥昆（Alexander McQueen）、斯提拉‧麥卡特尼（Stella McCartney）、胡森‧查拉揚（Hussein Chalayan）等等，都是具有國際影響力的大師級人物，他們的設計，不但豐富了英國的時裝

連T恤也成了某種宣洩的場地

（左圖）薇薇安‧魏斯伍德將古畫中獲得的靈感應用到她的這款1997/1998年女服設計裡去

非常淑女型的
英國時裝

，同時也豐富了國際時裝設計的面貌，英國自然也就成為國際時裝設計的重要國家之一。

　　英國時裝設計的核心是倫敦，這裡聚集了大量傑出的時裝設計家，有龐大的時裝運作機制，有比較廣泛的時裝銷售網站，有相當可觀的客戶群，倫敦時裝展是世界最重要的五個時裝展之一，在這裡的T台上走出的時裝，影響了世界每年時裝的面貌。在廿一世紀開始之季，倫敦正在劇烈地運動，正在為新千年設計新一代的時裝。倫敦有不少學院有時裝設計專業，其中，聖馬丁藝術和設計學院站在培養時尚新秀的最前線，這個學院成功地培養出繼加理亞諾之後的一批高水準設計人才。這些英氣勃發的年輕人，如安托尼奧・巴蘭迪（Antonio Barardi）、歐文・加斯特（Owen Gaster），以及特理斯坦・韋伯（Tristan Weber）等，為英國設計師成功躋身於國際超級大師的行列燃起了希望。他們既有能力從現實生活中汲取養分，又能鮮明地堅持自己對時裝的獨特見解。

　　英國的時裝，其實是經歷一條相當坎坷的發展道路的，回溯到六〇年代以前，當時以舒適為主要訴求的英國時裝設計，尚未能從歐洲大陸的設計中脫穎而出，英國時裝雖然是舒適大方，但是卻無法創造潮流，也不成為氣候，無法取得可可・香奈兒或者克莉絲汀・迪奧這樣的轟動效應，直到瑪麗・匡特等年輕設計師們從街頭文化裡找到靈感，獲得振奮，英國的時裝才開始顯出自己的獨特風采來。從匡特開始，英國時裝逐步走向潮流化的方向，並且開始成為國際時裝中一個非常具有自己特點的類型。

　　下面選擇幾個最具有代表性的英國時裝設計家，來討論和介紹英國時裝的發展與方式。

2・諾爾曼・哈特耐爾

諾爾曼・哈特耐爾爵士（1901-1979）是英國現代時裝設計師中的元老。1953年，英女皇伊麗莎白二世加冕時身穿的大禮服就是由他設計的。這場盛大的慶典透過電視轉播，讓兩千五百萬個家庭親見了廿八歲的女皇的風姿——在身上那件裝飾著珍珠和小水晶亮片，繡有大英帝國和英聯邦徽章的禮服襯托下，年輕的伊麗莎白顯得格外青春亮麗，樂觀開朗，充滿活力，展示的正是她的臣民在戰後引頸期盼的風貌，因此分外引人矚目。

　　伊麗莎白二世在加冕典禮上的表現深得好評，她的這件雍容華貴的大禮服也讓世人對英國的時裝設計青睞有加。做為英國皇室的御用服裝設計師，哈特耐爾已為三代皇室女主人：伊麗莎白二世、她的母親，和她的祖母設計過衣飾。他肩負著打造英國皇室形象的重任，因

而他的設計一直是以儀態萬方、典雅得體的皇家氣派爲主調，在剪裁上注意表達出引人矚目的戲劇化效果，連長裙上褶皺的安排，行走時裙裾的擺動都經過精心設計，特別適合在各種官方的正式場合上穿著。

哈特耐爾年輕時曾夢想成爲一位舞台表演家，但先後在三家服裝公司裡的工作經驗卻讓他最終走上了時裝設計的道路。1923年，他在倫敦的帕頓街自己的住家中開業，以一件金銀兩色的絹網薄紗製作的晚禮服長裙而聲名大噪。他的這一成名之作，後被威爾茅斯爵士的未婚妻穿出，其輝煌氣度被媒體形容爲「世界第八奇觀」。1928年，哈特耐爾爲當時社交界名媛芭芭拉‧卡特蘭設計的結婚禮服，長腰、窄臀、裙裾蓬鬆，再一次引起極大的轟動。

人們常常將哈特耐爾的成功歸之於他有幸擁有世界上最有影響力的模特兒——英國皇室的女主人，事實上，雖然他早在二〇年代初就以自己才華洋溢的晚裝設計成名，但由於當時英國的時裝市場並不十分活躍，所以直到1927年他於巴黎開設了第二家時裝公司之後，他的時裝事業才真正興旺發達起來。

哈特耐爾一直保持著旺盛的創造力和精明的商業頭腦，他在1965年推出的時裝新系列就是爲批量化生產而特別設計的。要知道，時裝成衣化直到七〇年代才真正成爲風氣，他可以算得上是這一潮流的先驅者了。

1955年，這位成功的英國時裝設計師出版了他的自傳《銀和金》。他於1977年封爵，成爲英國時裝界獲此殊榮的第一人。1979年，哈特耐爾去世後，他的時裝店由後人經營，直到1992年才宣佈結束營業。

3‧哈蒂‧阿密斯

哈蒂‧阿密斯（1909-）是英國早期重要的時裝設計師，他的作風比較謹慎，服裝典雅而嚴謹，是另外一種類型的設計師。

雖然同是以典雅風格著稱，但與重視雍容大方的戲劇化效果的哈特耐爾相比，阿密斯的設計就平實、低調多了。這位裁縫師的兒子在六十多年的設計生涯中，設計過無數的套裝、大衣、晚禮服，但從不刻意追逐轉瞬即逝的時尚潮流。他的名言是：「最會穿著的女人身上的衣服，即使走到鄉下也不會讓人感到突兀。」（"The best-dressed women wear clothes which would not look absurd in the country."）

阿密斯年輕時曾在法國和德國生活過一段時期，他嘗

伊麗沙白女皇身著
哈特耐爾專門爲她
設計的禮服裙

這是哈蒂·阿密斯在1955年設計的一套典雅女裝，金色的面料配上水貂皮的大圓領，引起時裝界極大的轟動

哈蒂·阿密斯1968年的設計，非常時髦，並有現代感

試過各種各樣的職業：教過英文，做過記者，在旅行社當過推銷員，還當過一陣子作家，但都不是太成功。最後，當他滿廿一歲時，在他母親的雇主——位於曼徹斯小城的一家裁縫店找到一份工作，在這裡他開始學做衣服，很快就顯示出這一方面的天分。1946年，他推出自己的第一套時裝系列，立即獲得成功。那是以格子呢爲面料，肩部很圓，臀部加墊，非常女性化的套裝。連主演〈卡薩布蘭加〉紅遍好萊塢的瑞典籍女明星英格麗·包曼也爲之傾倒，成了他的常客。

1950年，阿密斯在倫敦的薩威爾路上開設了自己的時裝店，贏得了一批重要客戶，其中包括後來成爲英國女皇的伊麗莎白公主。在以後的四十年中，阿密斯一直爲伊麗莎白二世設計服裝，雖然女皇的家常式穿著常常受到批評，但無論是穿著者還是設計者似乎都不爲所動。

1989年，在他八十歲生日那一天，阿密斯榮獲封爵。當天，他宣佈將他的御用設計師職責交給了肯·佛理伍德。但不久佛理伍德就去世了，這一職務又交由瓊·穆爾來擔任。

阿密斯的商業成功主要是在男裝方面。他設計男式直身外套，俐落緊湊，鈕釦一直扣到頸部，有三個口袋（有點類似於中國的中山裝），一直很受歡迎。他還曾爲著名導演史坦利·庫布力克的科幻大片〈二〇〇一太空漫遊〉設計服裝，前衛的太空風格讓觀眾大呼過癮。

這位已屆九十高齡的設計家目前依然很健康，他希望後人能在他的墓碑上刻上：「這是一位非常幽默的宮廷裁縫」。

4·比巴

比巴是一家具有相當前衛風格的時裝店，這個商店集中了時尙、想像、創意、探索和娛樂於一身，

在六○年代脫穎而出，創造了完全不同的時尚文化，影響相當大。

眾所周知，在六○年代初期，以瑪麗·匡特為榜樣，英國的時裝設計師們開始推出受街頭文化薰陶的全新設計，在這股風潮下，倫敦的帝王路和卡納比街就成了追逐時尚但阮囊羞澀的年輕人的購物天堂。那裡的價格比較低廉，服裝也時尚，青年人趨之若鶩，一時人頭湧湧，好不熱鬧。

不過，名人卻不屑一顧這些店，那些著名的模特兒，比如維姬、茱麗·克理斯丁、米克·加格爾，還有權貴們，好比英國的安妮公主等名流卻不會去逛那些街，他們最青睞的時裝店是比巴。這家開在肯辛頓教堂街上的時裝店於1963年開業，以模仿三○年代好萊塢浪漫風格的低價時裝在全球掀起一股「比巴熱」。這家店位於一棟「裝飾藝術」風格的五層大樓中，除了時裝店之外，還有高級餐廳、天頂花園、和一個火鳥池塘，是國際各地的時髦人士聚會的好場所，也是新潮生活方式的展示間。

比巴在整個六○年代到七○年代初期一直是英國時尚的中心，吸引了大批富有的顧客，也從而引導了英國時裝的潮流。但是好景不常，比巴的店主——芭芭拉·休娜理奇在1976年出售了她的生意，和丈夫一起遷居到美國紐約，比巴就不得不關門了，她個人後來又在紐約開設了一家名為菲姿 - 菲姿的家具店，生意馬馬虎虎。比巴始終是人們的喜愛，也一直在人們的記憶中，1981年，芭芭拉·休娜理奇出版了她的自傳《從 A 到比巴》，回顧了比巴的歷史，追溯了比巴設計風格的起源和靈感，一時之間好多人爭相談論，回憶當年的好時光。

5·薇薇安·魏斯伍德

女時裝設計師薇薇安·魏斯伍德於1941年出生在格羅索普城，她對時裝界影響之大，超出大多數人的想像。美國雜誌《婦女服飾報》稱她為廿世紀最有創作才華的六位設計家之一，她敏銳的洞察力總能讓她在一種潮流變成平庸之前就果

比巴的兩位女設計師正在自行擔任模特兒，來展示自己的新設計

比巴推出的這套內絮薄纖維的套裝曾是時髦的焦點

（左上圖）1998年薇薇安‧魏斯伍
德推出了她的品牌香水，這是充滿懷
舊浪漫氣息的香水發表會

（右上圖）引領風騷逾卅年之久的英
國著名女時裝設計師薇薇安‧魏斯伍
德

（左圖）薇薇安‧魏斯伍德1995/1996
年的設計

斷地轉舵離去。七○年代初，花童和披頭四的裝束仍在流行，但英國的時尚界已經走得更遠了：「性的手槍」（Sex Pistols）、「衝撞」（Clash）、「被剝削者」（The Exploited）等最早的龐克滾石樂團成群結隊地在倫敦的帝王路上蹣跚而行，他們主張反時尚，用一種街頭革命的風格來演奏音樂，就像要摑過往的高尚品味一耳光。

一向被視為特別具有女性誘惑魅力的網紗、動物圖案、黑色皮革等面料被撕破、剪開，再用安全別針釦攏來，女士們從中體味到自由的新意。遠在社會倫理和服裝規範之外，女龐克分子對她們自己重新定位，並重新設定了新的美學標準，甚至發展出一種百無禁忌的自由語言來。緊得不能再緊的長褲和又窄又小的汗衫搭配，有些汗衫在每一邊乳房的上方都釘上一條拉鏈來做裝飾，有些更乾脆印上一些色情挑逗的語句：「他將她按在牆上，雙手握住她的胸脯……」，這些不堪入目的設計卻都成了市場上的暢銷貨。1970年，就在這樣的氛圍之中，薇薇安・魏斯伍德開設了她的名為「西方終點」的時裝店。此後的卅多年裡，她一直以她大膽的創新震動著時裝界。

到了七○年代末期，魏斯伍德丟掉了那些安全別針，回過頭重新發掘歷史的剪影。然而她並不是簡單地復古，而是將傳統的設計手法與不加掩飾的現代反諷結合在一起。每一年，她的時裝發表會總要造

（左圖）為了突出這雙新奇設計的鞋，模特兒不惜赤膊上陣了

（中圖）薇薇安・魏斯伍德1995/1996年設計的秋冬時裝

（右圖）1995/96年的時裝展示會上，名模奈奧咪・坎普貝爾在表演薇薇安・魏斯伍德設計的時裝

（左上圖）薇薇安‧魏斯伍德1996年的設計
（右上圖）薇薇安‧魏斯伍德1996/1997年的設計
（左圖）　薇薇安‧魏斯伍德展出的復古設計

成強力的衝擊波：如被稱為迷你－克理尼的可折疊、有撐架的女裙，如鈕釦鳥籠、有折磨癖的高跟平台鞋等。

魏斯伍德的豐富創造力一直在時裝界享有盛譽，她被著名的維也納應用藝術學院聘請為客座教授。而她的放蕩不羈也同樣引人注目，甚至出席白金漢宮的舞會時，她都不穿內褲，女王對此的評價是：「皇室對此不感興趣」。

6・贊德拉・羅德斯

1940年出生的女設計師贊德拉・羅德斯對設計一直很有主見。1967年時，由於不滿意市面上粗製濫造的紡織品，她乾脆買下富爾漢紡織廠的部分股份，不但自己設計，還親自動手印染面料。

由於她設計的工藝品、有機形式的外套、居家服裝，以及絲綢圍巾都相當成功，她的作品被很多頂尖的時裝雜誌爭相介紹，很得媒體支援，所以她於1970年開設了自己的品牌店鋪。贊德拉不愧是一位非常聰明的企業女性，她很明白：打響知名度要靠高級時裝設計，但商業成功一定要靠批量生產。她設計的服裝不但高雅美麗，而且都可以批量生產，美國最大的百貨商店都來訂購她的產品。

幾十年來，贊德拉的個性倒是變化不大，她總是高高興興的，像是永遠長不大的彼得・潘。臉上總是化著濃妝，戴滿了珠寶，頭髮染上燦爛的顏色，蓬鬆地挽著。她的服裝喜歡用粉色系列的面料，如

（上圖）十英吋高的厚台鞋子，連奈奧咪・坎普貝爾這樣的專業模特兒也無法站穩
（下圖）1999年夏季服裝展結束後，薇薇安・魏斯伍德本人出場接受觀眾的歡呼

英國女設計師贊
德拉・羅德斯

淺黃、淡藍、粉紅等等，正好與頭髮染色以及濃烈的化妝形成對比。服裝上常用各種小珠、花朵，或絲線繡成的生動圖案來裝飾，裙裾有意裁得參差不齊，更顯活潑。

　　贊德拉・羅德斯迄今仍是很受注意的設計師。

7・加斯帕・康蘭

加斯帕・康蘭（1959-）是英國專門設計名人服裝的設計大師，他設計服裝雍容大方，體現了國家和皇家的氣派，因此受到社交界很高的評價。

　　八〇年代，由於世界經濟的繁榮，美元的堅挺，加上一批由於石油貿易而急速致富的阿拉伯新貴，使得高級時裝業出現了一次出人意料的新高潮。那些乘坐噴射客機，到處趕場，出席各種盛大宴會、慶典或慈善集會的貴婦人們，都希望自己的穿著是出類拔萃的，獨領風騷的，所以量身定作的高級時裝又風行起來。

　　倫敦的高級時裝店對柴契爾夫人的競選成功都抱以極大的期望，希望鐵娘子能將傳統上英國的紳士淑女典雅風格重新帶回到社會生活裡來。不過真正令他們得意的卻是受到整個世界喜愛和關注的威爾斯王妃戴安娜。戴妃的一舉一動、穿著打扮永遠是全球報刊的熱

加斯帕‧康蘭1997/1998年秋冬時裝設計之——純藍色女皮外套　　加斯帕‧康蘭1997/1998年秋冬時裝設計——純黑色女皮外套　　戴安娜王妃是加斯帕‧康蘭最著名的客戶

門話題。戴安娜常穿的服裝多出自加斯帕‧康蘭、拉法特‧奧茲別克、阿瑙斯卡‧漢姆貝爾（Anouska Hempel）、阿拉貝拉‧坡連（Arabella Pollen）、布魯斯‧奧爾德菲爾德（Bruce Oldfield）、阿曼達‧沃克利（Amanda Wakely），以及凱瑟琳‧沃克（Catherine Walker）等設計師的手筆，特別是前三位設計師最受她的青睞。

加斯帕‧康蘭是英國設計「沙皇」特倫斯‧加斯帕爵士的兒子，曾就讀於紐約的帕森斯設計學院，畢業後曾先後在費奧羅西和亨利‧班德爾等著名的時裝店工作過。1978年，他尚未滿廿歲，便首次用自己的品牌展出了他的第一個時裝系列。康蘭在設計上絕不隨波逐流，他摒棄廉價服裝的動機，不屑於雕蟲小技的時髦噱頭，年復一年，始終堅持高雅路線，他的設計持續性很強。

瑪麗‧匡特高度評價康蘭的設計，在談到康蘭設計的永不過時的雞尾酒服和緊身上衣時，她說：「他真是聰明絕頂，他讓這些衣服看起來依然高貴而一點也不讓人擔心。」

1999年康蘭開始為舞台劇和芭蕾舞演出設計服裝，他對此很感興奮，他說：「這下子我不用再擔心我的設計好不好賣了，收入有了保障，我可以自由自在地設計啦！」

凱瑟琳‧哈姆涅特的「政治T恤」甚至引起了英國首相柴契爾夫人的注意

8‧凱瑟琳‧哈姆涅特

凱瑟琳‧哈姆涅特一向持偏頗激進的政治觀點，並且口無遮攔，說話大膽，因此她根本不適合設計權貴的服裝，她的設計取巧於狂放和與眾不同的構思，但是也居然得到成功，代表了英國文化前衛性的側面。這位生於1948年，畢業於聖馬丁藝術和設計學院的英國女設計師是靠驚世駭俗來打響知名度的。

　　凱瑟琳‧哈姆涅特於1979年開設了自己的公司，迄今仍是公司的主管。帶頭推出撕裂扯破的牛仔褲令她蒙上了另類的色彩，而1984年展出的「選擇生活」系列中非常政治的T恤衫更使她廣受爭議。「停止酸雨」、「58% don't want pershing」等政治口號，在七〇年代末期已經不見蹤影，凱瑟琳卻又將它們變成挑釁性的時裝賣點。當時的英國首相柴契爾夫人對此曾抱怨道：「我們並沒有Pershings，我們有巡航導彈。」

　　哈姆涅特也設計過一些休閒風格的牛仔褲，以及用金屬小亮片裝飾的彈性晚裝裙，但由於她的叛逆名聲，這些比較輕鬆寫意的設計也都被當成是性、搖滾或不同政見的宣洩了。

凱瑟琳‧哈姆涅特和她的模特兒在巴黎的1998年時裝表演會上

9‧拉法特‧奧茲別克

拉法特‧奧茲別克1954年出生於伊斯坦布爾，後畢業於倫敦的聖馬丁藝術和設計學院。1984年，這位自稱人類學者的時裝設計師就將東方和西方的設計動機和元素揉合在他的時裝中了，這比後來的民俗風流行早了很多。1991年，奧茲別克將他的新服裝生產工廠設在米蘭，從此，他就在每年的米蘭時裝展上推出他的

不同的面料在拉法特·奧茲別克設計的這套未來派時裝上表現得相當協調

雖然大量採用了蕾絲花邊和通花面料，但拉法特·奧茲別克的設計還是很有現代感

新系列。奧茲別克將濃烈的色彩、鮮明的圖案，以及從芭蕾舞裙、俄國軍裝、吉普賽衣裙、美國土著服裝中獲得的靈感有機地結合在一起。他說：「我想給這些民俗的動機添上都市的色彩，我的服裝要讓穿著者打開新眼界，體驗新感受，踏上新旅程。同時，還要顯得非常性感。」

奧茲別克最引起轟動的設計，是他1990年春夏的純白系列。這套系列和他過往的風格並不太相同，其中宣示的純靈性的極簡主義，直到最近才被充分接受，他的許多設計也已被廣泛模仿。

（左上圖）約翰‧加理亞諾1999年為迪奧公司所作的設計

（右上圖）1998年凱特‧莫斯表演約翰‧加理亞諾的折中風格設計

（左圖）這是約翰‧加理亞諾為迪奧公司設計的第一套成衣化時裝

10・約翰・加理亞諾

整個八〇年代中，時裝設計師們，諸如保羅・史密斯（Paul Smith）、貝拉・佛盧依德（Bella Freud）、約瑟夫・依特吉（Joseph Ettedgui）、約翰・理奇蒙德（John Richmond）、海倫・斯托萊（Helen Storey），以及「紅或死」（Red or Dead）集團等都在忙著與傳統高尚品味的壟斷地位苦戰，以期捍衛英國設計的原創性。不過，仍有越來越多的設計師們蜂擁去米蘭或巴黎展出他們的新設計，使得倫敦的時裝展在九〇年代的初期一度陷入低潮。

然而，這個英國時尚的大都會終於從迷惘中醒來：帽子設計師菲利普・特雷西（Philip Treacy）向全世界展出了他的頭上雕塑；手袋設計師盧魯・吉尼斯（Lulu Guinness）設計獨特的手工裝飾手袋一直供不應求；帕特理克・科克斯（Patrick Cox）的平底鞋與著名的古馳名牌平分秋色。就連拘謹的小方格圖案大衣也突然顯示出個性，而在1999年春夏時裝展上受到狂熱的歡迎。

倫敦將這一復興歸功於一批新進的設計師，他們全都畢業於聖馬丁藝術和設計學院，在巴黎最出名的三間時裝公司和紐約一間最著名的針織羊毛服裝店做得非常成功。約翰・加理亞諾毫無疑問是這批人中最受注目的一位。

1961年，約翰・加理亞諾出生於基伯拉爾塔，父親是一位水管工，母親是安達魯西亞人。1984年，約翰發表了他的處女作，當即獲得極大成功，著名的布朗斯時裝商店（Browns）收購了他的每一件設計。從那一天起，約翰就成了時裝界和媒體的寵兒。1990年，這隻「時裝界的天堂鳥」又在巴黎展出了他的「新魅力」系列。

1991年，由於瀕臨財務上的崩潰，加理亞諾只好停止了他的創作，這種窘況他已經遇到不只一次了。然而

約翰・加理亞諾很喜歡強烈的舞台效果，連他自己的這身打扮也很戲劇化

約翰・加理亞諾這款1999年秋冬晚裝，展示了迷人的女性魅力

亞歷山大‧麥昆設計的女帽　　　　　　　　　亞歷山大‧麥昆設計的羚羊角型頭飾

這一次也和以前一樣，救星再次降臨：先是他
的一位忠實的時裝界朋友凱特‧莫斯（Kate Moss）答應無償地爲他的服裝做模特兒，巴黎時
裝設計師費克爾‧阿莫（Faycal Amor）幫他製作1992至1995年間的所有時裝系列。1995年，加
理亞諾被紀梵希聘請爲創作主任，1996年又在迪奧公司任創作主任，從此，這位才華橫溢的
設計師就可以盡情地設計那些豪華絢麗、價格不菲的女性服裝了。

　　加理亞諾最出名的設計是一件創意十足的晚禮服，使穿上它的女士就像童話中的公主一
樣。瀑布型的頸線、大量的縐褶、波浪型的花邊裙裾，非常誇張，曾被聖‧羅蘭批評爲「太
像馬戲團了」，然而其剪裁卻是出人意料地高雅、優美，而且非常合身。

　　加理亞諾爲迪奧公司設計的時裝曾被安排到一幢城堡、一列火車、一個花園裡去發表。
他的服裝發表會永遠比任何其他發表會都更前衛。加理亞諾的設計很自然地受到演藝界明星
們的青睞，不論是奧斯卡的紅地毯、坎城影展的頒獎台上，或是威尼斯雙年展上，都可以看
到他設計的服裝。他的香水和飾物配件銷售量也相當可觀。

11・亞歷山大・麥昆

亞歷山大・麥昆1969年出生在倫敦的東城。廿二歲畢業於聖馬丁藝術和設計學院，他的畢業創作被認為是該校有史以來最具創新精神、最富原創性的作品。因為這一作品的成功，亞歷山大・麥昆被位於薩威爾路上的安德森－席帕德公司吸收為學徒，後來更被專做戲劇服裝的本蔓－納森公司正式聘用，從而開始了他的設計生涯。他還先後在東京的Koji Tatsuno公司和米蘭的羅密歐・吉格理公司工作過。

1996年，麥昆推出了他的第一個設計系列，包括胯部開得很低的被稱為「巴姆斯特」的褲裝，麥昆透過這一設計宣稱臀部是一個新的裸露點。麥昆討厭人家說他是「征服了薩威爾路的東城小子」，但他的確非常喜歡場面富麗的時裝表演。1997年9月，他推出了一場時裝史上技術性最為複雜的伸展台表演。

同年十月，麥昆被提名為當年的年度設計師，幾天之後，他又被紀梵希任命為約翰・加理亞諾的接班人。時裝專欄評論員蘇茲・曼克斯（Suzy Menkes）評價麥昆為紀梵希公司設計的第一套系列時說：「這套設計表現出創意，以及大師級的技術——從整體的剪裁到細微的裝飾。」

亞歷山大・麥昆為紀梵希公司設計的連衣裙

亞歷山大・麥昆為紀梵希公司設計的頭幾套系列之一，他的設計都很富女性風韻，而且剪裁精良，易於穿著，寶塔型的頭飾相當搶眼

亞歷山大・麥昆有用之不竭的新主意，他將這些蝴蝶頭飾巧用到服裝裝飾上

麥昆的最大特點是非常認真、零瑕疵的服裝剪裁，他常常加上一點挑逗甚或是色情的小細節來沖淡其嚴肅性。紐約大都會美術館服裝館館長理查德·馬丁說過：所有現代設計家之中，亞歷山大·麥昆對視覺效果和情緒控制拿捏得最精到。

12·斯提拉·麥卡特尼

出生於1971年的斯提拉·麥卡特尼雖然可以沾名人父母的光，但將她引向成功的卻是她本人出眾的才華。還在大學的時候，她的畢業設計就已成了報紙上的頭條新聞。原披頭四成員保羅和他的妻子琳達·麥卡特尼前排就坐，觀看他們寶貝女兒的好朋友奈奧咪·坎普貝爾（Naomi Campbell）和凱特·莫斯在伸展台上表演著斯提拉設計的服裝。

年僅廿三歲的斯提拉·麥卡特尼卻已經有八年的時裝界工作經驗。她才十五歲時，便參與了克理斯提安·拉克羅克斯（Christian Lacroix）第一個時裝系列的工作。隨後，她又曾為貝蒂·傑克遜（Betty Jackson）和《時尚》雜誌工作過。大學畢業後，斯提拉·麥卡特尼先在薩威爾路上的愛德華·薩克斯頓（Edward Sexton）裁縫店裡接受訓練，然後在1995年開設了自己的服裝店。

1996年秋天，年輕的斯提拉已經成功地推出了兩個時裝系列，她的才華引起遠在巴黎的克洛伊（Chloé）時裝公司的重視，該公司邀請斯提拉去接替卡爾·拉格菲爾德，擔任設計主任。雖然有謠言說這次任命只是衝著斯提拉的姓氏而來，但該公司卻的的確確得到了他們盼望的人才：年輕、有新鮮想法、沒有舊框框、對傳統服裝有新的見地。

誠然，斯提拉喜歡重新詮釋過去，但她並不是簡單地重現過去。一個很好的例子是1997年3月，她為克洛伊公司推出的第一個時裝展。這個名為「belle époque」的緊身胸衣系列，不但將瑪麗·匡特著名的褲裝表現得更加浪漫、感性，而且更平添了一抹現代氣息。

斯提拉·麥卡特尼將巴黎柔和的女性風韻和自己的創造天分融合得恰到好處，並在商業上也大有斬獲。克洛伊公司扭虧為盈，聲譽大為提昇，達到1996年斯提拉加盟以前連想都沒有想過的高度。

（上圖）斯提拉·麥卡特尼設計：青春、現代、洋溢著浪漫氣息
（下圖）斯提拉·麥卡特尼設計：內衣外穿女套裝

13·胡森·查拉揚

德國的時裝雜誌《焦點》（Focus）在介紹1997年11月的巴黎時裝展時，直截了當地寫道：「雖然法國的媒體嘲笑麥卡特尼的設計是會走路的桌布，加理亞諾的設計是另類服裝，麥昆找了一班南部福克郡的色情小酒店裡的風塵女子來充當模特兒，然而，所有其他時裝界的『受害人』都在為這支英國的三重唱拍手叫好。」此後不久，查拉揚被TSE羊毛針織品公司請到紐約，受到非常隆重的歡迎。

1970年出生於塞普勒斯的查拉揚並不太喜歡到處充斥著歷史古蹟的巴黎，他對過去的東西不太感興趣，崇敬歷史遺蹟或名人前輩也不是他的作風。「我並不在意我本人和時裝的發展歷史有什麼瓜葛，對那些令人眩目的時裝雜誌也不著迷。我只是想將身體的功能折射到建築、科學、自然等文化層面上去，再試試能不能將我的所有表現到服裝上來。」查拉揚在談到自己的設計時如是說。

查拉揚對設計事業非常專注投入，為他的畢業設計展擔任模特兒的姑娘們甚至事前需要注射破傷風疫苗——因為他曾經將展出的上裝掩埋到土裡，有些部件都生鏽了。即便是現在，他還是會用些微妙的暗示，例如用小玻璃珠的刺繡裝飾代表雨滴，挑起觀眾的潛意識來。

簡單而清晰的形式在查拉揚的1997/1998秋冬服裝展中表現到極致：他的模特兒或是渾身遮得嚴嚴實實的，或者就乾脆全身裸露。

查拉揚的設計很有國際觀念，同時具有十分強烈的視覺震撼力。1999年春季他為TSE公司設計了一款裙長及地的安哥拉山羊毛筒裙，巨大的針織頸領拉直了就變成一副面罩！就像德文的《時尚》雜誌所指出的那樣，只有那些知道這位設計師是用土耳其文數數，用英文思維，同時用這兩種語言做夢的觀眾才能明白這暗喻著伊斯蘭婦女的面紗。即使是在非常現代的外觀之下，這種意識上的反差依然明白無誤地流露出來。這位土耳其裔的英國設計師一直堅持的觀念是：他是為意念而不是為時尚而設計的。

英國時裝設計是當代時裝設計中非常重要的一個部分，英國設計家一方面不遵循法國或者義大利設計的方向，獨闢自蹊，樹立了很獨特的英國風格。他們能高能低，無論是皇親國戚的服裝、權貴的禮服，還是充滿了反潮流的新潮服裝都設計得有聲有色，充分顯示了設計師的才能和眼光。英國人是把握高尚品味最典型的國民，他們把歐洲的高級時尚維繫下來，使世人有一個度量品味的標準，英國的設計在這方面是功不可沒的。

胡森·查拉揚1997/1998年的秋冬時裝設計，靈感來自伊斯蘭教婦女的面紗

第十章

為成功而穿：1980-1989

1・前言

八〇年代是一個回歸的年代，一個從動蕩、反叛、挑戰回歸到平穩、保守和安於現狀的時期。六〇年代被叫做「搖晃的六〇年代」，七〇年代則是「狂野的七〇年代」，八〇年代卻回到正規，這個時候的人們反對嬉皮和他們的生活方式，可以說，八〇年代和六〇、七〇年代是兩個形成鮮明對比的時期。後者從極端的探索改變爲實際，人們重新講究享受，講究個人事業成功，講究物質主義，對比前廿年的精神至上、意識形態爲主導的文化，八〇年代的確是一個巨大的轉折。

八〇年代是享受的年代，是豐裕的年代，物質主義成爲生活的中心，無論從全世界角度來看，還是西方國家的角度來看，貧富之間的絕對懸殊越來越大，美國作家湯姆・沃爾夫說這個年代應該被稱爲「給我的年代」（gimme decade，是兩個英語單詞give和me合成的新詞）。1979年美國新總統羅納德・雷根上任，1980年英國新首相柴契爾夫人從工黨手中奪回英國的領導權，標誌著這個新時期的開始，而從這兩個領導人的政治地位來看，可以明確地看出：西方國家重新回到了保守主義。

在時裝方面，穿著講究無害，講究不挑戰，六〇年代和七〇年代的那些具有挑釁性的東西，好像龐克雞冠式的莫希幹人髮型，現在都被主流時裝設

1980年代的成功女士不再借重墊高、硬朗的肩膀來展示自己的實力，她們用華麗的裝飾來傳達信息，即使是在白天，也會穿著聖・羅蘭的名牌套裝，佩帶華貴的首飾

（左圖）1980年代裡，當女性從男士服裝轉移了越來越多陽剛特性時，男士們卻發現了他們原也可以有嫵媚的一面。喬治男孩展示出濃重化妝、燦爛首飾，以及擺出的戲劇化姿態也算是登峰造極了

1980年代流行的電視影集諸如〈達拉斯〉、〈朱門恩怨〉等，突出的主題都是金錢、權力和性。其中竭盡奢華之能事的佈景和服裝在觀眾中造成極大影響，這是劇中的女演員們

聖・羅蘭在1980年代以梵谷的名作〈向日葵〉為主題設計的女服

計吸收，歸順了，因此也就不再具有反叛的力量了，在高級時裝的舞台上，龐克裝的式樣居然成為時髦的方式之一。在主流社會中，女性開始期望新的保守風格，比如在英國，女性們重新追求服裝中的浪漫主義氣氛，薇薇安・魏斯伍德設計浪漫的「海盜」系列取得巨大的成功，主要就是因為有這樣的社會需求基礎。流行歌手喬治男孩（Boy George）和王子（Prince）穿著歡娛的天鵝絨外衣，襯衣寬鬆，套裝設計充滿了幻想感，1981年戴安娜嫁給英國王子查爾斯，她穿的那套神話中公主穿的婚紗透過電視迷倒了千百萬觀眾，女性們無論老少都希望自己能夠有實現這樣的美夢的一天，七〇年代，美滿婚姻被視為小資產階級的夢想，到八〇年代卻成為事實，可以想像人們是如何地高興和歡欣。

但是，隨著八〇年代的發展，這種浪漫的、玫瑰色的表相就開始褪色了。六〇年代嬰兒潮代的青年到現在希望掙錢，希望富有，個人主義發展，自私自利價值觀發展，工會開始消退，人人考慮自己，而不再考慮社會的價值和利益了。

多掙錢，猛花錢，英語叫「work hard and play hard」是這個時候許多年輕人的座右銘。賺了就花，花的比賺的還快，消費主義是社會精神的中心。工作十二個小時，玩它一個通宵，是好多人的生活方式，而要實現賺多錢，當然要找好工作，為了找好工作，穿衣服是很關鍵的，因此，八〇年代的人實在很講究穿，他們的穿著主要是為了自己的工作前途。美國第一夫人南西・雷根和英國首相柴契爾夫人給女性樹立了榜樣。

八〇年代時髦形式是「雅痞」（the yuppie是由英語的「年輕的、住在城市中的職業人士」〔young urban professional〕幾個單詞的縮寫拼湊成新稱謂），雅痞們穿西裝打領帶，根本不怕人家說他們穿得像父親一代，對一些喜歡品味的人來說，這個變化自然是從七〇年代隨便穿，或者稱為「恐怖的隨意」中解放出來的好現象。雅痞喜歡單身，即便同居，也不要小孩，喜歡在證券交易所、律師事務所、傳媒中工作，男性的雅痞穿得象徵權力：雙排釦的老式西裝，主要牌子是亞曼尼（Giorgio Armani）、雨果・波斯或者拉爾夫・勞倫，肩膀部位有很厚的

1979/1980冬季時裝裡突出表現了成功女性的自信。左邊這套聖・羅蘭設計的不對稱窄裙套裝和右邊這套由桑尼亞設計的外套和套頭連身裙組合都顯得成熟和優雅

墊肩，好像電視劇〈邁阿密風雲〉（Miami Vice）中那些男主角穿的一樣。穿的人希望人家覺得他表裡如一，顯示個人品質保守、講究和有高品味。

　　亞曼尼這些設計師透過使用墊肩這類方法，使男性看來更加有稜有角，更加男性化，但是，他們也同時透過設計使男裝具有一定的女性化特點。比如他們使用柔軟而飄逸的面料、狹小的皮質領帶、色彩鮮豔的鞋子來設計男裝，當然就賦予一種女性的味道。電視劇〈邁阿密風雲〉其實給予的是這個時代所期望的一切：陽光、海灘、棕櫚樹、流行音樂、雞尾酒會、嗎啡、名家設計的服裝、Ray-Bans、睪丸激素（testosterone）……，應有盡有。

　　八〇年代的女性雅痞與男性雅痞一樣多，她們的服裝也是正式的，剪裁精緻，寬墊肩，短而緊身的裙子，講究的襯衣。她們的墊肩是從男裝中借來的，同樣顯示權威、力量和嚴肅。除了這些之外，手提袋是顯示自己身分的重要工具，特別對那些管理階層的女性來說如此。不少雅痞女性在證券交易所中工作，在其他一些高工資的、原來僅僅是男性的部門中，雅痞女性也越來越多了。流行音樂歌星格雷斯・瓊斯（Grace Jones）、安妮・林諾克斯（Annie Lennox）的髮型、冷漠的眼神、服裝襯托出有稜有角的體態，都是穿著的樣板。不少女性利用昂貴的內衣來襯托出比較有稜角的外型來。

蝴蝶結領帶和高跟鞋給皮爾·卡登這套帥氣十足的褲裝添上一些女性的嫵媚

這套1988/1989年展出的高級時裝,是皮爾·卡登從芭蕾舞裙獲得靈感的作品

　　即便是晚裝也比較具有挑戰性。雖然色彩上受到日裝簡單色調的影響,但是肩部被重新突出強調了,服裝設計簡直有點歇斯底里,很神經質,氣球裙、泡泡袖、俗豔色彩而閃閃發亮的面料,克理斯提安·拉克羅克斯是這個十年中最受歡迎的晚裝設計師,也被認為是「高級時裝」的拯救者,他沉溺在霓虹巴洛克風格中,充滿了想像和創意,給那些願意在晚會上冒風險的女性提供她們狂喜的晚裝。

　　電視影集的確是這個時候影響時裝的主要影響之一,媒體的影響力如此之大,是以往從來沒有過的。電視劇〈達拉斯〉(Dallas)和〈朝代〉(Dynasty)是八〇年代時裝和時尚的集中代表,現在要想了解當時的時尚,僅僅把這兩套電視影集拿來看看就可以了。〈達拉斯〉中的角色,比如爾溫(J.R.Ewing)、波比(Bobby)、帕米拉(Pamela)、蘇·愛倫(Sue Ellen)衣服光鮮時髦,電視影集背景的那個叫「南佛克」(Southfork)的大牧場也是詩情畫意,體現的主題是「有錢多麼好」,但是這個電視影集中大家族的變遷興衰卻也同時傳遞了另外一個資訊:金錢不能買到幸福。德國流行搖滾樂家理奧·萊瑟(Rio Reiser)說:金錢只能夠舒緩神經而已。

　　但是,這種說法並不是八〇年代那些雅痞想聽的,對他們來說,什麼道德的、意識形態的、政治的問題並不存在,冷戰正在結束,戈巴契夫的改革、波蘭的團結工會、中國的改革開放政策都展示了一個寬鬆的時代,整個世界的中心是經濟增長和經濟擴張,這一代年輕人既沒有經歷過戰爭,也沒有經歷過苦難,連經濟衰退對他們來說也僅僅是教科書中的東西,他們沒有反對的對象,也沒有意識形態的信仰,赤裸裸的實用主義是他們的信條,經濟的成功、事業的成功、豐裕的物質生活,是他們追求的目的。

　　雅痞們沒有責任感,他們僅僅注重自己的收入和時尚,去三星級的飯店吃飯、住在五星級的旅館、坐飛機來來去去,是他們的生活方式,休閒生活的中心是購物,臨時的性關係、萍水相逢的邂逅是兩性關係的最普通方式,八〇年代的精神集中反映在歌星瑪丹娜(Madonna)的歌曲「我是一個物質姑娘,

我生活在物質世界中」。

縱慾和消費是雅痞的生活內容，打扮自己，保持身體健美，穿著講究自然也就是生活的內容了。健身中心和健身操非常流行，男女都做，都想自己的肌肉發達、身材傲人，女性不希望自己的臀部太大，因此才有卡文‧克萊把男用緊身內褲設計給女性用的情況。

男性和女性的面貌在這個時期有很大的變化，流行歌星麥克‧傑克森（Michael Jackson）、喬治男孩、「王子」都是濃妝打扮，穿性感的服裝、頭髮蓬鬆，完全是女性的打扮，他們的這種穿著和打扮模糊了男女之間的分野，影響了整個八○年代的形式。

男性這時也十分注重自己的打扮和外表，連內褲都成為時裝的內容之一，拳擊內衣褲成為時尚，內衣外穿非常普遍，外穿的內衣色彩豔麗，還印有迪斯尼的卡通形象，這種打扮在這個時期越來越普遍的男同性戀者中最為普遍流行。

由於健身操流行，「萊卡」（Lycra）這種鬆緊的彈性材料成為當時非常流行的服裝面料，它對於時裝設計也帶來很大的影響，這種材料最適合做具有彈性的鬆緊緊身衣褲，萊卡材料緊緊包裹身體，顯示了身體的輪廓和凹凸線條，十分受歡迎。女性上街就穿件緊身裝，身體細節透過緊身衣暴露無遺，蔚然成風。設計師阿澤丁‧阿萊亞（Azzedine Alaïa）被稱為「萊卡」之王，他運用這種面料來設計服裝，體現女性的軀體之美，曲線凹凸分明，有些人說他的服裝設計與麥德林‧維奧涅特的設計相似，不過維奧涅特突現身材的方法是精心的剪裁，而阿萊亞則是採用了緊身而具有彈性的面料而已。

八○年代是時裝設計的好年代，時裝設計充滿了創意，充滿了探索，但是這個時期的時裝設計得到了新的保證，就是時裝業的市場運作機制。在這方面，美國時裝設計師比任何一個國家的設計師更加明確和清晰。他們天生是市場專家，深知市場運作在設計成功上的作用，他們不相信歐洲一些設計師認為「好酒不怕巷子深」的那種自大的立場，反而相信市場能夠把一些比較平庸的設計推向成功。卡文‧克萊、拉爾夫‧勞倫都

巴爾明（Balmain）公司的這套服裝像是醫生的白大掛和太空服裝的結合

在1990年的巡迴演唱會上，瑪丹娜的自我宣示是：永遠要以粗俗邪惡的金髮女郎形象成為公眾的焦點。這件演出服是高提耶特地為這次演出而設計的，開創了內衣外穿的風氣

川久保玲多層
結構的設計和
刻板的西方傳
統服裝形成鮮
明的對比

是市場推廣方面的大師，他們的設計世界流行，他們的銷售利潤也十分驚人。義大利的設計師也是市場方面非常成功的一群，他們使米蘭成為歐洲時裝的中心之一，吸引了世界的注意，大量的社交活動、舞會、晚會、表演都是促進義大利時裝成功的因素。

高提耶和魏斯伍德痛恨雅痞服裝，也痛恨設計雅痞服裝的那些設計師，比如亞曼尼、拉爾夫·勞倫、卡文·克萊、蒙塔拿、多納·卡蘭（Donna Karan）等。這些雅痞設計師追求設計上的典雅、品味、時尚，而他們卻主張設計上變化多端、具豐富性、古怪和奢侈鋪張的效果，色彩豔麗、形式古怪，這些都是高提耶和魏斯伍德的設計風格。因此，在八〇年代，時裝設計上其實存在兩個涇渭分明的陣營，互不相容。魏斯伍德的模特兒穿襯裙上台，而高提耶設計的男模特兒穿裙子，並為瑪丹娜設計了錐形的塑膠胸罩做為演出服裝，這些驚世駭俗的做法自然是雅痞們鄙視的。

瑪丹娜是八〇年代極為令人注目的偶像，她每年的表演總是推出非常令人震驚的服裝，推出新的形象，甚至她的歌迷們也難以跟上她的激進潮流，她的歌曲、表演、舞台效果、難以想像的古怪服裝，總是引起一陣社會的騷動和非議，但是總能夠形成潮流。她可以說是八〇年代大眾文化的締造者，她自己穿著幾個牌子的時裝，因此也推熱了這些品牌，比如多切和加巴納（Dolce & Gabbana）、凡賽斯等。她總是造成狂熱的模仿潮，無論是上層人士還是妓女，人人學習瑪丹娜，跟她穿，跟她唱，跟她打扮，一個女人能夠使社會各個階層的女人都喜歡、都為之狂熱，歷史上還是第一次。

男歌星方面，麥克·傑克森脫穎而出，取代了在音樂上其實比他更有實力的「王子」，成為這個十年的偶像。他的穿著打扮也影響了不少男孩子。科學幻想電影〈星際大戰〉風靡世界，以舞蹈為主題的電影，好像〈閃光舞〉（Flash Dance）、〈髒舞〉（Dirty Dancing）和〈聲名〉（Fame）也都是一時之熱，吸引了千千萬萬觀眾的心。要樂，要享受，要沉溺，退隱主義風行一時，誰還理會什麼政治、意識形態呢？這個十年的情況，事實上是七〇年代十分政治化、泛意識形態化的反動。

八〇年代的時裝設計中一個重大的轉折是開始出現轉移到東亞的現象，日本時裝設計異軍突起，先聲奪人，十分令人矚目。從山本耀司、三宅一生到川久保玲，日本設計從這個時期開始，進入世界時裝設計的主流，由於設計哲學與西方完全不同，因此十分引人注目，廣

受歡迎，日本的時裝設計使西方時裝設計界對過去所有的設計觀念進行了重新的審議，西方時裝設計著重突出人體的輪廓，而日本時裝設計卻是以包裹的方式再造外形，簡直可以說與西方的傳統時裝設計完全走不同的極端。有些時裝雜誌說：如果我們接受日本這種把人體包裹得好像袋子一樣的時裝，那麼還需要去健身嗎？因為在日本時裝的包裹之下，無論身材好壞都無所謂了。

日本設計師川久保玲採用多層的面料設計時裝，她的時裝店叫「好似男孩」（Comme des Garçons），把婦女的身體嚴嚴實實地包裹起來，是日本時裝中很典型的例子。她採用了幾何形狀來設計服裝的輪廓，與傳統的西方時裝形式大相逕庭，既不體現女性軀體的形狀，也沒有裝飾，她的服裝穿著舒適，也毫不奢華，絕無誇張的處理，是一種很低調的、實用的設計。她的設計雖然在剛剛出來的時候遭到時裝設計界的批評，但是卻很快贏得知識分子、藝術家、媒體工作人員的喜愛，一些藝術家 甚至還出來義務為她登台表演時裝，這些藝術家包括羅伯‧羅森伯格（Robert Rauschenberg）、丹尼斯‧霍普（Dennis Hopper）、佛朗西斯科‧克理門蒂（Francesco Clemente）等等。「好似男孩」這個時裝店好像是一個藝術畫廊，藝術家們進進出出，門庭若市，好不熱鬧。一些藝術家，好像辛蒂‧雪曼（Cindy Sherman）甚至在那裡開自己的畫展。其實，在這裡實現了老一代設計師的夢想：時裝設計與藝術的合一。

如果認為八〇年代的時裝潮流僅僅是白種人雅痞創造的，那就大錯特錯了。這個時期黑人也是時尚的重要促成因素之一，六〇年代美國黑人具有強烈的政治訴求，積極參與民權運動，而到八〇年代，黑人的政治化早已淡化，他們的訴求是「黑人是美麗的」，他們新的中心是黑人音樂和黑人時裝，八〇年代是黑人新的音樂形式形成和發展的重要時期，他們的電子音樂和饒舌音樂大行其道，包括節奏強烈的饒舌（hip-hop）

三宅一生的設計，並不靠強調
人體形狀來取勝，而是讓面料
織品的晃動表現出生動的美感

和嘮嘮叨叨的饒舌（rap）。一些黑人樂隊，如「老行家」（Grandmaster）、「閃耀」（Flash）、「DMC滾動」（Run DMC）、「人民公敵」（Public Enemy）也大行其道，非常流行。一種新的舞蹈——「斷裂舞」（break dancing）也出現了，跳這種舞必須穿著舒適的服裝，特別是運動服、健身服，八〇年代拜物主義（fetishism）流行，表演饒舌歌要穿「耐吉」（Nike）和「捷豹」（Reebok），服裝必須是「愛迪達」（Adidas），1985年「DMC滾動」樂隊唱「我的愛迪達和我，無此密切無間，我們是一個低劣的組合，我的愛迪達和我」（My Adidas and me, close as can be, we make a mean team, my Adidas and me.）。這個樂隊在麥迪遜廣場花園表演的時候，大聲問那些狂熱的青年觀眾：有多少人穿愛迪達健身衣，結果有兩萬青年把愛迪達健身衣脫下來舉在手上搖晃。

愛迪達是德國南部的一間運動服裝公司，本來已經快要倒閉了，公司相關單位建議把自己的籃球鞋和健身服進行大規模的市場推廣，特別是到美國市場推廣，結果這股熱潮讓這個公司火爆得不行，盈利驚人，完全改變了企業的前途。

「斷裂舞」征服了世界各地的青年人，貧民區中的年輕人在街頭大跳這種類似健身舞的舞蹈，那些節奏突兀、言辭挑逗、放蕩形骸的饒舌歌曲和舞蹈反映了這些青年的生活方式，是貧苦的黑人青年對社會強烈挑戰的形式，這些黑人青年穿寬大如袋的褲子、健身衣，頭戴籃球帽，戴著沉重的金屬項鍊，飾物總是類似賓士汽車這類的汽車標牌。白人青少年很快就學著黑人的這種穿著，1984年，魏斯伍德採用這些元素設計時裝，使黑人貧民區青少年的打扮正式進入歐洲時裝，她的健身服裝風靡一時，這種風氣，直到九〇年代末還有所流行。

八〇年代的音樂形式還有所謂的「房子音樂」（house music），這種音樂形式其實開始於七〇年代的迪斯可音樂，再追根溯源，應該是來自爵士樂和拉丁美洲音

「對皮裘說不！」正如圖中的辛蒂‧克勞馥一樣，許多著名的模特兒都加入了保護動物權益運動。她們拒絕在伸展台上表演皮裘服裝造成很大的影響

樂。「房子音樂」家喜歡穿電視影集〈邁阿密風雲〉中的服裝，時裝上稱爲「邁阿密風雲」式樣（à la Miami Vice），英國版本的「房子音樂」是「酸屋」（Acid house），這些音樂家有自己的獨特表演服裝，即是把螢光色和非洲印染結合起來的面料，加上用「萊卡」運動裝混合穿。「萊卡」面料是六〇年代流行的面料，這種混合方式產生相當混亂的資訊和形式，正是他們追求的。雖然這樣的服裝形式並非「高級時裝」，但是它們與當時流行的日本時裝一樣，對於整個時裝的流行款式產生了相當長久的影響，也改變了人們對於穿著的習慣和品味。八〇年代對於音樂和舞蹈的喜愛，結果是在時裝和音樂、舞蹈之間建立了一種前所未有的關聯。

DMC合唱團爲愛迪達運動服裝做的廣告，成功地將年輕一代的消費者吸引回來了

性解放到八〇年代已經達到一個相當放縱的地步，並且透過各種形式，比如時裝、「饒舌音樂」、「斷裂舞」和其他形式反映出來，同性戀運動達到空前的高潮，這個時候突然殺出陰沉的噩耗，給那些長時期以來享受性愛自由、放縱肉慾的人帶來了嚴重的、陰沉的警告。1985年，世界衛生組織宣佈愛滋病是一種嚴重的流行疾病，這個資訊無啻是青天霹靂，使那些正在享受無憂無慮性放縱的人當頭一擊，愛滋病的出現永遠改變了以往的享樂主義。對一些人來說，愛滋病是那些放縱的人的惡報，電影〈致命的吸引力〉（Fatal Attraction）是宣佈這個轉折的宣言，它對千千萬萬人宣佈：不要亂交，單一配偶是保險的唯一方式！從這個時候開始，人們開始有了世界末日的危機意識。而1986年烏克蘭的車諾比核電廠事故更加促進了這種危機意識，西方各國開始仔細審查自己的核子設施和事故處理措施和政策。臭氧層的破裂，大氣的污染日益嚴重，也是人們越來越關切的主題。那些敏感的人逐步形成了環境保護意識，雖然這與八〇年代逐漸形成的對自己身體健康狀況接近自戀狂的現象並無直接關係。

這種對於環境的意識，對於危機覺悟，對時裝設計的確帶來了一定的影響。在八〇年代末期，一些超級名模上台反對皮草服裝，提倡保護動物，這些名模包括奈奧咪・坎普貝爾、克勞蒂亞・西佛（Claudia Schiffer）、克莉絲蒂・圖林頓（Christy Turlington）等等，她們宣稱拒絕爲皮草做模特兒。

人們的世界意識、危機意識逐步加強，1985年7月7日，流行歌星波普・哥多夫（Bob Geldorf）組織了一場大規模的搖滾樂表演，叫「支援生命」（Live Aid），透過電視轉播到世界各地，這個表演的目的是爲了喚醒大家對衣索比亞和其他非洲國家饑荒的重視。

1987年股票市場崩盤，宣佈雅痞文化和雅痞經濟的結束，美國作家布萊特・伊斯頓（Brett

拉克羅克斯和
他最喜歡的模
特兒瑪利亞一
起看雜誌。該
雜誌在第一版
上登了瑪利亞
穿著拉克羅克
斯設計的服裝
的照片

Easton）的著作《美國心理》（American
Psycho）從文化角度分析和解釋了這個時
代的終結，他認爲這個時代是放縱自我、
醉生夢死、物質迷戀、品牌崇拜、身體自
戀的時代，而它的基礎卻是其他地區的饑
荒、災難，他對八〇年代物質主義是持嚴
峻的批判立場。

八〇年代還伴隨著政治的大動盪和大
改組，柏林圍牆在1989年倒坍，蘇聯和整
個東歐集團瓦解，世界處於一個前所未有
的重建和分裂中。在這個大背景之下的時
裝設計，自然不可避免地反映了變遷和動
盪。

2・克理斯提安・拉克羅克斯

如果說有一個時裝設計師抓住了八〇年代的時代精神的話，那就是克理斯提安・拉克羅
克斯了。他把繁瑣的巴洛克風格中的種種因素集中起來，創造了極爲燦爛和華麗的新
時裝系列，沒有人在時裝設計史上好像他這樣思緒如潮、廣納借鑑。他的服裝圖案複雜而華
貴，色彩絢麗而古典，他把傳統法國時裝的種種因素，好像抽紗、刺繡、補繡、花邊、飾
件、首飾等等全部融於一體，創造出複雜而華貴的新古典主義作品來，評論家朱利・包姆戈
德說：打從法國大革命以來，自從那些法國貴族從宮殿中被推上斷頭台以後，從來沒有人能
夠創造出這樣華貴和絢麗的服裝來。從某種意義上來說，拉克羅克斯是恢復古典的、貴族式
的法國服裝氣派的設計師。但是，如果僅僅這樣看他，還是無法說明他的真實特點，他不但
能夠恢復貴族氣派，同時也是一個具有非常獨創精神和想像力的設計師。他把古典風格和龐
克風格結合起來，把搖滾樂的氣質結合起來，他好像街頭藝術家一樣，把眼睛所看到的一切
都利用，做爲創作的源泉，從而創作出他人難以想像的服裝來。因此，從文化意義上來講，
他的作品並不是古典復古主義的，而是後現代主義的。他比龐克還龐克，因此能夠創作出極
爲縱慾、色彩極爲燦爛的作品來。八〇年代初期，法國的「高級時裝」可以說已經奄奄一息
了，是拉克羅克斯給「高級時裝」注入生氣，使它獲得新的生命力。

拉克羅克斯1951年生於法國的南部，他原來是學習美術的，希望能夠當一個美術館、博
物館的解說員，當他遇到自己日後的妻子佛朗絲瓦的時候，她的熱情和橫溢的天分感染了他

，佛朗絲瓦是一個很有天分的服裝設計師，他從她身上認識到自己的未來應該是服裝設計，他先到愛馬仕公司受時裝設計的訓練，之後又曾到東京的日本皇宮從事過服裝設計，這些訓練對於他來說都是非常重要的。

1981年，他為相當傳統的老字號時裝公司巴鐸設計服裝，他以絢麗的色彩、燦爛的飾件，和短短的、墊圈式的、氣球一樣的裙子（pouf, the puffed-up short balloon skirt）設計震驚時裝界。1987年，他得到專門生產豪華用品的LVMH公司的支援，開設了自己的時裝店，這是自從聖·羅蘭在1962年開始公司以來的第一家新時裝公司，他的第一場時裝發表會引起了當年迪奧、聖·羅蘭那樣的轟動效應，他的設計成為法國最受歡迎的設計之一，曾經兩次獲得法國時裝設計最高獎——金胸針獎（the Golden Thimble），其中一個是為巴鐸公司設計的系列而獲得的，另外一個是自己推出的系列。他應邀到紐約訪問，得到凱旋式的歡迎，被視為時裝設計的王子一般。但是，他去紐約推出自己極為奢華的時裝系列的時候，正值紐約股市崩潰之時，人們正想擺脫奢華的服飾和生活，因此可以說他去的不是時候。

1988年，拉克羅克斯推出自己的第一套便裝系列，在這個基礎上，他又加上了運動服裝，稱為「巴黎」系列，在1994年推出。但是，他的整個設計的核心依然是「高級時裝」，時裝界實在不希望看到他跑去設計便裝、休閒裝，在時裝設計史上，他是屬於「高級時裝」的。

3．阿澤丁·阿萊亞

八〇年代有兩個穿衣服的口號，一個叫「為成功而穿」（dress for success），最具體的代表是拉克羅克斯的設計，而另外一個口號是「穿了去殺人」（dress to kill），「殺人」自然是言過其實，其實是誇張地描述服裝要「酷」，這類型服裝最具有代表性的設計師就是阿萊亞。

阿萊亞生於1940年，是個突尼西亞人，其貌不揚，但是卻具有服裝設計的天分。他在十七歲來到巴黎，在時裝名牌店

1987年瑪利亞在表演拉克羅克斯設計的氣球裙，在國際舞台上引起一陣狂熱

緊身胸衣設計
之一

「姬龍雪」當學徒，學習到了服裝剪裁和設計的基本技法。其實，講到服裝設計和剪裁，他主要還是透過自學掌握的。阿萊亞雖然很早就開始自己設計時裝的生涯，但是他的貢獻是到很晚才得到承認的。雖然他使用的面料、剪裁的方式使不少女性感到興趣，但是從設計來講，總是過於性感，使不少人卻步。穿了他設計的服裝，會使人們注目，有些過於招搖過市之嫌，所以長期以來缺乏顧客支援。

阿萊亞的主要設計方向是緊身、突出女性身體的所有輪廓部分，當時主要是由於健身操流行，健身服成為時尚，而健身服或者體操服採用一種叫「萊卡」的鬆緊彈性面料。阿萊亞被稱為「萊卡」之王，他運用這種面料來設計服裝，體現女性的軀體之美，使女性身體的曲線凹凸分明。

其實，說他完全依賴「萊卡」面料來突出女性軀體的美妙是不完全正確的，他在剪裁上非常講究，能夠透過剪裁來突出身體的線條，他從以往一些長於剪裁的服裝設計大師那裡學習，比如維奧涅特、巴蘭齊亞加等，並且加以融合，達到爐火純青的境界。他的「螺旋裁」是根據身材而設計的旋轉型剪裁方法，這個剪裁能夠使腿部顯得更加修長，腰部緊紮、臀部緊湊而不鬆垮，突出了女性的身體美，他的剪裁高超技藝得到不少世界知名設計師的欣賞和稱頌。

阿萊亞有自己忠實的顧客，比如克拉拉・嘉寶、阿列提、詩人路易斯・德・維莫林等等。他在時裝設計上不遵守每六個月要推出一個系列的常規，這個規矩開始於迪奧，他卻一向我行我素，只要服裝設計好了，不論什麼時候都可以推出。他的服裝能夠把女性打扮成為

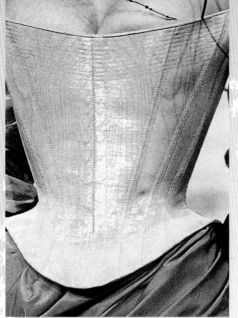

（上圖）在20世紀初期，「取消緊身胸衣」曾掀起時裝界的革命。然而到世紀末，緊身胸衣又堂而皇之地出現在高級時裝表演的伸展台上。不但有多姿多彩的色澤、花樣翻新的形狀，而且有些根本就成了外衣，與各種各樣的裙子搭配，法國的時裝設計師們更是公認的個中高手，圖為緊身胸衣式的晚裝

（左三圖）緊身胸衣式的時裝設計

羅密歐‧基格利是一位不喜張揚的設計師，他的設計不是要營造一個女強人，而是要找回一份久違了的浪漫。這是他在1980年代的一款設計

羅密歐‧基格利的設計，這條裙子是用面料圍繞包裹兩次而成，像一個蛹殼，將身體掩藏起來

羅密歐‧基格利的設計，刺繡的頸帶成了引人注目的焦點

一個女皇，因此無論他什麼時候推出系列，忠實於他的顧客總是願意等待。

4‧羅密歐‧基格利

義大利設計師羅密歐‧基格利（Romeo Gigli）生於1949年，是一個很有天分的設計師，有人把他稱為「設計詩人」，說明他的想像力豐富和創作的詩意感濃厚。其他的人在這個時代追求設計上的「性感」、「成功感」的時候，他卻探索時裝設計達到浪漫感，與眾不同的設計追求正是他成功的原因。

他設計的服裝具有強烈的表現色彩，在裝飾、圖案、面料的華貴感、色彩的濃郁方面都達到極致的地步，褲子可以窄到好像鉛筆一樣細，上衣使用金線面料，而衣領就好像個杯子一樣高聳，模特兒的容貌在這樣誇張的打扮之下，看來都好像瑪丹娜一樣。他設計的服裝中最漂亮和奢華的莫過於外套了，外套像斗篷一樣寬大，用具有很誘惑色彩的天鵝絨做成，看來好像古代神話中的寶石箱子一樣，其實，他的創作靈感的確來自於神話，所有的服裝都有神話色彩，複雜、深邃、神祕、誘惑集中於一體，他經常去中國、埃及、印度、南美旅遊，

川久保玲的「駝背裝」，新的背包設計從側面看去有十分相似的輪廓

當這位偏好冷暗色調的設計師終於在她1989年推出的服裝中加上鮮豔的色彩時，在時裝圈子裡可是著實引起不小的轟動

川久保玲的信條是：只有那些從未被人見過的東西才值得拿出來展覽。這大概可用來解釋這位日本女設計師在1997年展出她的「駝背裝」的原因

從那些地方的民間設計中吸取營養，找尋靈感，他喜歡古典繪畫的色彩，在面料上經常反映出古典繪畫的那種氣氛來。他的作品有時候會使人聯想起佛圖尼的設計來。

5・川久保玲

八〇年代是一個豐裕的年代，穿著為了事業、為了自己的成功，已經成為時代的風氣，因此服裝式樣講究典雅而正式，講究職業的品味，是這個時期的主流。義大利、法國的服裝都朝這個方向發展，而在整個八〇年代中，最令人注目的現象就是日本時裝正式進入主流，在這個十年中，湧現了許多傑出的日本設計師，他們的設計不但在日本取得成功，並且也進入國際時裝的主流，為世人所公認。

在這個時期湧現的成功日本設計師中，日本女設計師川久保玲是很具有特點的一個。川久保玲生於1942年，她在巴黎設立了自己的時裝公司，叫「好似男孩」，在1981年推出第一個時裝系列展示，那些穿著她設計的時裝，在Ｔ台上走過的模特兒震驚了巴黎時裝界，評論家有些說：她的展示看來好像是原子彈爆炸之後的送殯行列，陰沉而壓抑。西方婦女感到很

山本耀司的設計有時很有雕塑感，有時則非常飄逸，像會飛起來一樣，這完全要取決於面料。圖中這款設計因為面料很硬朗，所以形式上也就有稜有角

難瞭解她的時裝設計，她的設計既不追求性感表現，甚至也不對稱，服裝鬆垮，袍子稜角分明，色彩陰暗，她說：穿她設計的服裝無需留長頭髮，或者必須有大臀部來顯出自己的女性味道。

川久保玲在東京接受教育，她受日本傳統的美學影響很深，日本美學提倡非完整的美、非完善的美、非對稱的美，並且認為這種美是生活中的真諦。她在設計中努力體現這種哲學，她把女用的套頭裝設計得襤褸不堪，體現了非完美的美學原則，這件作品現在是倫敦一家博物館的收藏品。把機械美學和日本的傳統美學結合起來，是她一直以來的探索方向。

她的設計得到八〇年代中不少知識分子和演藝界人士的喜歡，評論界則分歧很大。最有代表性的評論是時裝評論家蘇茲·門克斯（Suzy Menkes）在1983年對川久保玲的「好似男孩」時裝的評價，她說：「我的頭腦是向著日本設計師的服裝，但是我的身體還是在巴黎時裝上。」理解和習慣還是一對矛盾。

川久保玲喜歡在身體某些不可能的部位加墊，改變身體形狀，比如背部、鎖骨部位等等，她的服裝穿起來因此顯得很怪誕，駝背雞胸是經常的情況，穿起來好像《巴黎聖母院》中的鐘樓怪人一樣，當然，那些墊是可以取出的，但是經過加墊後改變的人體形狀，的確使不少人對人體形狀的表現潛力有了新的構想。

6・山本耀司

做為川久保玲的同胞，山本耀司則走了一條不同的設計道路。他的設計具有強烈的個人風格，又同時保持了日本傳統服裝的色彩和某些美學

山本耀司的設計可不是要為軀體製造第二層皮膚，而是要為身體的動作提供更多的空間，所以他在裁剪中常常「不按紋理」

特徵，是八○年代相當具有衝擊力的時裝設計師之一。

山本耀司生於1943年，他在1981年初露頭角，在巴黎展出了自己的設計系列。他的設計非常獨特，穿著他的服裝的女模特兒使人感覺迷茫，不知道到底是日本形式還是歐洲形式，是亞洲風格還是巴黎風格，這種模糊不清的感覺卻正是他在文化上的獨特地方，從他展出自己作品以來，許多人對他的設計一直是感到迷惑，感到模糊和不清晰，直到五年之後，西方的時裝評論界才明白這個日本設計師已經引發了時裝設計上一次靜悄悄的革命，他給身體的暴露方式提供了不同的可能性。1986年開始，以往對他的一片謾罵和攻擊轉變爲頌揚和稱讚。而山本耀司自己的設計也有了一些新的調整，比如面料和設計的形式趨於柔和，腰部比較明顯地處理得纖細，偶爾也採用比較明快的色彩。他開始在東西方同時站穩基礎，逐步成爲國際公認的設計大師，並且還獲得許多設計大獎。

1989年，溫‧文德斯（Wim Wenders）拍攝了一部記錄他的設計的電影，叫〈城市和服裝筆記本〉（Notebook on Cities and Clothes），文德斯做爲主持人，在電影中只穿山本耀司設計的服裝，從此以後也只穿他設計的服裝。另外一個設計師卡爾‧拉格菲爾德、法國建築家讓‧諾維（Jean Nouvel）也是只穿山本耀司的服裝。

山本耀司的服裝基本採用黑色，日本時裝是在八○年代打入西方主流的，當時是色彩絢麗的時期，八○年代的色彩繽紛、選擇多樣，當時日本的黑色卻成爲一種很主要的取向，成爲流行，並且在繽紛期過了之後，黑色依然存在，並且成爲時裝設計中一個很基本的門類。山本耀司本人也成爲偶像，成爲時尚的製造者，他設計的服裝現在比較沒有那麼沉悶，比較歡愉一些，他的時裝發表會也很具有詩意的戲劇化效果，他的個人特徵也逐漸不再那麼刻意了。

7‧安特衛普六人

日本時裝對巴黎控制的時裝業來說，是一個很大的衝擊，一個與巴黎完全沒有關係的國家的設計師能夠成功地進入世界主流，使巴黎的設計界感到震動。透過八○年代，巴黎人逐步接受了這種非巴黎、非法國的設計，並且也開始轉變了對外國設計師那種傳統居高臨下的傲慢態度，時裝設計國際化已經是一個潮流，巴黎的設計師們了解到這是無法阻擋的。所以，當來自比利時的新設計集團「安特衛普六人」（The Antwerp Six）的作品進入巴黎T台的時候，巴黎人也是抱著欣賞的態度來品味他們的設計。

安特衛普六人是由六個來自比利時的青年設計師組成的設計集團，他們分別是安‧德勞米斯特（Ann Demeulemeester）、德利斯‧凡‧諾登（Dries van Noten）、馬丁‧馬吉亞拉（Martin Margiela）、約瑟胡斯‧梅爾契奧‧希密斯特（Josephus Melchior Thimister）、迪克‧

從印度的紗麗和印度尼西亞的紗籠獲得靈感，德利斯‧凡‧諾登連採用的面料也親自設計，絢麗斑斕的色彩令人陶醉

雖然約瑟胡斯‧梅爾契奧‧西密斯特的高級時裝設計很被評論界看好，但他還是關閉高級時裝生產線，轉而為堅尼（Genny）公司設計成衣化時裝

在1996年至1997年秋冬時裝展上，沃爾特‧凡‧拜倫多克親自上台走秀。他還將自己的作品送上英特網

比肯堡（Dirk Bikkemberg）和沃爾特‧凡‧拜倫多克（Walter van Beirendonck）。他們組合起來共同推出自己的時裝系列，顯示了年輕的氣息和大膽的探索，在巴黎一炮而紅。他們的設計美學是非完整主義，從日本前衛時裝設計中取得借鑑，加上自己的演繹，形成獨特的風格。

安特衛普六人雖然都畢業於安特衛普美術學院，但是在設計上他們保持了自己個人獨特的風格，並不追求統一。他們視每件作品為一件單獨的藝術品，因此服裝之間的差異很大，整個小組設計的服裝是多姿多采，形式多樣，具有濃厚的藝術感。

在這個六人之中，諾登（1958-）是最早進行時裝設計活動的，他在1985年就開始組織設計活動，他對亞洲的服裝特別感興趣，特別是對近東和遠東的服裝，興趣非常濃厚，那些刺繡、圍巾、裙子、和服、外衣、透明的沙龍裙裝使他著迷，他的早期設計就充滿了對這些服裝的熱愛動機。另外一個成員馬吉亞拉（1957-）是在1985年到巴黎開始自己的設計生涯，他為法國設計師讓－保羅‧高提耶做了三年的設計，之後開始創立自己的時裝店，他的設計也充滿了藝術氣息的探索，但是他從來不接受媒體的採訪，也拒絕媒體拍攝他自己的照片，他的產品招牌僅僅是一小塊白布，他的設計屬於解構主義，把縫線暴露在服裝外部，面料剪裁凌亂破碎，肩部、袖口、腰部經常錯位，顛倒部件，他的設計很快成為時尚，許多年輕人追逐他的設計。馬吉亞拉在1997年被著名的時裝店愛馬仕委任為設計師，負責這個保守的時裝

公司的女性服裝設計，他的學生安‧德勞米斯特這時也開始出名，到1998年前後，安特衛普六人都分頭確立了自己的國際時裝界地位，是比利時時裝界進入國際時裝的主要力量。

8‧此十年的面貌

八○年代在打扮上被稱為「擴張」時期，也就是說不僅僅限於服裝的考慮，化妝、髮型、配件和飾品也都被看得很重要，產生這個現象的主要原因還是雅痞文化，他們的高收入和雅痞生活方式需要炫耀，穿著打扮上的擴張是炫耀的必然。

七○年代末期，一個標準的形象是皮膚黝黑、身材結實渾圓、營養良好，這個時期，那些雅痞們都有錢去健身房，都有條件去找自己的私人健身教練，透過這些教練的指點來鍛鍊，達到理想化的體型。這個時候，比身體健康、苗條，更重要的是如何使身材保持合乎時尚形態。如果僅僅依靠鍛鍊也達不到時尚形態的目的，那就要做整容手術了。在乳房下植入矽膠義乳，臀部也可以改變，甚至面孔也可以改變。單單在美國，這十年中做過整容手術的女性就比上一個十年要增加了百分之六十五。在整容手術中，最普遍的就是隆胸了，不少名模都做了隆胸手術，比如依曼和斯逖芬尼‧西摩（Iman and Stefanie Seymour）。抽脂（liposuction）也非常普遍，為了保持細蠻腰、平坦而緊湊的小腹部、不要太肥的大腿，在這些部位抽出多餘的脂肪，是很時尚的手術。還有大量所謂抗衰老的藥物開始流行，比如脂質體（liposomes）、神經酼胺（ceramides）、膠原質（collagen）、阿爾法羥基酸乳液（AHA, Alpha Hydroxy Acids）大行其道。這些藥其實原本主要用來治療粉刺痤瘡的，結果卻被用來美容和抗衰老，防太陽曬、保護真皮、治療老人斑、除皺紋，皮膚科醫生居然成為時髦婦女的最重要醫生和顧問，也真是始料未及。

既然有這麼多專家關心皮膚，化妝品就無需再強調這些應該由藥物才能完成的功能，因此，這個時期的化妝品廣告更強調它們的美容功能，而不是醫療功能。經驗豐富的化妝師魯騰斯曾經長期為迪奧公司設計化妝品，後來到日本的大化妝品公司資生堂擔任設計，他說：我們現在的中心是設計，強調的是面部的表現。對於化妝品的護膚功能根本不談了。

上班族的白領女性繼續突出自然美，她們面部化妝的材料都是透明的，可以顯示出皮膚的色彩和光澤，少許敷粉，也僅僅是為了突出重點而已，不再有使用化妝品改變自己原來的容貌的做法了。在化妝上，這個時期很講究色彩和自然混合，眼影色彩、頰部粉色、底粉等等應該自然混合，看不出上妝的痕跡是上乘之舉。面頰與脖子之間絕對沒有兩塊不同的上妝色彩交界痕跡，但是，那種上個十年講究的曬得黝黑，或者利用油彩假裝黝黑的化妝已經不流行了。這個時候的婦女其實都知道，陽光曬到皮膚黝黑的時候，皮膚已經遭到破壞，是不健康的。由於白領女性越來越多，她們都會化妝，或者找化妝師來為自己設計，化妝現在已經不是少數權貴、超級模特兒的專利了。

這個時期還出現了所謂的「永久性」化妝，就是把眼眉、眼線、唇線做紋體刻畫，形狀是經過挑選和設計的，而色彩也可以紋上去，這樣做，少了每天的化妝麻煩，但是也有它的問題，因為時髦經常變化，今年的唇線和眼線、眉毛輪廓，到明年可能就不流行了，而紋身上去，要改就非常困難了。

9・此十年的偶像

格羅麗亞・馮・圖恩・德克薩斯（Gloria von Thurn und Taxis）被稱為「瘋狂的公主」，這個貴族的後裔在德國的八卦雜誌上是個熱點，也是西方其他國家八卦雜誌喜歡的主題，相貌誇張和具有異國色彩，她出入各種上層社會的舞會，無視自己的天主教背景，與麥克

・傑克森這些人通宵達旦地跳舞，是當時非常引人注目的人物之一。

美國著名的田徑運動員佛羅倫斯・格利菲斯－喬依奈（Florence Griffith-Joyner，1960-98）被稱為「田徑場上的花蝴蝶」，穿著極為緊身的、螢光的運動裝，指甲色彩燦爛而修長，經過精心修飾的、扭曲的指甲長度超過十八公分，她戴著巨大的耳環，在1984年洛杉磯奧林匹克運動會上獲得二百公尺的銀牌，1988年更在漢城奧林匹克運動會中獲得兩面金牌。她跑起來好像一陣風，輕盈而高速，被稱為「黑色的羚羊」，她不但創造了運動上的紀錄，也使時裝界感到震撼，很多設計師都問：她是怎麼能夠打扮成這個樣子的

1960年代的瘦小兒童型模特兒和1970年代迪斯可女王的形象已不再時興，代之而起的是健康而自然的清新形象。明星模特兒蘿絲瑪麗・麥克格洛斯成了最好的代表：高䠷、有運動員風格、對生活充滿熱情

1980年代的偶像：辛蒂‧雪曼——模特兒、化妝品設計師、攝影師兼藝術指導。她的自拍照售出天價

ISABELLE ADJANI

1980年代的偶像：法國著名電影演員伊莎貝拉‧艾珍妮

1980年代的偶像：美國電影演員及滾石歌星雪兒

？1998年，她突然因為心臟休克而去世，時年僅僅只有卅八歲，她向世界表明運動、體育和美麗是可以和諧地共存的。

要說八○年代的偶像，最重要的莫過於瑪丹娜了，瑪丹娜原名是瑪丹娜‧路易斯‧維羅尼卡‧齊康（Madonna Louis Veronica Ciccone），她的歌唱和表演使她在八○年代和九○年代都雄居偶像的前列。她生於1958年，是美國底特律一個義大利移民家庭中八個孩子之一，她從小就有強烈的表現慾望，希望出人頭地，擺脫這個貧困的家庭和鄰里。從中學開始她就在歌唱和表演方面出頭，能歌善舞，是一個很出風頭的女孩。1984年她開始灌錄唱片，並且取得極大的成功，那年她一個人灌錄和銷售的唱片已經超過任何一個歌星。她穿著大膽，服裝極為短小，襯衣好像內衣和胸衣的混合，戴些宗教性很強的首飾，頭髮十分拙劣地染色，世界上千千萬萬的女性都模仿她的這種打扮和穿著。她在樹立自己的形象上十分聰明，甚至那些並不喜歡她的音樂的人也都欣賞她的智慧和市場意識，崇拜她為自己建立的億萬美元的龐大資產和公司，她的公司從頭到尾，從裡到外，是用單一的材料構築起來的，那就是她自己造就的名氣和品牌。

如果說世界上有個人能夠在瑪丹娜前面平起平坐的話，那就是雪兒（Cher，1946-）了。她是加利福尼亞的姑娘，出身也貧寒低微，1965年因唱〈我抓到你了，寶貝〉（I Got You Babe）而走紅，之後在一系列好萊塢電影中有不俗的表演，包括〈絲木〉（Silkwood）、〈面具〉（The Mask）、〈依斯特維克的女巫〉（The Witches of Eastwick）、〈嫌疑犯〉

（Suspect）等等，聲名大振，她的演出服裝暴露到極點，採用漁網式的編織，僅僅用皮條遮蓋住乳頭和私部，好像全身只有一層紋身一樣，她的這種打扮鼓勵一些年紀過了四十歲的女性穿著大膽而性感。雪兒是使社會接受紋身的人物，她公開討論整容手術、隆胸手術，也是把這些敏感的議題第一次使社會接受的人。她自己就曾經做過不知多少次整容手術。

這個時代出現了不少像瑪丹娜、雪兒這樣自我推廣、自我包裝的女性，比如藝術家辛蒂・雪曼，她在1954年生於紐約，早年當模特兒，之後做過演出服裝設計師、導演、攝影師等，她長於經營自己，所有的職業都與樹立自己的形象有關，八〇年代初期走紅，很引人注目，她給自己拍攝了許多照片，售出天價。是一個自己造就自己的成功例子。

講表演，那就不得不講梅莉・史翠普。這個相貌姣好的女演員生於1949年，1978年在電視影集〈集中營〉（Holocaust）中扮演受納粹迫害的女子英格拉・赫爾姆斯（Inga Helms）而走紅，卅歲那年就因為在電影〈克拉馬對克拉馬〉（Kramer versus Kramer）中的傑出演出獲得奧斯卡金像獎，是當年的最佳女演員。從此以後，她投身於電影事業，在一部又一部優秀的作品中都有非常超群的表演，她對各種角色的刻畫絲絲入扣、精彩絕倫，她是溫柔和剛毅的結合，她在電影〈遠離非洲〉（Out of Africa）中的傑出演出，不但得到世界觀眾的肯定，並且也使時裝設計界接受了殖民時期的獵裝形式，從巴黎到紐約，這種裝束成為八〇年代的重要流行風格之一。她是四個孩子的母親，為了他們的健康成長，她不許孩子涉及任何與電影界有關的活動，完全隔離於好萊塢之外。

美國房地產大亨多納德・川普的原配、捷克籍的伊萬娜・川普（Ivana Trump，1949-）原來是個溜冰運動員，金髮碧眼，也是這個時代很多女士仰慕的偶像，原因倒不是她的美貌，而是她的社會地位。她的豔俗品味、對皮草的狂熱、不幸福的婚姻，使不少女性產生共鳴。

法國電影女演員伊莎貝拉・艾珍妮（Isabelle Adjani，1955-）也是一個極為重要的偶像，她是八〇年代法國最美麗的女影星，與美國那些胸大無腦的女影星相比，那個時期的法國女影星被認為又美麗又有腦子。她在十七歲那年被吸收入法國喜劇院（La Comédie Française），是歷史上唯一一個如此年輕，又沒有受過正式戲劇表演訓練的演員能夠進入這個相當高檔次的劇院的演員。她被電影業看中，因此開始在許多電影中扮演角色，她的表演天分是極其突出的，得到廣泛的好評，她的美貌、天才和聰明使她成為法國媒體的寵兒，在八〇年代簡直橫掃法國媒體，但是卻應了「樹大招風」這句話。1986年為媒體謠言所累，說她得了愛滋病，並且已經奄奄一息了。她堅強地反抗這種媒體無恥的攻擊，挺身而出，公開反駁謠言，在電視台實況反擊，她取得勝利。在描寫雕塑大師羅丹的女朋友，傑出的女雕塑家卡蜜兒的電影〈卡蜜兒〉（Camille Claudel）中她飾演卡蜜兒一角，獲得巨大成功，從而再次奠定了自己在法國影壇的地位，她的坎坷經歷，特別是包圍她的妒忌、謠言、仇恨，使她獲得很多女性的同情和愛戴，成為一個很獨特的偶像人物。

◆第十一章

義大利時裝

1 · 導言

義大利是具有悠久傳統的設計大國，義大利的設計一直深受世人喜愛。這個國家的設計多元化、濃厚的個人氣質和藝術性，是舉世皆知的特點。由於義大利的製造業多具有小型化、家族化的特點，在設計上就更加有個性、有特色。在歐洲各國之中，義大利設計的鮮明個性非常令人矚目。

時裝設計在許多國家都是集中於某一個城市，比如法國的巴黎、美國的紐約、日本的東京等等，義大利的設計中心主要是米蘭，但主要是在建築設計、工業產品設計、平面設計方面。在時裝設計上，義大利卻與大多數歐洲國家不同，並沒有一個單一的中心，我們很難挑出單一的城市來做為義大利時裝的代表。雖然現在所有對時裝有興趣的人都知道米蘭時裝展，但是米蘭並不是唯一的中心，千萬不要忘記羅馬和翡冷翠也是義大利時裝的中心。這種多中心的情況，是義大利時裝設計一個很突出的特徵。

義大利傳統以來，家庭式生產是國民生產中一個非常主要的部分，很多名牌產品，其實都是從家庭產業中發展起來的，迄今為止，在企業的股份化方面，義大利與美國依然存在著

11-1 戰後初期的義大利時裝

前衛印染作品

天壤之別，但是，義大利家庭作坊式的產業，經過全球化的品牌推廣、全球性的品牌樹立、全球化的產銷結合，其力量並不比股份形式的大跨國企業差，而由於決策人數比較小，因此企業的靈活性和彈性也高，義大利的時裝業在很大程度上是這種情況的反映。

在第二次世界大戰後，義大利的高級時裝業起步於羅馬。這個舉世聞名的大都會當時吸引了成千上萬的旅遊者，美國的電影和時裝使羅馬成爲許多激情狂亂活動的中心，對優質服裝產品的需求也急速增高。薩爾瓦多·費拉加莫出產的皮鞋、古馳出產的皮革製品成了義大利優雅時髦的象徵，許多世界名流都到這裡採購，名流推動了義大利品牌，這些品牌的著名顧客包括了電影明星格麗塔·嘉寶、蘇菲亞·羅蘭、奧黛麗·赫本等等，這些熠熠生輝的國際巨星的確促進了義大利品牌。各國藝術名流、演藝明星和義大利時裝設計師挽手搭肩的照片出現在全球各地新聞媒體的報導中，對於樹立義大利品牌形象具有重要的作用。

1951年，在義大利翡冷翠舉辦了義大利的第一次成衣時裝展覽，非常成功，這個時裝成衣展活動在此以後每年都與巴黎的時裝展同步舉行，它成爲義大利新一代時裝設計師嶄露頭角的起點和舞台，一批又一批義大利著名的成衣時裝品牌在此面世，成就了一代又一代的義大利時裝設計大師：五〇年代有艾米羅·普奇（Emilio Pucci），繼而有六〇年代的科利紮（Krizia）和密索尼（Missoni）。1962年，在義大利時裝局的支援和協調下，義大利的設計師們決定仿效巴黎的同行，在羅馬成立全國性的時裝協會。

進入七〇年代以後，由於疏於對市場策略的研究和調整，跟不上流行時尚，義大利一些享有聲譽的老時裝店鋪也只好關閉了，那是「高級時裝」在義大利的衰落。但是，義大利的成衣時裝、設計師品牌的香水、眼鏡、皮革製品、紡織品和家具卻開始在國際市場上展示實力，這些價格不高且設計精良的義大利產品走紅世界各地，成爲義大利品牌的新形象。

義大利的設計繼續發展，到八〇年代「義大利製造」已經代表設計上頗具前衛的風格，

而這股風潮的起源是米蘭。米蘭早就是義大利現代設計的中心，米蘭理工學院建築系是義大利現代設計大師的搖籃，米蘭的設計三年展和它著名的「金羅盤」獎是國際設計中的最高水準，米蘭的汽車設計、工業產品設計、平面設計享譽全球，在七○年代的後期，義大利政府決定把政府時裝局成衣時裝部搬遷到義大利北部的米蘭，由於這個行動，米蘭迅速地竄升為國際時裝設計和貿易的重鎮，據說不少富有的美國女性不帶任何行李就飛來這裡，以便可以盡情購買漂亮的義大利服裝，滿載而歸。色彩絢麗、極盡奢華、明快動人是米蘭服裝的特色。政府的時裝管理機構、義大利的時裝公司和廠商雲集米蘭，造就了一個非常適宜時裝業發展的空間和場所，因此，這裡湧現了一大批義大利傑出的時裝設計師，比如喬治‧亞曼尼、吉亞尼‧凡賽斯、吉亞

義大利街頭即景

佛蘭科‧費利（Gianfranco Ferré）、佛朗哥‧默其諾（Franco Moschino）、科利紮（Krizia）等，他們的設計舉世聞名，他們創造的品牌也是國際最響亮的品牌，在國際市場上具有舉足輕重的地位，義大利的著名時裝品牌，比如科利紮、密索尼、芬迪、費拉加莫、拜吉奧提（Biagiotti）、范倫鐵諾（Valentino），知名度甚高，優秀的設計和成功的品牌推廣使義大利的時裝業得到蓬勃的發展。

老實地講，義大利時裝在八○年代的成功，其實首先要歸功於精明的市場策略。包括政府時裝局的策略和時裝設計公司自己的策略。其中把米蘭推成義大利的時裝業中心是很重要的決策。米蘭之所以能夠勝過傳統上的義大利高級時裝中心羅馬，國家時裝局的成衣時裝部之所以能最後決定遷出翡冷翠，而搬來米蘭，畢普‧莫登斯（Beppe Modenese）是最大功臣。1979年，這位成功的米蘭商業鉅子在米蘭的展覽中心舉辦了首屆米蘭時裝展，吸引了四十多名各國設計師與會，從而把米蘭做為一個中心推廣給客戶和產業界。他知道，要成為時裝業的中心，必須具有良好的產業結構支援，有數量相當的高級設計師群體，有足夠濃厚的設計文化底蘊，有方便的交通，還要與歐洲的中心比較接近，在這些條件方面，米蘭顯然比羅馬、翡冷翠都要優越得多，因此，透過人為的努力，在這裡創造一個中心，是合情合理的。當然，除了上述這些因素之外，紡織業的成熟和發達也是一個重要的因素。義大利紡織業的發達，為時裝業的騰飛做出了很大的貢獻，那些色澤鮮豔、紋樣迷人的各色面料，讓才華橫溢的義大利時裝設計師們有了盡情揮灑的空間。

法國的時裝業是一種政府的行為，政府在各個方面對時裝發展的支援是不遺餘力的，因此法國的時裝才得以持續發展。儘管義大利政府並不像法國政府那麼積極地扶持本國的時裝

業，義大利時裝業的規模也還比法國時裝業小得多，但經過這些年的發展，義大利的時裝在國際時裝中已經具有舉足輕重的地位，而且越來越重要，這個地位和發展已是不爭的事實。從八〇年代起，義大利已經成為高級典雅時裝的國際中心，年輕一代的設計師們盡情發揮自己的創造力，他們用自己的精心設計來創造新的義大利時裝，他們的作品優雅典淑，更具有品質優良的義大利特色，義大利的時裝徹底更新了世人以往以為義大利只有陽光和披薩餅的陳舊印象。義大利的時裝現在與法國巴黎、英國倫敦、美國紐約、日本東京並駕齊驅，是世界上最重要的時裝類型之一。

下面我們選擇幾個最具代表性的義大利時裝設計師，來介紹義大利時裝的發展和特色。

2・羅伯多・卡普奇

羅伯多・卡普奇（Roberto Capucci）是義大利戰後初期湧現的時裝設計師之一，他在義大利還處於戰後經濟恢復的時期脫穎而出，為義大利的服裝取得國際地位做出了貢獻。

卡普奇於1930年出生在羅馬，是一位非常獨特、有原創性的設計師。他給自己的定位是雕塑藝術家，他將每一件服裝都設計成用紡織品雕塑出來的藝術品。他僅銷售他的原作，而不留下任何一件複製品。五〇年代，卡普奇因其設計的盒型服裝而名聲大噪，他本人也很喜歡這種設計，以後多年他都一直在不斷地改進和完善它。

卡普奇幾十年來，毫不在意流行趨勢或時尚，他就像藝術家一樣，只是追求自己的理念和思想。它設計的服裝，不但可以穿在模特兒身上，而且本身就可以直接「站立」在地板上。不過，真正能穿上他設計的時裝的女性，不但要相當富有才能買得起這麼昂貴的衣裝，還要具有很獨特的個性，否則就會淪為服裝的附屬品。

1951年，義大利時裝界首次在翡冷翠舉辦時裝展，當時所有著名的時裝設計公司和設計師都參加了這次盛會，但卡普奇卻無緣出席，理由是他太年輕了，組織者不認為他可以稱得上是成功的設計師。於是，卡普奇就在時裝展結束的第二天，在同一個場地舉辦了他的個人服裝設計展，結果大獲成功，所有的展出服裝全部銷售一空。

羅伯多・卡普奇1957年為依斯特・威廉斯設計的非常複雜的裙裝，有強烈的雕塑感，但製作和穿著都很困難

1962至1968年，卡普奇一直在巴黎設計高級時裝，非常成功。此後，他又回到羅馬，開始設計商業性成衣時裝。他在五○、六○年代都是義大利服裝設計中非常具有影響力的人物。

3・芳塔納時裝店（Sorelle Fontana）

義大利自從戰後開始，就出現了許多以名牌為推廣要點的時裝店，這些時裝店與巴黎的高級時裝店有相似的地方——它們既是銷售中心，也是設計中心，並且也組織生產，甚至時裝店本身也是生產的場所，它們的目標市場是高等顧客，這是八○年代時裝成衣化以前最流行的時裝設計和經營方式。

整個五○年代裡，芳塔納一直是國際上最著名的時裝店，直到八○年代它結束營業為止。

芳塔納的歷史其實非常悠久，早在1907年，芳塔納家族就在義大利的帕爾瑪市經營一間時裝店。帕爾瑪是個小城市，經濟發展水準低，因此時裝經營不盡人意，所以到1930年，芳塔納家庭中的幾位姊妹——祖兒（Zoe，1911-）、麥柯爾（Micol，1913-）、喬萬娜（Giovanna，1915-）決心到大城市尋求發展，她們一起將家庭店鋪搬到羅馬。在羅馬，由於她們的設計獨特、經營恰當，她們的服裝逐步獲得了義大利上流社會的青睞，經過第二次世界大戰的動盪，芳塔納依然屹立，戰後更加顯得突出。

到五○年代，國際電影界中的不少明星也成為她們的顧客。1949年，她們為琳達・克麗絲蒂安（Linda Christian）設計的婚紗吸引了全世界的目光，國際媒體稱：當好萊塢明星打算添置衣裝的時候，她們第一個想到的準是芳塔納時裝店。伊麗莎白・泰勒、簡・曼斯菲爾德（Jane Mansfield）、英格麗・褒曼、喬安・柯林斯（Joan Collins）、金・諾瓦克、烏蘇拉・安德列斯（Ursula Andress）、拉奎爾・威爾契（Raquel Welch）等當紅女星們，紛紛將自己的全套行頭都交由這幾位姊妹來打理。毋容置疑，最好的顧客應數愛娃・嘉娜（Ava Gardner）：她不但請芳塔納姊妹們設計自己所有的私人衣著，還請她們設計了她在電影裡的戲裝，其中最著名的是影片〈赤腳公主〉中的服裝。

然而，就在忙著為好萊塢名星增光添彩的同時，芳塔納時裝店卻從來沒有忽略與義大利本國上流社會的聯繫。幾位姊妹為瑪利亞・皮雅・馮・薩沃揚（Maria Pia von Savoyen）設計的婚紗同樣為她們帶來極高的聲譽。芳塔納的聲名飄洋過海也傳到美國，美國總統哈理・杜

魯門（Harry S. Truman）的女兒瑪格麗特·杜魯門（Margret Truman）也請芳塔納為她設計結婚禮服。

1994年，八十高齡的麥柯爾對這間著名的時裝店做了如下評價：「我們特別擅長於刺繡，刺繡的圖案都是我們自己設計的。我們不是在設計時裝，我們是在創造優美典雅。」芳塔納迄今依然是義大利重要的時裝設計中心之一。

4·艾米羅·普奇

五〇年代對於義大利時裝界而言，是一個非常重要的時期：義大利的時裝設計師開始超越國界，走向更廣闊的國際市場，成為巴黎時裝強有力的競爭對手。艾米羅·普奇（1914-1992）就是其中一位先鋒者。

艾米羅·普奇最先設計出卡布里長褲（Capri Pants），成了五〇年代追逐時尚的小青年們的恩物，去義大利度假卻沒有一條卡布里褲子是根本不能想像的。這種褲子因卡布里島地區的漁民而得名，這些漁民常常將褲筒高高挽起，以免被水打濕。卡布里褲子在九〇年代末期曾再次回潮。

艾米羅·普奇最初在家裡經營自己的時裝店，童年時在每年一度的喜也那節慶上看到色彩豔麗的古代旗幟給了他創作的靈感。在六〇年代，他為國際Jet Set設計了運動衣裙和褲裝，材料是絲綢的，圖案花紋充滿迷幻情調，色彩非常誇張。他設計的睡衣和家居外套也很受女性歡迎，一些婦女甚至穿到公眾休閒集會上。他的獨特設計在八〇年代晚期曾重新流行，並成為時裝收藏家們的寶貝。

5·古馳

講到義大利時裝，人們立即會想到古馳這個品牌，古馳就是義大利的時尚象徵，在當今大約已經是沒有什麼疑議的了。

古馳經歷了差不多一個世紀的發展，逐步成為義大利時尚的象徵，確立了公司在時裝界的地位，它的成功是很傳奇的。

這幾套絲綢服裝是艾米羅·普奇在1960年代設計的，靈感來自古代的旗幟

古馳開始於皮革製品。1904年，義大利人古西奧‧古馳（Guccio Gucci，1881-1953）開設了一家專門生產皮革製品的店鋪，起初製造一些馬具、韁繩、鞍子等，後來出產的皮鞋在市場上越來越走俏，便又推出了皮革手袋、旅行包等，最後連絲巾、領帶、眼鏡、手套等通通都列入了古馳的產品目錄，到九〇年代，古馳成為義大利最大的兩家時裝連鎖店之一。

湯姆‧福特的年輕風格幫助古馳重登高峰，展示的除服裝外還有皮革製品——這家義大利公司因此而成名

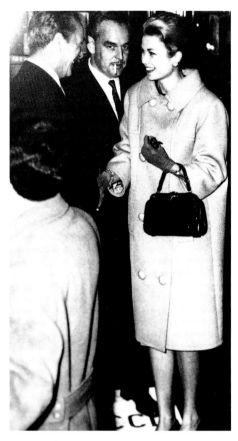

國際名流常常造訪古馳，這是古馳的設計師正和摩納哥王妃葛麗絲‧凱麗以及她的丈夫雷尼爾王子握手

古馳並不是一直那麼一帆風順，由於設計思想陳舊，產品不能推陳出新，僅僅維持傳統設計，所以到八〇年代末，古馳陷入嚴重的財務困境。古馳董事會深感設計的重要，因此啟用了來自美國的設計師湯姆‧福特（Tom Ford）負責設計和產品開發，福特的加盟，重新振興了古馳的生機，他在幾年之中將古馳打造成高級豪華名牌，利潤也直線上升，直到1994年，古馳才像浴火重生的鳳凰，再展輝煌。

湯姆‧福特的設計採用了很多五〇年代時裝的動機，但材料則是大量採用高科技的紡織面料，從而顯示出青春活力。他的構思並不是簡單的懷舊模仿，而是根據九〇年代的酷帥精神重新加以闡釋。他的設計不但在高級時裝方面廣為流行，就連價格低廉的成衣時裝也紛紛採用。其中一個成功的例子是六〇年代曾經流行的雙襟卡班（Caban）西裝，經他的重新設計，在九〇年代又成為風行時尚。

九〇年代的末期，湯姆‧福特的目光投回到古馳賴以起家的老傳統：皮革服裝，然而他卻無意遵從豪華名牌的老套。他在1999年的設計是類似農家少女的緊身連衣裙，與煽情的皮革短夾克搭配，外罩一件皮裘大衣。

古馳是義大利時尚的製造者，他在一代新設計師的把握之下，堅定地邁進廿一世紀。

6・喬治・亞曼尼

討論義大利時裝，如果不討論亞曼尼就等於沒有談，亞曼尼不但是傑出的義大利時裝設計的代表，也是義大利文化，特別是八〇年代義大利時尚最具體的代表，他的設計在八〇年代是世界為之傾倒的對象，他自己也成為那個時代的偶像。

八〇年代是對比鮮明的十年：既是一個消費過量的失落世界，又是一個各種新創造、新產品競技爭鋒的大舞台。這十年中，義大利時裝獲得國際性的成功，對此做出最大貢獻的設計師應首推喬治・亞曼尼。這位1934年出生的大師不僅以他永不過時的風格享譽世界，同時也以他精明的商業頭腦而為人稱道。從1991年起，名牌「亞曼尼」服裝令漂亮的義航空姐們更添光采。

亞曼尼早先是學醫的，但是對於醫學興趣索然，他因此從醫學院輟學，去做其他的工作。喬治・亞曼尼從事過多種短期工作。在經歷了多種挫折之後，他到米蘭的拉・麗娜桑特百貨公司當一名採購和推銷員。這個時候他開始對時裝感到興趣，因為在百貨公司工作，他得到欣賞大量高級時裝的機會，透過接觸和研究，他逐漸形成自己對於時裝的看法，從而開始嘗試設計。他最早的時裝設計作品是為尼諾・塞路蒂（Nino Cerruti）設計的希特曼系列，這個設計的成功，堅定了從事時裝設計的信心，因此，他於1970年開始經營自己的公司，以自己的名字做為品牌，設計時裝。

喬治・亞曼尼和他的模特兒們

亞曼尼的設計具有很獨特的風格，他把傳統的高級、豪華面貌服裝加入了新的因素，使傳統面貌一方面能夠保持高貴感、矜持感，又同時充滿了時代的氣息，注入了生氣，是這個時期許多中青年成功事業人士所喜愛的。

美國著名雜誌《時代》周刊稱他為「華麗的喬治」，就是描述他的風格特徵。他是為沿襲多年固封保守的男裝加入新元素的第一人。輕鬆的皮夾克和牛仔褲的搭配，再加上清爽的高領套頭衫，為現代社會的男士們平添出一份瀟灑、一份俊朗。

亞曼尼最受推崇的代表作是優雅的男女西服套裝，這已經成了瀟灑的商業成功人士必備的行頭。其中最主要的原因還不止是正式服裝所要求的剪裁合體和作工精良，而是穿上亞曼尼西裝時

感受到的那份舒適、自在和愉悅。

亞曼尼設計的職業婦女褲裝自有一番別具一格的風韻。它像是在向周圍的人們宣示穿著者的生活哲學：「我喜歡把自己收拾得整整齊齊，每件事都辦得有條有理，我是一位睿智的成熟女性，欣賞那種肉眼看不到卻可以切切實實感受到的時尚。」

著名影星理查·吉爾在電影〈美國舞男〉中，將身上穿戴的「工作服」：亞曼尼外套、襯衫、領帶一件一件扔上床的時候，他沒有想到，他正在為義大利設計師亞曼尼的事業成功添磚加瓦。電影上映不久，「亞曼尼」就成了全世界帥氣酷哥們最心儀的男裝名牌。

喬治·亞曼尼擅長於將男裝風格引入女裝，而且很懂得如何將女風韻加入其中，這是他在1993年的設計

隨著亞曼尼公司業務的順利發展，他於1981年開始在自己的連鎖商店裡推出了副產品，很快又添上了服裝配件和牛仔褲。由於亞曼尼的這一嘗試取得了極大的成功，整個義大利時裝工業都群起仿效：范倫鐵諾推出了「V小姐」、「范倫鐵諾牛仔褲」，和「奧理維」等副品牌；科利紮推出了「科利紮波伊」（Krizia Poi）；費利推出了「橡樹」和「○○○—工作室」等品牌；密索尼開設了「密索尼運動衣專賣店」；柯維理推出「年輕的你」副品牌；凡賽斯則推出「伊斯坦特」牌子。

在過去很長的一段時間裡，女性貼身內衣一直受到女權主義者的詛咒。但到八○年代又重新受到歡迎，短襯褲、女用整型緊身衣、胸罩等女性專用內衣以嶄新的設計再度出現在市場上。亞曼尼不失時機地為男女青年顧客推出了華麗的「亞曼尼內衣」；緊跟著，凡賽斯也推出了更加奢華和性感的「阿納托米亞」品牌。由此，內衣的設計達到一個新的境地：不但

極富誘惑力，同時還非常舒適。

　　對於他所有的產品，亞曼尼都有一個共同的要求，外觀要優雅大方，質地要絕對上乘。這大概就是他的成功祕訣吧。在新紀元中，亞曼尼保持自己的傳統，同時注意把新的因素結合進來，是義大利時裝的重要組成部分之一。

7・羅西塔・密索尼

羅西塔・密索尼（Rosita Missoni）和奧塔維阿・密索尼（Ottavio Missoni）夫婦檔傳奇式的成功，一直是義大利時裝界廣泛流傳的佳話。透過他們的努力，以往顯得古板守舊的編織服裝被提昇到藝術品的地位。事實上，夫婦倆的一些成功之作就曾經堂而皇之地在紐約的大都會美術館正式展出過。美國影星湯姆・漢克（Tom Hanks）和著名男高音聲樂家帕華洛帝（Luciano Pavarotti）都很喜歡穿著密索尼編織外套讓媒體拍照。

　　1921年出生的丈夫奧塔維阿曾經是一位出色的運動員，他在認識比他小十歲的太太之前就已經在時裝界嶄露頭角：1948年義大利奧林匹克田徑代表隊的羊毛隊服就是由奧塔維阿和他的朋友設計的。

　　1953年，這對新婚夫婦在米蘭近郊開設了自己的編織小作坊，主要生產拉・麗娜桑特百貨公司的訂貨。直到1966年，他們才打出自己的牌號「密索尼」。雖然他們的設計也要根據流行趨勢不斷地改變，但他們的編織圖樣始終保持「零瑕疵」的美譽。編織材料的獨特色調是他們精心調配出來的，至於那些激動人心的圖案和紋樣，則多採取非洲民間藝術或流行的OP藝術的動機，再用各種不同顏色的毛線精密細緻地編織而成。

　　1969年，當美國《時尚》雜誌的著名主編戴安娜・佛麗蘭德（Diana Vreeland）來訪時，羅西塔向她展示了自己的產品，這些充滿青春氣息的運動風格編織時裝令戴安娜歎為觀止，她在《時尚》雜誌上熱情地加以介紹，讓世人認識了美麗的密索尼編織時裝。從此，密索尼夫婦的時裝事業得到了重大突破。

　　1997年，密索尼夫婦將生意交由女兒安吉拉（Angela Missoni）來處理，時至今日，密索尼時裝一直保持著世界頂尖品牌的地位。

密索尼在1997/1998年
推出的編織時裝

8・吉亞佛蘭科・費利

雖然吉亞佛蘭科・費利（1944-）早已被時裝
專欄作家尊稱為「形式大師」，可是當他在
1989年出任迪奧公司的藝術指導時，在法國時裝界
卻激起了公憤：法國時裝業的翹楚迪奧公司居然要
請一個義大利佬來掛帥，這讓驕傲的法國人怎麼受
得了！不過費利卻全然不為這些流言蜚語所動，他
只是用自己成功的設計來證明：他注重功能、簡潔
明快的典雅，完全可以和迪奧特有的華麗格局完美
地結合起來；他在設計中常用的圓錐型、圓柱型、
金字塔型等幾何形式也都完全可能轉化成獨特的
優雅時裝。他正是憑著過人的創造力而奪得金頂針
獎——法國時裝界的奧斯卡大獎。

密索尼在1997/1998年推出的編織時裝

六〇年代晚期，吉亞佛蘭科・費利圓滿結束了
他的建築設計事務所，投身到一個全然不同的領域
：首飾和服裝配件的設計。起初，他只是為一些大
公司設計，而在1978年，他終於推出了自己的品牌
，並參加義大利時裝局主辦的展覽，贏得了國際聲
譽。後來他又從事高級時裝的設計。他在各種設計
中表現出來的才華和功力，最終為他鋪平了通向巴
黎的成功之路，他擔任迪奧公司的藝術指導達七年
之久。

費利設計過不少白色的女上衣，甚至被稱為
「白色女上衣的建築師」，他的設計很有立體感，
就像是用挺刮的白色布料做成的雕塑。不過這些衣
服的整理可成了一大難題：它們通常都不易折疊，
而且每次洗滌後都需要上漿，熨燙也非常麻煩。

費利在設計中，最重視的是整體的形式感，顏
色倒是第二位。他的所有設計，用色都很單純，只
在偶然的情況下，會加用一點點鮮豔的顏色來產生
對比效果。

這條大蓬裙，是費利在法國工作期間最得意的作品之一

凡賽斯在1980年代大力打造$超級名模，這是他和兩位模特兒在自己工作室裡的合影

9・吉亞尼・凡賽斯

1997年7月，吉亞尼・凡賽斯（1946-1997）在他的邁阿密住家門外被槍殺，整個國際時裝界都為失去了一位最偉大的創造天才而痛惜。這位出生於義大利南部卡拉博利亞城的時裝菁英，從小就在母親的作坊裡學習服裝的製作手藝，長大以後，曾先後為卡拉汗、阿爾瑪、堅尼，以及坎普利斯等品牌做過設計。

凡賽斯直到1978年才成立自己的時裝公司，然而短短幾年時間，他就一躍而成八〇年代時尚圈中最響亮的名字。他隨心所欲地將各種全然不同的藝術風格揉合在一起，從遠古的圖騰，到文藝復興的紋樣，從巴洛克的浪漫輕柔到未來派的前衛帥氣，林林總總的圖案和造形，被他看似漫不經心地混在一起，卻在在顯出獨特的個性來。他對自己的評語是：「我的靈感並不來自學術研究，而是來自於直覺。我總是向前看，就連古典對我來說也意味著現代。」

凡賽斯是一位善用色彩的大師，黃色、紅色和紫色是他百用不厭的搭配。同時，他對面料的綜合使用也特別有心得，他可以將皮革、絲綢、蕾絲花邊、粗斜紋棉布這些看似風牛馬不相及的材料得心應手地結合在一起，創造出意想不到的特殊效果來。性感，有時甚至有些情色，也是凡賽斯設計的一個突出特點，不論是男裝或女裝，他都很執意地流露出來。

除了各種非常超前、非常花俏的流行設計之外，凡賽斯的設計還有另外的一面：他的黑色晚禮服裙通常都特別單純，完全不露設計的痕跡，卻展現出永不過時的典雅氣質、大家風範。

凡賽斯事業成功的另外一個原因是他對超級模特兒概念的大力推動。這些模特兒以她們無與倫比的美麗、超凡脫俗的優雅、令人難以置信的完美身材，加上引人入勝的花邊新聞，成為八〇年代女性氣質的標準偶像，佔據了各種新聞媒體的重要篇幅。克勞蒂亞・斯奇佛兒（Claudia Schiffer）、克麗絲蒂・特爾靈頓（Christy Turlington）、琳達・伊萬婕麗斯塔（Linda Evangelista）、辛蒂・克勞馥（Cindy Crawford）、奈奧咪・坎普貝爾、卡拉・布魯妮（Carla Bruni）、海蓮娜・克麗絲汀森（Helena Christensen）……，這一大串響亮的名字，無一不是凡賽斯一手培植出來的。

克勞蒂亞・斯奇佛爾在1995年春夏時裝展中表演凡賽斯的作品

1994年秋冬時裝展上，克勞蒂亞·斯奇佛爾在表演凡賽斯的晚裝

1994年秋冬時裝展上，克麗絲蒂·特爾靈頓在表演凡賽斯的晚裝

1993年秋冬時裝展上，海蓮娜·克麗絲蒂森在表演凡賽斯的超短裙

1996年的春夏時裝展上，克爾斯婷·麥克蜜納米在表演凡賽斯的晚裝

1996年，莎洛慕在紐約展示凡賽斯的副品牌

泰娜·透納穿著凡賽斯為她設計的演出服在巴黎的演唱會上

默其諾的設計：以紡織布料做的花朵構成裙身，透明塑膠紙的披肩也是神來之筆

默其諾以日本藝伎為
主題的低胸裙設計，
採用了拼綴手法

凡賽斯對芭蕾舞、戲劇和歌劇都很熱中，曾經為這些表演設計過戲服。他的最後一個大型時裝藝術展於1996年在威尼斯雙年展舉行。

凡賽斯去世後，一直充當他的繆斯女神的妹妹丹娜特拉（Danatella）接手負責公司的設計，弟弟桑托（Santo）則管理公司的商業營運。這間以天才設計師命名的公司雖然實質上已變成了一個家族王國，但由於親人們的共同努力，正在繼續譜寫成功之歌。

10・佛朗哥・默其諾

八〇年代裡，眾多的媒體將目光死死地盯住時裝伸展台，他們絕不放過任何一場時裝表演，而且那種窮追猛打的勁頭，就像非要把他們的每一個獵獲物都碾磨成齏粉不可。於是一陣歇斯底里的「時裝熱」旋風平地刮起：人人都要穿名牌，似乎不如此便不足以表現自尊。當然，這種盲目追逐名牌的時裝狂熱很快就令社會蒙受其害。

佛朗哥・默其諾（1950-1994）正是力圖用自己的設計打消對時裝的迷思，破解對名牌的盲目膜拜。他特別擅長於將服裝的功能和符號倒置，在設計中恰如其分地融入「達達」和超現實主義等現代藝術風格。在默其諾看來，對現存時裝權威性的質疑，正是走出新路開闢新方向的開端。默其諾不屑於廉價的抄襲或模仿，他希望自己的服裝有煽惑性，不落窠臼，能讓穿著者微笑起來，最著名的例子是他設計的印有「CHANEL NO.5」（香奈兒5號）的T恤。香奈兒本人對此當然深感不悅，甚至還提出了訴訟。另一個例子是他為1990年推出的香水所做的廣告：圖中是一位身穿金色胸衣的女性，正在用吸管從瓶子裡將香水吸出來，橫貫畫面的廣告詞為：「只能外用！」

默其諾就讀於米蘭的伯列那藝術學院，後來曾為《壕溝》（Gap）、《Linea Italiana》、《哈潑時尚》等雜誌畫過插圖。1977年之前，在基吉・蒙特（Giggi Monte）、凡

賽斯，以及卡帝特（Cadette）等設計師手下做過設計。
1983年，他為愛伊發（Aeffe）公司設計了整套時裝系
列，1988年又為齊普－齊克（Cheap & Chic）公司及默
其諾牛仔褲公司（Moschino Jeans）擔任設計，一步一步
地走上了專業時裝設計師的道路。

　　但是，頗受爭議的默其諾，始終認為自己是服務於
時裝界的藝術家，他的一些做法也相當另類。例如，他
的時裝發表會上，居然允許觀眾向自己不喜歡的服裝扔
番茄！

　　默其諾1994年因愛滋病去世，享年僅四十四歲。

11・多切和加巴納

多切和加巴納是一間著名的義大利時裝公司，和流
行天后瑪丹娜有相當密切的淵源。在1993年的巡
迴演唱會上，瑪丹娜的服裝就是由多切和加巴納公司提
供的，她的那身服裝，引起她的歌迷的狂熱，也因此推
動了多切和加巴納這個品牌。

　　多切和加巴納是兩個合夥人的名字，他們是多明
尼克・多切（Domenico Dolce）和斯提法諾・加巴納（
Stefano Gabbana）。

　　1958年出生的多明尼克・多切是一位裁縫師，生於
1962年的斯提法諾・加巴納是一位平面設計師。1986年
，當他們首次展出聯手設計的服裝，狂放而別緻的款式
就開始引起了重視。1989年，他們推出了泳裝和內衣系
列。1993年，他們的品牌香水上市，隨後又開闢了服裝
配件、男用香水、眼鏡等產品，並且還推出了針對年輕
消費者的副產品。

　　這兩位設計師特別崇拜曲線優美、體態豐腴的女
性，安娜・瑪格納妮（Anna Magnani）和蘇菲亞・羅蘭
就是他們的偶像。他們設計的黑色長絲襪、綴有蕾絲花
邊的內衣、性感的胸衣和束腹等配件也特別適合這類婦

這是默其諾在1997年夏季服裝展上展出的短裙，裙身是用一塊一塊的
圖畫拼綴而成的

捷麗・霍爾打扮成電影
〈101忠狗〉裡的壞女
人出場，她的服裝是由
多切和加巴納設計

多切和加巴納設計的這件為針織連衣裙，調皮地
故意露出女胸衣的黑色花邊

普拉達1999年推出的浪漫設計「森林裡的童話」
受到熱烈的歡迎

女。這就難怪瑪丹娜也成了這家公司最熱心的擁護之一。

多切和加巴納設計的男裝帶有懷舊的色彩，他們的一些靈感是來自義大利著名的江洋大盜或六〇年代的義大利新現實主義電影。

12・普拉達

廿一世紀開始，義大利時裝最熱門的品牌之一就是普拉達（Prada），它的專賣店遍佈世界各地，人們喜歡他的設計，不但服裝其他飾品、配件也都相當熱門，是義大利時裝業非常成功的例子之一。

其實，普拉達與古馳有些相似的地方，他們都是從皮革產品開始的，也都有近百年的歷史，他們都經歷過設計的徹底革新，方才贏得今日的成功。

普拉達原本是一間傳統的義大利皮革製品公司。該公司建立於1913年，創始人是馬里奧・普拉達（Mario Prada）。早期以優質的皮革製品聞名，但是市場主要在義大利國內，推出的皮革製品雖然質量優秀，但是設計上卻比較單一和古板。第二次世界大戰以後，設計有所革新，產品也越來越受歡迎。公司知道，如果要真正打入國際市場，設計還必須更上一層樓。

七〇年代末期，馬里奧的侄女繆茜婭・普拉達（Miuccia Prada）加入了公司的經營，並且負責新產品的開發。她是一個很有創造力的設計師，主要設計皮革製品，構思獨特。起初，她設計的背包和手袋都有不俗的回響，由於急於打入時裝市場，她有些沉不住氣，1985年她有點冒失地推出成衣時裝，效果不如理想，公司的生意遭到很大的影響。幾經沉浮之後，她反覆推敲時裝的設計和市場策略，積蓄力量，企圖捲土重來，她在1995年推出時裝新系列，這個系列獲得很大的成功，終於為普拉達贏得事業上的大突破。繆茜婭自己後來回顧說：「我再也不嘗試那些典雅的服裝，相反，我用一些蹩腳的材料設計一些醜陋的服裝」，她表明，普拉達是走一條非高級時裝的道路，而目標市場是大眾型的顧客，而不是那些高品味的有閒階級婦女。她也正是憑著這種「令人震撼的醜陋」，征服了國際時裝界。她從五〇、六〇年代的塑膠台布和窗簾布花紋獲得靈感，設計了一些針對年輕女性

的服裝，獲得了極大的成功。

　　繆茜婭1999年的設計帶有濃烈的綠林好漢氣息：用染上夢幻色調的樹葉裝飾的裙子、縫有小鵝卵石的衣裙、有點像盔甲的套裝，讓時裝評論家們朦朧想起了傳說中的羅賓漢！而這個系列的名稱就是「森林裡的童話」（Forest Fairy）。

　　普拉達是現在正在繼續跑紅的義大利時裝品牌，它走的道路兼具有藝術品味、高級感覺和大眾文化的特點，是它成功的主要原因。

13．義大利的超級名模現象

義大利的時裝在八〇年代成為國際現象，亞曼尼的服裝風靡世界，隨著義大利時裝熱而產生的就是所謂的「超級名模」現象。那些美麗絕倫的模特兒們成為時裝界和新聞媒體追逐的對象，成為人們的偶像，而她們自己的身價也水漲船高，在八〇年代達到天價的水準。

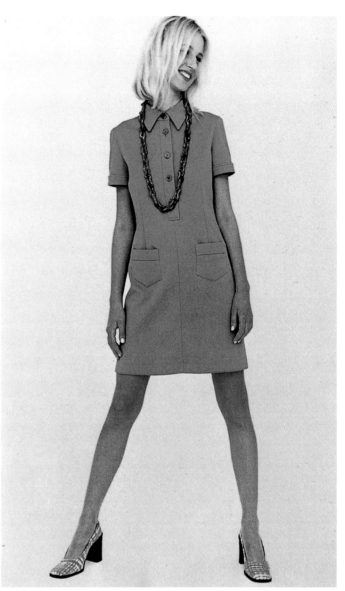

這是普拉達在1990年代推出具有60年代風格的設計，色調單純，線條簡潔

　　「如果當天的收入少於一萬美金，我和克麗絲蒂絕不會起床。」八〇年代的超級名模琳達・伊萬婕麗斯塔在一九九一年如是說。這句狂妄的「名言」既真實地描述了超級名模紀元的現實，又預示著這一現象的終結。這廿六歲女子的傲慢無禮觸發起社會對當時模特兒業中的三位頂級尖子：琳達・伊萬婕麗斯塔、奈奧咪・坎普貝爾、克麗絲蒂・特爾靈頓的反感和唾棄。時裝業的蓬勃發展使這三位女子迅速成為全世界最出名、收入最高的婦女，然而她們卻很快就轉化成時裝界的怪獸：她們完全忘記了自己的任務是促銷時裝產品，她們認為自己比那些時裝更重要得多，她們有意無意地令自己身邊的一切事物（包括她們受僱來促銷的時裝在內）黯淡無光。她們得罪了將她們推上頂峰的社會和組織力量，這些力量於是反過來反對她們。

　　這種經營了幾十年，於九〇年代初期登峰造極的超級名模現象，或許還會再拖上一段時

日，但勿容置疑，已經開始走下坡了。由這些名模們代理和推廣的時裝，卻正是因為這些名模而變得蒼白——人們記住的是名模的姓氏及風采，而不是時裝本身！這些日進斗金、卅歲不到的女子，成了名望、財富、權力和美麗的化身，其中最有名氣的幾位，據說身價已超過千萬美元。她們比國際社交圈內任何女子都更出名，甚至連好萊塢明星也不能拎其縷。她們是每一個男人渴望的對象，而每一個女人都夢想著自己有一天能成為她們中的一員。

　　過去幾十年中模特兒界也出現過一些耀眼的明星，如維露絲奇卡（Veruschka）、特威姬、捷麗‧霍爾（Jerry Hall）等，但無一能與這些超級名模相提並論。克勞蒂亞‧斯奇佛爾、辛蒂‧克勞馥，以及前述的三位尖子，她們無一例外都是由設計師經過多年努力打造出來的，加上她們個人的魅力，而成為這個崇尚金錢、權力的時代偶像。「超級名模」一詞是在八○年代末期風行起來的，當時的國際時裝工業和相關的奢侈消費產品業正面臨著嚴重的衰退。超級名模於是應運而生，她們的出現掩蓋了頹喪的事實，使時裝業的魅力光環得以維持不墜。因此，不僅是時裝設計師成了她們最大的支持者，時尚攝影師如斯提芬‧邁什爾（Steven Meisel）、彼得‧林德伯格（Peter Lindbergh）等人也都是她們的忠實擁護者。更有國際時裝雜誌的評論員、時尚分析家們的得力助陣，就連好萊塢的女明星們也為這些名模們流星般的竄升助上一臂之力。所有這些努力，終於使得時裝模特兒成為廿世紀末的大眾偶像。這些模特兒不再隱姓埋名，不再像是鄰家女孩的清純模樣。她們是大眾所渴望的，和以往標準不一樣的豔羨和模仿的對象。

　　一個女孩子想成為超級名模，可不是只要有一副漂亮面孔那麼簡單。「在照相機鏡頭前，她有上萬種不同的表演，和一種非常專一的對照相機的熱愛。」這是卡爾‧拉格菲爾德對於克勞蒂亞‧斯奇佛爾的讚美。而當設計師伊薩克‧米茲拉（Isaac Mizrahi）談到他的繆斯女神辛蒂‧克勞馥時，所用的口氣就好像他在談論的是茱蒂‧嘉蘭德（Judy Garland）、瑪麗蓮‧夢露，或者賈桂琳‧甘迺迪一樣，在他看來，她們一樣都是所有美國人的夢中情人。至於在設計中特別強調女性體態魅力的阿澤丁‧阿萊亞，他的服裝展所聘用的全是最美麗的模特兒，其中奈奧咪‧坎貝爾更是他的最愛。簽訂專用合同的模特兒只為某一家公司而表演，成了該公司的形象代言人，設計師對她們就更加依賴了。正因為如此，當卡爾‧拉格菲爾德在1983年接受香奈兒公司的設計事務，他首先就挑選法國模特兒伊涅絲‧德‧拉‧佛列桑基（Inès de la Fressange）做為公司的代言人。

　　吉亞尼‧凡賽斯在選用模特兒方面走得更極端：他不只需要一位模特兒，他需要很多個模特兒，而且這些模特兒必須為他專用。他不惜付出大筆額外的費用，去聘請一些同意在米蘭時裝展覽週裡專為他表演的模特兒。後來，其他的設計師為了爭得最好的模特兒，也願意付出同樣的高價，而且還不設專用的限制。設計師們開出的價錢越來越高，一台卅分鐘的伸展台上時裝表演，模特兒的出場費很快就飆升到兩萬美金！

化妝品公司也急起直追，仿效這些設計師們，紛紛聘用專用模特兒做爲自己的形象大使。寶麗娜‧珀理茲科娃（Paulina Porizkova）爲雅詩‧蘭黛代言，克麗絲蒂‧特爾靈頓爲卡文‧克萊公司的「不朽」（Eternity）品牌拍攝廣告，辛蒂‧克勞馥成了露華濃廣告中的女主角。當歌星喬治‧邁可（George Michael）重金聘請頂尖模特兒琳達‧伊萬婕麗斯塔、奈奧咪‧坎普貝爾、克麗絲蒂‧特爾靈頓和塔亞娜‧琶提茲（Tatjana Patitz），爲他拍攝1990年的音樂錄影帶〈自由〉（Freedom）時，這些超級名模們終於企及了輝煌的頂點：她們不僅走紅於服裝界，也成了搖滾明星，而她們那些真正是搖滾歌星的男朋友——例如斯迪芙妮‧塞墨爾（Stephanie Seymour）的男友是「槍與玫瑰」（Guns'n'Roses）合唱團的阿克塞爾‧羅斯

直到1970年代爲止，時裝模特兒都是自行打理自己的髮型和化妝，然而時至今日，卻完全由成隊的專業髮型師、化妝師代勞了。圖爲1995年3月16日，名模奈奧咪‧坎普貝爾在後台整妝

（Axl Rose），海蓮娜‧克麗絲汀森的男友是INXS樂隊的麥克‧哈金斯（Michael Hutchcence）——倒成了陪襯。她們隨著樂團巡迴演出，到處受到尖叫不已的小青年們的瘋狂膜拜，以及警察的現場保護。

這些超級模特兒們就像是磁鐵，無論何時何地都吸引著公眾的注意力。不論是什麼樣的設計師，只要能成功地讓這些姑娘們首肯，穿著他設計的衣服走上伸展台，保管他的設計第二天就會出現在國際媒體的頭條新聞上。這些有利可圖的女神們住的是頂尖旅館的大套房，坐的是有專用司機的加長禮車，她們是協和飛機上的常客，身邊永遠圍繞著一群貼身保鏢。她們受到專職經紀、私人助手、私人廚師的百般呵護，有自己的擁護俱樂部。社交場中不乏有國王或總統級的人馬簇擁在身旁，有些模特兒甚至就嫁給了這些一國之君。

這是1927年由時裝設計師讓・巴鐸帶到歐洲的三位美國專業模特兒,以今日的眼光來看,她們的身材都不合標準。模特兒經紀們在挑選年輕姑娘時,5英呎7英吋可是最低限度呢

模特兒這一行,在廿世紀初期甚至有些聲名狼藉,到了九〇年代卻成了一種高尚職業,入了這一行,就形同擁有了上流社會的入場券。而且,這是現代社會裡唯一一種女性的薪水高出男性的行業。

最初,模特兒不過是會走動的衣架子,直到十九世紀末葉,隨著攝影技術的發明,模特兒才成為一種專業。那時,剛處於萌芽狀態的時裝雜誌會請一些社交界的名女人、舞蹈家,或女演員來擔任模特兒,拍攝一些時裝照片。而在時裝作坊裡,則通常是由銷售小姐親自穿上時裝師的作品向顧客推銷。也有為數不多的時裝師的太太——例如英國設計師查爾斯・沃斯的太太瑪利亞・弗涅特(Marie Vernet)——為自己丈夫的作品擔任模特兒。1884年,時裝伸展台被正式啓用,那些上層社會的女子根本不可能在這種公眾舞台上拋頭露面,因此,專門的職業模特兒就隨之產生了。早期的模特兒通常是些出身低微、沒沒無聞的女孩子,她們的操守常常受到質疑,伸展台上的女模特兒甚至被當做是「妓女」的同義詞。有趣的是,在五〇年代,紐約的模特兒常常手裡拎一個女帽盒子,而將隨身要用的化妝品、首飾之類小物件都放在裡面。結果紐約街頭上的妓女們也拎上一個帽盒子來做掩護,以免警察一眼就能看出她們來。

讓・巴鐸是第一位聘用專業模特兒的歐洲時裝設計師。1925年,當他從美國帶了六位女模特兒回巴黎時,在社會上曾掀起軒然大波。1915年,一位名叫約翰・羅伯特・包維爾(John Robert Powers)的失業演員在紐約開設了世界上第一家模特兒經紀所。到1946年,伊蓮・福特(Eileen Ford)也在紐約開辦了自己的模特兒經紀公司,該公司後來成為世界上最大的模特兒

公司，許多日後成名的超級模特兒都出自她的門下。在提高模特兒業的社會地位方面，福特模特兒經紀公司做出了很大的貢獻。

即使在五〇年代，還是只有少數幾位模特兒的姓名能為人所知。其中，麗莎・芳夏格理芙（Lisa Fonssagrives）算是最出名的一個。她的照片從三〇年代中期直到五〇年代，一直出現在各家主要的時裝雜誌上，應該算做是第一位超級名模。她的成功為後來六〇年代的詹・什林普頓和特威姬，以及七〇年代成名的古尼拉・林德博蘭德（Gunilla Lindblad）、捷麗・霍爾和勞倫・修頓等人鋪平了道路。1973年，勞倫・修頓與露華濃公司簽定一紙四十萬美元年薪的合約，成為有史以來最昂貴的模特兒合約，宣告了百萬元形象模特兒的開端。

蓬勃發展的廣告業將模特兒帶進了日常生活的每一個領域。在大得像一棟房子的巨型廣告牌上、電視螢幕上，這些姑娘們不但銷售時裝、銷售化妝品，還賣果汁、賣汽車、賣袖珍計算機，尤其是那幾位頂尖模特兒，簡直無所不在。

在此同時，時裝界對於這些由他們一手打造出來的名模尖子的抱怨也越積越深了。時裝攝影師們、時裝雜誌的編輯們已經受不了她們傲慢的大牌行徑。一個突出的例子是，奈奧咪・坎普貝爾的壞脾氣和沒完沒了的遲到、拖拉，最終導致愛立特模特兒經紀公司公開宣佈她為拒絕往來戶，公司在公開聲明中宣稱：不論要花多少代價，公司的同仁和客戶都不願再忍受她了。

時裝設計師們不但被這些美女們高昂的索價所激怒，也為設計本身完全被罔顧而沮喪。在這些超級名模成風之前，直到八〇年代，傳媒對時裝表演的評論和報導總是直截了當地對式樣、面料、裁剪、風格等提出意見。可是現在那些記者和專欄作家們卻對琳達・伊萬婕麗斯塔所謂的懷孕，對克勞蒂亞・斯奇佛爾和大衛・科泊菲爾的婚約，以及奈奧咪・坎普貝爾與拳擊選手邁克・泰森和影星勞伯・狄尼諾的緋聞表現出更大的興趣。辛蒂・克勞馥

露琪是1950年代裡最受歡迎的模特兒，成為那個時代貴族化優雅風韻的理想代表

和影星理查·吉爾的所謂假結婚更是鬧得滿城風雨，這兩口子竟然弄到要花兩萬五千美元在《時代》上刊登整版廣告來證明他們的相愛是真摯的。

1995年在巴黎舉辦的時裝表演會上，由於設計師們一致決定不再向節節升高的出場費低頭，這些超級名模們的身影就幾乎完全消失了。1996年的時裝展，更因為著眼於新一代的消費者，而徹底地起用了一班年輕的全新面孔。新出道的女孩子之中，有身型瘦小的營養不良似的凱特·莫斯（Kate Moss），有貴族化的蓬克斯提拉·特南特（Stella Tenant），有來自亞洲的珍妮·石明珠（Jenny Shimizu）。個個都野心勃勃，有些刺著紋身，也不乏女同性戀者，這批形形色色的新人正具有富裕年代孩子們的特色。

超級名模琳達·伊萬婕麗斯塔需要不停地變換自己的形象，此時她正在染髮

這些新模特兒被打扮得就像是平常的鄰家女孩，對她們而言，頭髮蓬亂不潔、唇膏塗污化開，都可以不必在意。九〇年代的後半葉，粗野小子潮流當道，那種好像海洛因吸食者的面容倒成了時尚。不過這種趨勢很快就在國際範圍內遭到唾棄，沒有維持多久就消退了。

這些時裝界的新寵中，不少人染有毒癮或酗酒，其中幾個衰弱到在伸展台上都走得步履蹣跚、搖搖晃晃。1997年，廿歲的時裝攝影師戴維·索仁提因吸毒過量而死，引起震驚，也由此而令時裝界的風氣為之大轉：有些時裝雜誌過去喜歡用一些身型瘦弱、滿面病容、半死不活的模特兒的照片做封面，現在收到許多抗議的讀者來信，連同原已簽約的廣告也被終止；模特兒經紀公司亦要採取強制的手段，迫使旗下的年輕模特兒去戒毒，就連美國總統柯林頓也對這種「不健康的傾向」提出了批評。

這些新面孔就如過眼煙雲一般，很快就退出了伸展台。克勞蒂亞·斯奇佛爾、辛蒂·克勞馥、奈奧咪·坎普貝爾和克麗絲蒂·特爾靈頓等幾位碩果僅存的頂尖模

特兒，憑藉昔日的光環又重新佔領了伸展台和攝影鏡頭。不過，她們想開闢第二職業的努力卻無一例外地遭到失敗：克勞蒂亞在德國電視上主持的脫口秀不得不草草收場，奈奧咪第一張唱片的敗績從此終結了她的歌星夢，辛蒂擔任主角的第一部影片被影評人批得體無完膚，不過她的健身操錄影帶倒是賣出了五百萬捲，業績還算不錯。

平心而論，倒也不是沒有模特兒變影星的成功例了，不過人數少得可憐而已。其中最成功的要數勞倫・修頓。雖然眼睛有點斜視，門牙有條縫隙，鼻樑也不很挺直，但她不但在七〇年代裡成為超級模特兒，還因在影片〈美國舞男〉中的演出而大放光彩，甚至後來又以六〇歲的高齡傳奇般地重返伸展台。然而，她恐怕只能算是一個美麗的例外。

有一雙大眼睛的德莉凱特・柯卡是迪奧時裝在1960年代的代言人

每年都有成千上萬的女孩子懷著夢想投入模特兒這一行業，每個表演季裡也都會出現幾顆耀眼的新星，只不過大多隕落得飛快，就像從來沒有出現過一樣。就拿香奈兒公司為例：1999年，斯提拉・特南特換成了卡倫・埃爾森（Karen Elson），可是不出一年，卡倫又被尤拉茜安・德佛安（Eurasian Devon）所取代。

新千年裡，這種狀況看來也不會有多大改變。當時裝設計師卡爾・拉格菲爾德向公眾宣佈：用來自英國的貴族化的龐克斯提拉・特南特換下了克勞蒂亞・斯奇佛爾，他說：「在表現出時代精神這方面，斯提拉比克勞蒂亞更加合適。我很遺憾，但模特兒這一行從來就是不公平的。我只能說，時裝是一門非常艱難的職業。」

◆ 第十二章

時裝的未來：1990-2000

1 · 導言

許多人在總結九〇年代的時候都說：這個十年是八〇年代的物質主義狂熱之後的冷靜時期，其實，這個十年在某些方面與一八九〇年代倒有不少相似之處，比如正式的時裝設計使不少人感到不安全，因此希望找到另類的出路，尋求服裝上的異化，就是很相似的。在這個十年中，電腦的發展是極為令人震驚的，它完全改變了人們的生活方式，雖然消費主義還是以西方的生活為中心，但是到九〇年代，越來越多的人開始思考生活的意義了。由於經濟的日益發展，越來越多的婦女無論在私人生活還是在工作上取得獨立和地位。

九〇年代是一個沒有限度的時代，整個世界都發生了天翻地覆的變化，東歐集團瓦解、蘇聯解體、冷戰結束，而美國的所謂「自由」世界也開始瓦解了，證券交易越來越龐大，好萊塢和麥當勞成為全球現象，九〇年代是全球化的開始。

資訊氾濫是這個十年開始的象徵，人們開始逐漸熟悉新的環境：政治醜聞、鄰里暴力、愛滋病、複製動物、基因改造食物，人們渴望安全、真實、新的價值觀。在這種背景下，娛樂變得越來越重要，人們需要娛樂，媒體創造了一種永恆情緒，好像無需再有夢想一樣。英國王妃戴安娜的悲劇死亡居然變成媒體的炒作熱潮，全世界對她的逝世都悲痛無比，使她立即變成一個聖人。

1990年代的經濟蕭條及波灣戰爭令消費者感到沮喪，極簡主義（或稱極限主義）因運而生：不事奢華的基本裝束、素淨的顏色、非常低調的化妝、極其節制的首飾

（左圖）雖然市面上高科技產品不斷地從實驗室源源流出，健康食品店和護膚專門店也賣起了化妝品，但是傳統的美容用品在1990年代卻有回潮的趨勢：有百年歷史的法國公司列克列克生產的經典撲粉，一夜之間又成了暢銷品

極簡主義的風潮也影響到時裝店的室內裝飾風格這是吉爾·桑德流行時裝店1996年在慕尼黑開張時的面貌，是由邁克·加別里尼設計的

這是1990年代裡成功的職業女性的典型穿著和配件：剪裁簡練的基本搭配、很節制的首飾、「FILOFAX」牌子的備忘筆記本、無線手機

　　九○年代剛剛開始，世界就出現了一系列的巨大變化，首先是柏林牆的倒坍和德國的統一，繼而是伊拉克入侵科威特和海灣戰爭爆發，消費急遽下降，市場萎縮，失業遽增，經濟陷入危機。情況簡直與二○年代的那種經濟大衰退相似。

　　人們開始對時裝熱進行反省，他們發現自己的衣櫃太滿了，衣服太多了，講究服裝實用，講究合適成為新的風氣，衣服是要穿的，不是光拿來看的，這種觀念開始被越來越多的人接受，一些很實用的服裝在這個時期重新流行，比如顏色鮮豔的夾克裝、連褲裝、比較窄的裙子、套頭裝等等，都是很普及的服裝。不但在整個九○年代成為銷售的主流，並且也是時裝表演Ｔ台上最經常出現的形式。當然，雖然式樣隨意和舒適，但是做為時裝還是需要有區別，因此設計師採用了比較講究的面料，甚至是比較稀有的面料來使服裝看來不一樣，在做工上也更加講究。當然，如果從遠處看，根本看不出區別，高貴和通俗的區別僅僅在細節，而不在大處，是這個時期服裝上一個很突出的特點。

　　這個時候的時尚是從建築家密斯·凡·德洛（Ludwig Mies van der Rohe）的「少即是多」（Less is More）的設計哲學中演變出來的，整個九○年代的時裝趨向使用比較自然的色彩，特別是在時裝消費的大國美國如是。當然，在生活更富色彩的南歐地區，比如義大利和西班牙，情況就不盡如是。

　　時裝設計好像音樂，人們都從過去的陰影中找尋教訓和靈感，六○年代和七○年代的鬼影實在使當代的設計師顫抖，那些時代實在太動盪、太狂暴了，新的時期需要的是穩定感，但是，還是有些九○年代的設計師企圖從這些時期的設計中找尋靈感，比如有少數的喇叭褲出現，瀏海也一度出現，科列傑斯面貌和雛菊也有人喜歡，賈桂琳·甘迺迪

的裝束曾流行，六〇年代的普拉達幾何形式的服裝和普奇的迷幻劑裝也有人穿，但是所有這些都沒有能夠成為潮流，僅僅是錦上添花的點綴而已，畢竟人已經不同了，時代也不同了，對於那些疾風暴雨似的新潮探索，社會的包容度越來越低。

人們追尋生活的意義、偶像的意義，而不僅僅滿足於生活的表面，或者偶像的本身。這種風氣甚至延伸到時裝表演的Ｔ台上，凡賽斯在被刺之前不久舉辦的最後一次時裝表演中，就採用了金色的十字動機，利用了刺繡的方法裝飾晚禮服，具有對於目的和意義的疑惑；巴蘭齊亞加的設計師尼古拉‧格斯貴列（Nicolas Ghesquière）則推出好像中世紀僧侶式的黑色長袍，形式又好像電影〈星際大戰〉第二集中的道具服裝一樣，充滿了神祕感和宗教氣氛。九〇年代的通訊革命、政府對電訊業管制的放鬆，導致了全球的資訊爆炸，在數位時代，真實現象倒好像是虛擬一樣了。

人造的形象變成偶像，是九〇年代出現的新氣象。一個暢銷的電腦遊戲「盜墓者」（Tomb Raider）中的女孩子拉娜‧克羅夫特（Lara Croft）成為青少年的偶像，是前所未有過的，最終被好萊塢的電影公司在2001年拍成電影，風靡一時。拉娜穿短褲、短小的Ｔ恤，揹著個背袋，穿突擊隊員的靴子，一副短打扮，比利時的時裝設計師沃爾特‧凡‧拜倫多克（Walter van Beirendonck）照此設計時裝，他在巴黎時裝大展上推出這樣的系列，受到普遍的歡迎。到九〇年代末，幾乎所有的商品基本都可以在網際網路上找到。1998年，法國時裝設計師讓‧保羅‧高提耶成為第一個在網路上銷售自己設計時裝服飾的設計師。

（上圖）娜塔麗耶‧波特曼在盧卡斯（星際大戰）第一集「幻影的威脅」中扮演銀河公主一角

（下圖）1999年特利‧穆格勒在夏季時裝展推出的兜帽

九〇年代的生活節奏變得非常快，無數的電視頻道和節目、無窮無盡的網路資訊，以及日新月異的科學技術成果，比如方便而廉價的行動電話、手提電腦（筆記本電腦），整個社會被數位技術聯繫起來，並且進入越來越快的節奏，這種越來越快的節奏也反映在時裝設計中，影響了時裝業的發展，無論是Ｔ台還是時裝設計的打樣都受到極大的衝擊，從生產到銷售，時裝業越來越嚴重地依賴資訊技術和數位技術，一個設計出來之後，透過高效率的資訊處理，很快就成為流行全球的服裝，其間的時間不過是短短幾天，甚至是短短幾小時，這在以前是無法想像的。資訊革命造成流行迅速的基礎，並且現在的流行是真正世界意義的、全球意義的流行。時裝在這種流行的條件下會成為制服化，因此資訊革命對時裝業來說是具有另外一個側面的衝擊。

這種急速的生活節奏自然在時裝上也有所影響，奧地利的時裝設計家赫穆特‧朗（Helmut Lang）是公認這個時期的極簡主義設計大師，1997年《藝術論壇》（Artform）雜誌撰文

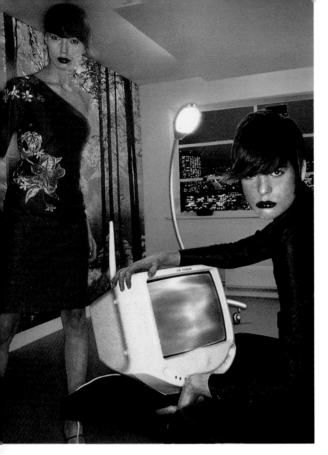

在1990年代，高科技產品已經在人們的日常生活中佔據了重要的地位，連時裝攝影中也少不了它們的蹤影

對新千年裡網路世代女性的詮釋：
（左圖）頭頂用鋁箔做裝飾的模特兒
（右圖）薇薇安・魏斯伍德推崇的病態美

說極簡主義、極限主義絕對是時尚，首飾、化妝都是多餘的累贅。一切成為速食式的，一切都為了簡便，因此時裝也就越來越簡約，越來越講究功能，飾件越少越好，首飾最受這個新潮流的打擊，因為首飾麻煩，新時裝設計盡量少，或者乾脆不用首飾。而髮式和化妝也簡化了。

速食文化席捲世界，從吃飯到穿衣服，從娛樂到閱讀，從旅遊到交友，能快就快，方便就好。美國式的速食簡直到處都是，對許多青少年來說，麥當勞是「飲食」的代名詞，特倫斯・康蘭爵士在他的倫敦和巴黎的豪華餐館中推行極簡主義風格，餐館牆壁全部白色，玻璃和金屬的家具，並且也把速食文化和正式餐飲結合起來，在內中可以選擇歐洲、亞洲和美國的美食，這樣的做法自然適合大氣候。1997年在巴黎開設了一家講究當時流行時尚的新店，叫「科列特」，採用絕對極簡主義的風格裝潢，全部白色，設計風格絕對簡單，時裝也是簡單到有些過於樸素的地步，這正是時代的風氣。

巴黎的高級時裝在這種普遍的極簡主義流行氣氛下，顯得有些格格不入了。巴黎時裝界抱怨說：這個時候的服裝看來好像制服一樣，沒有個性，也沒有設計家的個人品味，他們說這是「市場營銷型的服裝」，是美國人搞出來的，它破壞了時裝美學原則等等。但是大勢所趨，雖然法國人抱怨連天，但也無法扭轉潮流。

美國時裝設計師在這個時期依託嫺熟的全球市場運作取得極大成功，一系列設計師，比如拉爾夫・勞倫、卡文・克萊、多納・卡蘭不但是美國人喜歡的設計師，也是歐洲婦女喜歡的設計師，他們的設計取得全球性的成功，順應時代的趨勢，加上成功的市場營銷政策，是他們成功的主要原因。拉爾夫・勞倫的設計具有不受時間影響的中性特點，

為中產階級婦女設計，有些鄉村家庭的氣息，很受歡迎，其實與香奈兒和愛馬仕的產品有些相似之處。勞倫講究自己品牌的樹立，講究品牌的權威性，而服裝又自由舒適，難怪人們都喜歡它。而卡文·克萊則是一個非常突出的市場營銷專家，他推出的設計是穿著自由、舒適而又青春和有品味，針對青年人的市場，市場定位非常準確，在這個市場中他有很大的佔有率。多納·卡蘭比較注重歐洲市場，他使用純度比較高的色彩系列，而在設計上更多考慮到歐洲人的習慣，加上美國的市場營銷手段，也是非常成功的。美國時裝設計注重所謂的「無時間限制」性格，服裝不會由於過於講究某種風格而打上時間的烙印，而容易成為過期的設計，這是美國時裝與法國時裝最大的區別。

廿世紀末，除了來自美國的這種強有力的競爭之外，法國時裝還面臨來自義大利的強烈競爭。義大利時裝對法國的挑戰開始於亞曼尼，之後是普拉達和古馳。這些大時裝設計公司在九〇年代中期以後對法國時裝形成極大的威脅，無論是亞曼尼、普拉達還是古馳，都能夠把非常簡單的物件設計得極為時髦，是義大利設計一個很大的特點。當然，時裝界比較多人認為米蘭過於經典，倫敦過於狂熱，只有巴黎才真正具有想像力和多元化的設計，但是，不可爭辯的事實是，無論是巴黎還是倫敦，都不得不依靠義大利設計的精美面料，在廿世紀下半葉，義大利服裝面料以其無以倫比的傑出設計和第一流的質量成為世界時裝的主要材料，義大利的面料在世界市場中具有無可爭議的領導地位。

九〇年代中期以後，時裝界經歷了另外一個重大的衝擊：大量的新設計家和新企業家收購和控制了巴黎一系列著名的時裝老字號，比如來自英國的約翰·加理亞諾控制了克莉絲汀·迪奧，而另外一個英國人亞歷山大·麥昆則收購了紀梵希。一個以色列的美國人阿伯·厄巴茲成為聖·羅蘭的業主，西班牙的克里斯提娜·奧提茲接管了拉文，而法裔的加拿大人娜塔利·傑瓦斯則在1999年接管了蓮娜·莉姿。全球化席捲整個時裝業，巴黎的時裝業在這個狂潮之中搖搖欲墜。

1997年拉爾夫·勞倫在紐約舉行成衣服裝展上推出的作品

90年代中期對居家安全的追求導致對日常服裝設計的一些變化，精緻的吊帶裙可以和套頭外衣或開襟外套搭配，顯得舒適隨意，就像坐在自家的沙發上一樣

未來派在向
新千年禧首
問候？這是赫
維·列日在
1999/2000年
秋冬服裝展上
推出線條分明
的新作

約翰·加理亞諾為迪奧舉辦的第一次時裝展其實也展示他自己在時裝設計上的天分，但是他的作品顯示他比較注重傳統，他從傳統中找尋靈感，對於喜歡現代感的女性來說，他的設計顯然不是她們喜歡的。因此，加理亞諾是比較有自己特點的市場定位。他的設計，對於原來迪奧的形象帶來了很大的影響和改變。

豪華的品牌成為流行，奢侈的品牌變成大眾也可以擁有的，是九〇年代以來一個很重大的轉變。愛馬仕、路易·維頓、亞曼尼、古馳、普拉達、拉爾夫·勞倫這些品牌在九〇年代都建立起自己的全球帝國，行銷世界。在時裝界，巴黎依然是處於前列，但是義大利、美國也緊跟其後，這些國家的設計師和時裝公司進入巴黎，在時裝的大本營進行挑戰。1993年，吉爾·桑德（Jil Sander）是第一個非法國的時裝設計師在巴黎的高級時裝集聚中心開始自己的時裝店，這個德國設計師在巴黎的時裝界面前班門弄斧，這樣，德國的時裝設計也就進入了巴黎了。

九〇年代的女性很多喜歡極簡主義或者極限主義風範，她們穿著盡量簡單，喜歡用手提袋，她們的手提袋、眼鏡、鞋子和服裝雖然是名牌，但是還是喜歡簡單。1996年開始，最流行的手提袋是普拉達的黑色塑膠手提袋。到九〇年代末期和廿一世紀，類似手提袋、眼鏡這些配件未必需要有品牌標記在上面，但是卻需要設計好，可見人們越來越講究實際。品牌是給人看的，而設計好是自己用的，而設計好的產品同時也是一種更加強烈的品味標誌，在九〇年代，使用講究設計的產品成為風氣。

在時裝形象上面，這個時代也有很大的改變。八〇年代是超級模特兒的時代，那些寶貝好像天上的神仙一樣，不但高不可及，並且也實在太昂貴，一個時裝公司要找十個八個超級模特兒做時裝表演，花費是天文數字。到了九〇年代，人們不喜歡這些超級模特兒，轉而找那些相貌比較樸實、更加專心和投入的模特兒。無需瘦到好像楊柳一樣，要氣質、要浪漫，要小孩面孔，要天真，而不要八〇年代那些超級名模式的複雜、矯揉做作。年輕就是本錢，年輕就是時尚，化妝僅僅需要少少面霜就可以了，何必那麼複雜？牛奶和維他命才是真正美容品，九〇年代出現了「威而剛」這樣的壯陽藥，也是追求青春的象徵。年輕人在這個年代

中比他們的上一代受過更好的教育，有更高的工資，因此也追求更多的個人自由，他們並不反對社會次序，並沒有前幾代人那種反叛精神，他們更加講究自己覺得舒服的物質，他們的物質主義是為自己的，而不是給人看的。他們有自己的偶像，都是音樂方面的明星，或者體育明星，也有漂亮的模特兒。他們更喜歡在網上聊天，他們可能比上幾代人來說缺乏理想，但是卻更追求娛樂和快活。這個時代的青年都是在八○年代初期出生的，他們人數多，成為Y世代，比六○年代生的X世代整整多出一倍以上，在美國，他們這世代的人數接近四千萬，成為所有行業不得不注意的新消費階層。

1996年，體育用品商耐吉在紐約開設了聲勢浩大的「耐吉塔」，不但小青年蜂擁而至，其他年齡層的人也都為之吸引，到「耐吉塔」來不僅僅是買東西，也是一種經驗，一種青春的新潮感，一種驚喜、一種刺激、一種娛樂。商店不再是僅僅供購物的場所，也是一個娛樂的場所，特別是美國的體育用品商店，其娛樂性非常強，內衣商店也充滿了娛樂和浪漫的氣氛，各種胸罩（這個時期最出名的是所謂的「魔術胸罩」）、內褲、緊身胸衣、束腰帶層出不窮，應有盡有，反正是為了顧客打扮出一個年輕的體態。手提袋為小背囊取代，而這些小背囊設計千奇百怪，年輕是最高的訴求，只要看來年輕、天真，什麼樣的東西都可以用，這是九○年代以來各種時裝配件設計的要點。

九○年代末期和廿一世紀開始，即便一些成熟的女性也打扮得好像小女孩一樣，打扮得純情天真成了風氣，緊緊的小外衣，短短的迷你裙，小小的花朵圖案，有時候穿長到膝蓋的長襪，這種純粹小女孩的打扮，時常可以看見穿在成年女性身上。

成年男性這個時期開始穿牛仔褲，穿運動衫，街頭服裝受流行音樂和體育影響，運動套裝是這個時候最受歡迎的服裝類別之一。設計師利法特·奧茲別克（Rifat Ozbek）1990年推出的「新世紀」（New Age）系列包括超大號的籃球鞋，而卡爾·拉格菲爾德在籃球鞋上加上了可可·香奈兒的兩個C字母連起來的標誌，讓·保羅·高提耶則把籃球鞋加上了高跟。這個時期的設計，是把舒適、隨意和高級時裝的品味結合起來。

這個時期的服裝更加講究面料，由於科學技術的發達，人們對於面料的要求更高了，更加講究了，新的「微型纖維」（microfibers）更加柔軟，更加具有彈性，性能驚人：柔軟、彈性自不

讓·查爾斯·德·卡斯特巴捷克的1999/2000年秋冬服裝是在巴黎通勤火車站舉辦的

1947年克莉絲汀‧迪奧以「新面貌」裝揚名天下，這是約翰‧加理亞諾和新面貌服裝原型的合影。整整五十年後，這位英國設計師成了迪奧公司的領頭人，展出了他為迪奧公司設計的第一個系列

1998年亞歷山大‧麥昆為紀梵希公司所作設計，其大膽程度引起一陣騷動。

必說，這些新面料還透氣、保暖、抗紫外線、氣味芬芳，甚至有些還可以包含潤膚霜的，技術的發展為設計創造了嶄新的空間。

簡單的服裝，或者成為極簡主義、極限主義的時裝是整個九〇年代的流行特色，這個與環保意識是一致的，細條紋布料是男女都喜歡的面料，日裝事實上變化不多，是與整個時代的氣氛有關的。而到了晚上，晚裝的變化就多得多了，女性的晚裝更加具有表現意識，也更加強調女性的特點，浪漫、嫵媚、誘惑，皮膚暴露的部分更多，身體被包裹得更加緊貼，採用了很薄的皮革、人造材料來達到誘惑的效果。新的〈星際大戰〉推出了新的女性時裝形式，就具有這樣的趨向。女性對於未來主義毫無興趣，反而對服裝的肉感、挑逗效果感興趣。

在九〇年代末期，突然湧現出一大批非常傑出的時裝設計師，他們都非常年輕，他們對明星沒有興趣，對媒體不相信，年輕的比利時設計師馬丁‧馬吉亞拉拒絕接受媒體的採訪，而自己的商標則是全白的。而他的同胞也是射擊運動員的奧利維‧特斯肯斯（Olivier Theyskens）在廿二歲就開始從事時裝設計，瑪丹娜在奧斯卡頒獎典禮上穿著他設計的黑色綢緞套裝，使他成為時裝界討論的熱門話題，而他自己卻依然躲避媒體的訪問。看來比利時在這個時期人才輩出，安特衛普藝術學院出了好多個相當著名的時裝設計師，像拉夫‧西蒙（Raf Simons）和維諾尼克‧布蘭昆霍（Véronique Branquinho），他們都是潮流的領導人，卻從來不見媒體，也不讓攝影師拍攝自己的照片。他們無需依靠媒體達到推廣自己品牌的目的。

1999年，德國設計師伯恩哈特‧威廉（Bernhard Wilhelm）在巴黎造成轟動，他毫不猶豫地從德國傳統的黑森林地區的民俗服裝中吸取靈感，把民俗服裝搬上高級時裝的T台，震動了巴黎的時裝界。他說他希望突

出德國的民族氣派，同時也要保持青春和活力。

　　1999年末，人們歡欣地慶祝千禧年的來臨，世界各地都有狂歡和慶祝，到處是一片欣欣向榮的喜慶，只有在時裝業中缺乏千禧年的那種歡樂氣氛，人們並沒有因為千禧年就穿新的時裝，女性們還是喜歡隨意和舒適的極簡主義裝束，並沒有多大的改觀。不過色彩上倒有些時代的特點，1999年喜歡粉紅色，那種刺眼的粉紅色代表人們還是對未來有期待的。男性更加具有探索精神，願意找更加不具傳統形式的服裝穿，男性服裝在世紀末變得越來越具有爭議，越來越具有探索的特點，也比較不墨守成規了。

　　安全、個人自由、毫無拘束是新紀元人們對時裝的訴求，體育型服裝之所以能夠大行其道，原因主要在這裡，形式上走運動休閒的方向，材料上更加注重高科技的舒適和安全，是新時裝的主流。服裝的安全性從來沒有像這個時代那樣受重視，設計師讓－查爾斯・德・卡斯特爾巴捷克在1999年推出的1999/2000系列就叫「危急狀態」（State of Emergency），包括行線的夾克裝，好像滑雪裝一樣安全和保暖，而帽子就好像聯合國安全部隊的帽子一樣，設計的訴求是非常明確的。

普拉達集團買下了吉爾・桑德公司百分之七十五的股份，使得吉爾可以集中精力從事設計。這是她在2000年米蘭春夏時裝展上推出的新系列。模特兒身上穿著夏威夷大花襯衫，與白菊花印花布直身裙搭配。1960年代流行的花童標誌終於受到尊重

2・這個十年中湧現出來的新設計師

九〇年代，一直是時裝設計的堡壘和中心的巴黎受到來自各個國家的時裝設計的挑戰，特別是高級時裝。如果看看歷史，巴黎的時裝其實是在英國人查爾斯・沃斯手中開始發展起來的，但是經過一百年的發展，巴黎已經是法國人控制的時裝中心了。到了世紀之末，外國設計師再次挑戰法國設計師，使巴黎時裝界感到相當地震驚。但是，平心而論，外國的設計對於豐富世界時裝設計、豐富法國的時裝設計、促進巴黎時裝的發展都是很健康和有益的。

　　英國人在挑戰巴黎的活動中是有領導作用的，約翰・加理亞諾首先以加入紀梵希開了先河，之後又加入迪奧，並且透過自己的設計改變了迪奧的面貌，引起轟動。亞歷山大・麥昆

1990年代裡，不少設計師又刮起了70年代嬉皮時尚的回潮風。在古馳執掌設計的湯姆·福特也相當積極，他的新嬉皮穿著撕破的牛仔褲，帶著珍珠戒指，掛著羽毛裝飾

在加理亞諾之後進入了紀梵希，成為一個主要的設計師，這兩個英國人都對巴黎時裝帶來了重大的衝擊。

1993年，另外一個英國設計師奧斯卡·德·拉·倫塔重回到巴黎，他曾經為拉文公司工作四年之久，他於1932年生於多明尼加共和國，在馬德里的巴蘭齊亞加時裝公司接受設計訓練，全心全意投身在典雅的、女性味道十足的和具有裝飾的高級時裝設計上，他逐步發展到為上層女性設計正式服裝，在這個高級服裝的領域中佔有重要的地位。他曾經為美國總統柯林頓夫人希拉蕊·柯林頓設計了不少正式的服裝，都得到很好的評價。

義大利設計師在巴黎也取得很重要的地位，義大利設計師吉亞尼·凡賽斯1990年被正式接受到法國時裝最高的機構「時裝協會」，因此可以在巴黎的時裝展上每年兩次展出自己的時裝系列，很快進入巴黎的主流時裝設計界。1997年凡賽斯被刺殺，之後，他的妹妹丹娜特拉·凡賽斯主持公司業務，保持他的設計風格不變，使凡賽斯的設計思想和設計風格能夠持續發展，同時又推出她自己比較性感和炫耀的服裝系列，她在巴黎的麗池飯店舉辦凡賽斯時裝表演，的確再次造成轟動，而凡賽斯的其他系列則主要在義大利米蘭生產和推出。

巴黎的「時裝協會」是比較保守的，並且有嚴格的規範，一般設計師要進入這個協會並不容易。1991年拉康涅特－赫曼特是最後一個被批准進入這個協會的時裝設計公司，這個公司有兩個主要的時裝設計師，他們是來自印度的赫曼特·薩加（1957-）和迪蒂爾·拉康涅特（1955-），他們是從成衣設計開始自己的生涯，當他們積蓄到足夠的資金後，就到巴黎開始自己的高級時裝店，從事高級時裝的設計，他們設計極為緊身的長晚禮服是採用昂貴的面料製作的，很受歡迎。

巴黎高級時裝界從1945年開始訂立了嚴格的入會規則，這些規則甚至達到嚴酷的地步，

其實阻礙了許多很有才華的時裝設計師的發展，這個規定到1992年才開始放鬆了一些。根據舊的規定，申請加入這個協會的公司必須有廿個以上的全職職員，他們的時裝公司必須能夠有能力每年舉辦兩次時裝展，展出的作品不能少於五十件，作品必須是手縫的，而不是機械化批量生產的。1992年以後，這個規定改為：全職的職員人數可以是十人，而每年推出的作品數量是廿五件。這種改變，給新一代的設計師創造了出頭的可能性。

美國的時裝設計是九〇年代很主要的新現象，他們的年輕氣質和創意，給法國和義大利時裝帶來新鮮的空氣，促進了時裝設計的發展，比如美國青年設計師湯姆·福特在1994年為古馳推出的春夏系列中首次採用了露肚皮的設計，這個設計立即受到市場的歡迎，產生了不錯的效應，是美國時裝充滿生氣活力的突出例子。

另外一個在九〇年代很引人注目的設計師是赫維·列日，他曾經為卡爾·拉格菲爾德在芬迪公司設計泳裝，對於緊身服裝的設計很有心得，在九〇年代他採用很講究、很特別，有時候相當貴的面料設計服裝，有點像泳裝的緊身式樣，當然效果很好。阿澤丁·阿萊亞控告他剽竊和抄襲，他為了證明自己的設計能力，就開始設計新的、與以往的設計類型不同的新系列，更加得到設計界的普遍好評。

巴黎的高級時裝店在九〇年代遭遇到很大的衝擊，很多店關閉，也有一些其他的店必須合併，以求生存。十年之中有八家時裝公司關閉，餘下的十五家都生存艱難，巴黎時裝協會的主席迪德爾·格魯巴赫在1997年再次修改了依然很嚴格的入會規則，促使更多有才華的時裝設計師到巴黎來發展，以期挽救巴黎的時裝業。一些本來就很出名的設計師第一次被協會邀請在巴黎時裝展上展示自己的設計，其中包括特利·穆格勒、讓·保羅·高提耶等。

在這個時期被邀請參加設計展的人中，有巴蘭齊亞加1992至1997年之間的設計總監約瑟夫·提密斯特（1962-），這個荷蘭人在安特衛普的皇家藝術學院學習設計，他推出的系列具有很強烈的藝術氣息和建築風格，是很被看好的一個設計師，他在第一次展覽之後與義大利成衣公司根尼簽定了合約，為根尼設計成衣系列，但在2000年，他再次在巴黎推出自己的個人時裝系列。

九〇年代以來，新氣息已經吹進了時裝界，到處

前衛的安·德勞米斯特將解構主義發揮到極致：她的服裝按部件裁開，縫製，然後再一件件地穿到模特兒身上，並且諷刺式地寫上部件的名稱（圖中文字為「右臂」）

呈現新的氣象。一些比較傳統的時裝公司都與很前衛的青年設計師合作，設計新的服裝。老字號的愛馬仕公司與法國相當前衛的、被稱爲「恐怖少年」的讓・保羅・高提耶合作，由他主持設計青少年的時裝系列，就是一個很典型的例子。1999年7月份，初出茅廬而十分成功的青年設計師湯姆・福特爲古馳公司陳舊的面貌注入新的血液，他使古馳的時裝變成新的時尚，具有青年人喜歡的氣質。他的服裝不但是講究的，也是具有象徵意義的，使好萊塢的明星在穿著豪華講究之時，還可以炫耀自己的品味和文化。據說古馳有計畫要收購聖・羅蘭，如果真如此，那麼福特就是取代聖・羅蘭的設計師了。

　　法國最重要的時髦用品公司LVMH（是Louis Vuitton、Moêt和Hennessy三個公司合併的名稱）的老闆伯納德・阿瑙特計畫起用亞歷山大・麥昆，取代加理亞諾在迪奧公司中的設計領導位置，這個改變如果真的發生，對於巴黎時裝發展也一定會帶來很大的影響。

　　另外一個在八〇年代開始很令人注目的設計師是法國的瑪丁・西特邦，她在1951年生於北非的卡薩布蘭加，是一個很有才華的設計師。她吸收了各種文化的靈感，從搖滾樂到文學和繪畫，從1985年開始推出自己的設計系列，因爲包容了很多的借鑑，因此她的設計顯得很豐富。她慢慢地建立了自己的顧客群，是法國時裝設計上一個很有希望的新星。另外一個初露頭角的法國設計師是艾利克・伯傑爾（1960-），他在愛馬仕公司從事設計，完全改變了愛馬仕的成衣系列的面貌，在此之後，他開設了自己的時裝店，他是設計休閒便裝的大師，能夠使用很簡單的方法設計出舒適和大方的服裝來，因此也很受歡迎。

　　時裝界在九〇年代當中出現了許多企業之間的激烈競爭，LVMH的總裁伯納德・阿瑙特曾經企圖把古馳兼併到LVMH中來，但是沒有成功，卻發現面臨另外一個時裝和時尚用品集團PPR（是三個公司：皮瑙特－春天－裏多特〔Pinault-Printemps-Redoute〕組合的縮寫）的強烈競爭，這個公司也希望兼併古馳公司，對於一家時裝公司的白熱化競爭，說明時裝業已經進入全球化的時代了。

　　古馳是一家義大利公司，1990年邀請了德克薩斯人湯姆・福特擔任設計總監，那時他在世界上還是沒沒無聞的，而古馳也是一個家庭醜聞多於設計新聞的義大利家庭企業而已。在三年之中，福特成功地改變了公司的面貌，他以自己的設計促進了古馳的品牌，不但促進了服裝的銷售，更把古馳推進到世界名牌的高度，同時也推進了其他的配件，比如手提袋、鞋子、腰帶等等，銷售遽增，設計典雅、高貴而有性感，古馳的年銷售額從三年前的二・五億美元增加到十億美元，成爲世界上最具規模的時裝品牌公司之一。

　　古馳的成功表明了設計的重要，顯示設計是創造財富的關鍵，因此鼓勵了很多其他的公司，許多存在困難的公司都以古馳的模式做爲模範，改造舊品牌的形象，推出新的產品系列，注意市場營銷和市場形象，都取得不俗的效果，比如英國設計師加理亞諾和麥昆爲LVMH擔任設計，使這個大企業獲得很好的市場效應，而LVMH同時還雇用了好幾個傑出的設計師

最有影響的前衛時裝設計師安‧德勞米斯特。她在安特衛普居住和工作，曾就讀於皇家藝術學院

時裝也在向新世紀邁進，這裡展示的是新秀奧西瑪‧維索蕾塔的設計，表現了極簡主義的發展和演變

，內中有三個美國設計師，包括專門設計成衣類服裝的馬克‧雅科布，他專門為LVMH旗下的路易‧維頓設計，麥克‧科爾斯為旗下的謝林公司設計，納奇索‧羅德利貴斯則為旗下的羅威公司設計，這些設計師的創造，都使LVMH這個大企業的競爭力大大加強。

愛馬仕是另外一個很具有競爭力的時裝和時尚產品大企業，主要採用青年設計師從事設計，成績很好。1997年，愛馬仕聘用一向躲避新聞媒體的比利時設計師馬丁‧馬吉亞拉負責設計部工作。馬吉亞拉是一個很具有前衛思想的設計師，他的作品往往被人認為是還沒有完成的，在愛馬仕這樣一個比較傳統的公司中工作，他這種前衛的作法正好成為健康的補充，因此，愛馬仕的產品在他的設計指導之下取得很大的進展，能夠把傳統的豪華氣派和創新的探索結合起來，贏得更多的顧客。

另外一家相當具有影響力的時裝公司科勞耶，長期委任老牌的時裝設計大師卡爾‧拉格菲爾德負責設計，1997年，這個公司也做了大膽的決定，起用了一個年齡僅僅廿五歲的設計師斯提拉‧麥卡特尼來取代拉格菲爾德。當時，時裝界對她一無所知，大家只知道她是前披頭四樂隊中的保羅的女兒。她設計上輕盈、浪漫的風格很快吸引了許多人，徹底改變了科勞

耶公司服裝的面貌。這種起用青年設計師來打破老牌字號公司傳統面貌的情況，在九〇年代末和廿一世紀開始的時候是時裝界中不斷出現的新氣象。

　　絕大部分時裝設計師都要依靠一家出名的公司來建立自己的名氣，然後再逐步建立自己的公司，很少有人能夠一開始就建立自己的品牌，比較突出的例外是設計師安·德勞米斯特（1959-），她曾經是「安特衛普六人」中的一個，畢業於安特衛普皇家美術學院，是這個集團中一直留在比利時發展的唯一設計師。她在設計上喜歡探索大膽的剪裁，1997年她推出的系列中包括簡單的白色襯衣和寬大的褲子，襯衣好像要從肩膀上滑脫下來，而褲子永遠好像一個掛在屁股上的袋子一樣，這種剪裁實在是與高級時裝的觀念相差甚遠，卻受到很大的歡迎，所謂的「運動中的時裝」就是她的設計。她就憑藉這種設計思路而獲得成功，建立自己的公司，創立了自己的品牌。

1998年秋冬時裝展上表演成衣化時裝，是由美國設計師納西索·羅德理節斯為洛維公司設計

　　在九〇年代湧現的新設計師中，許多人視阿爾及利亞人讓·科隆納（1955-）是一個異數，一個異議人物。他住在城市中的貧民區，騎摩托車，用簡陋的材料（比如PVC塑膠）設計廉價的成衣，正是這種設計思路，使他被一些時裝界人士認為是最具現代氣息的設計家。1990年，他推出自己的系列，設計得十分狂放，他的晚禮服看來好像還沒有完成一樣，他不墨守成規，喜歡衝擊傳統，正是這樣的做法，使他成為時裝設計界的一個新星。

　　日本繼續出現新一代的時裝設計師，九〇年代在國際時裝中比較突出的日本設計師是渡邊淳一（Junya Watanabe，1961-），他設計的系列好像是教堂彌撒的制服，嚴肅、沉靜、有些刻板、充滿宗教氣息，服裝的未來主義的形式好像是要把模特兒帶到未來的墳墓中一樣。他畢業於東京的BUNKA學校，之後為日本時裝設計師川久保玲的時裝店「好似男孩」設計服裝，學習到時裝設計的要點。他發明了所謂的「移動裁剪」，把所有線頭介面

設計在身體移動的部位上，比方肩膀與上臂的接頭部位，這樣就使得穿他的服裝的人有最大的肢體活動餘地，是最符合人體工學的設計，很受歡迎。

1998年，美國的《時尚》雜誌公佈了世界最重要的一百家時裝公司的名單，引起時裝界的騷動，不少時裝設計師認為這個名單反映不出時裝界真實的情況，因為《時尚》雜誌的名單和排行表主要是從時裝公司年產值來決定的，反對的人認為產值不足以反映一個時裝公司的水準和影響力。但是，雜誌堅持說：決定這個名單的那些時裝評論家對時裝界的情況瞭如指掌，不僅僅是靠數字來評比的，因此這個名單依然有它的客觀權威性。根據這個名單，名列前茅的大公司包括有拉爾夫·勞倫、卡文·克萊、湯米·希爾費格（Tommy Hilfiger）、喬治·亞曼尼、多納·卡蘭和凡賽斯等等，從盈利角度來看，最賺錢的頭廿家時裝公司包括老牌的香奈兒、迪奧、聖·羅蘭。這一百個公司基本上可以說控制了世界時裝的市場，也控制了時裝潮流的演變。

在這個一百強名單中，一些以往不那麼出名的公司引起廣泛的注意，比如排名廿九的德國公司艾斯卡達（Escada）就十分令人注目。這個公司是在設計師斯各特·布萊因·丹尼（Scot Brian Rennie，1963-）領導之下運作的，他的設計成功其實是市場細分的成功，他專門為九○年代那些對流行服裝的極簡主義、極限主義時尚不滿的女性設計服裝，這些女性往往都很欣賞自己，有某種對自己的容貌和身材自戀的傾向，認為自己很有魅力，不應該被極簡主義服裝掩蓋了自己的天生麗質，艾斯卡達就針對她們，設計了幾乎所有類型的服裝，從白天的上班裝到晚禮服，從休閒裝到運動服，甚至包括一些明星出席類似奧斯卡這種盛會的大禮服，為她們創造了一個完全屬於自己的服裝國度，無論潮流如何，她們都能夠透過自己的服

赫佛·裏格以設計突出身材曲線的服裝而見長

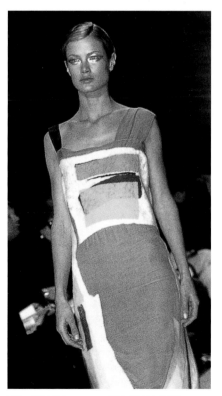

馬丁·西特邦在1998/1999秋冬時裝展上的新作

著名老店巴爾曼
的新血——吉里
斯·杜佛為新千
年的設計選用了
柔和的色調

裝達到自我欣賞、自我陶醉、自我
滿足的目的。

　　但是，除了這些大時裝公司之
外，還有一些時裝設計師或者設計
公司，雖然他們的營業額無法與大
公司相比，但是他們的影響力卻相
當巨大，為了反映這種情況，《時
尚》雜誌又推出了另外一個名單，
上面是這類型的設計師的排名，稱
為「發明家」名單，這個名單相當
有趣，因為它事實上反映了時裝設
計文化的走向和時裝藝術世界的結
構，其中排名第十的吉爾·桑德是
很重要的一個設計師，在排名上，
她甚至排在類似加理亞諾、川久保
玲、山本耀司和魏斯伍德之前。

　　吉爾·桑德早在八〇年代就已
經被北歐的女性看好，她們崇拜她
的設計，被她們視為是具有發明和
創造力的設計家，她很難被簡單歸
納入一個類別，比如把她歸納入極
簡主義類就很牽強，她是一個多元
化的設計師，注意物件的需求，也

注意自我的感覺，因此服裝充滿了變化，是不少女性喜歡的方式。她不但設計服裝、飾件，
也設計室內，她使用講究而有時有些奢華的面料，裁剪和製作講究完美，服裝極為舒適，總
是把舒適性放在首位考慮是她設計的中心，她的服裝的最大長處是給予穿的人高度的自信，
不像大多數高級時裝會使穿著者感到緊張、不安、缺乏自信，是她設計的最大長處，這也是
為什麼她能夠成功的要點。

　　德國時裝設計在八〇、九〇年代開始逐步成為國際時裝設計中的重要組成部分，與法
國、義大利不同的是，德國時裝設計幾乎無法在德國本身創造一個中心，德國時裝設計師也
難以在德國出名，許多德國時裝設計師是在國際成名，之後再把自己的設計推銷到德國去
的。看來德國這片土壤上讓時裝業茁壯成長的養分還缺缺，雖然它已經有世界一流的設計家

和設計思想了。在當代相當著名的有加布利爾‧斯特倫勒（Gabriel Strehle，1951-），她與吉爾‧桑德一樣，也是在義大利米蘭開始自己的設計生涯的，1992年她推出了「斯特倫尼斯」（the Strenesse）這個品牌，推出沒有多餘裝飾、簡單的和相當苗條的系列，定位在亞曼尼與桑德之間，市場細分和定位是女性顧客市場中最年輕的那個組合。定位準確，雖然細分市場不是最大的，但是她自己卻取得很大的成功。

從1994年開始，德國設計師沃夫岡‧祖波（Wolfgang Joop，1944-）開始在美國展示自己的時裝系列，他的品牌在美國已經相當響亮，特別是他設計香水和牛仔褲。他也是九○年代崛起的重要設計師之一，不過，除了香水、牛仔褲之類的設計之外，他的個人品牌還沒有能夠使他形成自己的時裝系列形象。

赫穆特‧朗生於1956年，被公認為九○年代以來創造時尚潮流的重要人物，他在《時尚》雜誌的「發明者」類別名單中排名在第六位，是一個舉足輕重的設計師。朗是奧地利人，從來沒有進過設計學院，他完全是依靠自學而成功的，他喜歡把最新的高科技面料和類似絲綢、抽紗這些傳統面料結合起來設計服裝，有時候會把這些材料混合起來，比如把抽紗黏合在橡膠中，或者把全部攝影圖象、反光帶用在服裝上，或者在Ｔ恤上黏羽毛，把Ｔ恤做為高級時裝處理，顛倒位置，錯亂功能，打破習慣的比例，服裝胡亂搭配，效果奇特，他不是設計懷舊服裝，而是再形成自己的系列，在形成中吸收一些交叉文化的動機。他用花邊飾帶取代原來傳統的花邊，以期達到自我詮釋的效果。如果我們說聖‧羅蘭是七○年代生活方式最集中的詮釋和代表，亞曼尼是八○年代的詮釋和代表，那麼赫穆特‧朗就是九○年代生活方式的詮釋和代表了。他認為未來的文化、未來的時裝、未來的生活和音樂在紐約，因此他把自己的家也遷移到紐約，把握和追隨時代。

年輕設計師尼可拉斯‧格什齊爾的新設計中，可以看到巴蘭齊亞加的影響

1990年代的化妝：濃重的眼影，深色的指甲油

3・這個十年的面貌

八〇年代和九〇年代都是相當絢麗的年代，經濟的繁榮、西方文明的成熟，使時裝也進入一個更加講究實質的時期。不過九〇年代與八〇年代不同的地方是：八〇年代是成功婦女的年代，穿衣服是為了成功，為了事業的成就，而九〇年代是為了舒適，引導九〇年代打扮的反而又是超級模特兒們，她們在這個時候也講究舒適，穿運動裝、休閒裝、穿上班裝，也穿晚禮服，穿著不是僅僅給別人看，也是為了自己的舒適和自在，穿著的選擇是隨著生活的內容，因此更加具有信服性，所以眾多女性又開始追隨這些超級模特兒的日常打扮和穿著，模特兒們再次成為打扮的模範。

八〇年代的女性實在穿得很累，因為要為事業而穿，所以舒適性、隨意性就不得不被壓抑了，她們要穿得符合潮流，特別是商業潮流的需要，受《柯夢波丹》（Cosmopolitan）這類雜誌的指導，什麼都是目標，要最好的工作，要個人事業的成就，要最好的性愛，要十全十美的丈夫，要十全十美的孩子，自己還要苗條、健康，從頭到腳都要講究，個性要溫柔，又

人稱「醜美人」的羅西・德・帕爾瑪。她在彼德羅・阿爾莫多瓦的影片〈崩潰邊緣上的女人〉和〈我的祕密之花〉中都有出色的表演

要有誘惑性，還要聰明智慧，有良好的教育，活得實在累。由於很難達到這些目標，因此生活中潛在很多陰影和危險。1991年，美國作家瑙米・沃爾夫（Naomi Wolf）在自己的著作《美人神祕》（the Beauty Myth）中諷刺這種對成功完美的追求，另外一個作家蘇珊・法魯蒂（Susan Faludi）也在《後作力》（Backlash）一書中批評婦女運動出現的這種違反婦女本身利益的傾向。從電影中可以看到時代的變化，1980年，美國電影明星理查・吉爾在〈美國舞男〉中扮演一個靠富有女性養的舞男，一個所謂吃軟飯的牛郎，養他的富婆給他穿亞曼尼的服裝，從頭到腳都是亞曼尼，而十年之後同樣是理查・吉爾演的電影，他在和茱莉亞・羅勃茲（Julia Roberts）合演的電影〈麻雀變鳳凰〉

（Pretty Woman）中則是一個獨立的億萬富翁、一個高級單身漢，掏錢給茱莉亞·羅勃茲扮演的比佛利山妓女買名牌時裝，從被人養到養妓女，十年之中翻了過來，可見時代是真的變了。

九○年代出來挑戰八○年代為成功而穿的模式，主要是八○年代那些女性的女兒，她們不要和母親一樣為事業而穿，她們不喜歡受服裝的拖累。

超級模特兒已經過去了，對於時尚業來說，她們太昂貴，而對於一般女性來說，她們則高不可及，完全沒有聯想的餘地。因此，九○年代出現了新的模特兒類型，她們好像是街頭的女孩，自然和隨意，而不再是那些高頭大馬的超級模特兒了。現在出道的模特兒，不但相貌平凡，儀態自然，穿的也是比利時設計師特別是安特衛普六人設計的服裝，而不是巴黎的「高級時裝」了，這種打扮使她們能夠很快地被刊登到時髦雜誌上去，從而走上專業道路，從Ｔ台走向專業模特兒。

因電視影集〈朋友們〉走紅的美國女演員珍尼佛·安尼斯頓。她的這種髮型稱為「拉切爾髮式」，在新千年裡很流行

每個時代都有起起伏伏的潮流，這個十年也不例外，什麼稀奇古怪的打扮都有，閃亮的晶片塗在皮膚上做裝飾早已是流行了，頭上戴皇冠點綴也見怪不怪，超級名模不時興，又重新時興，大家也不感到奇怪，為了漂亮不惜節食而最後搞出厭食症（anorexia）也很普遍，不過人們在一百多年的時裝發展過程中實在見過太多的古怪潮流，因此也有點視若無睹了。

自然美還是被認為是真正的美，頭髮乾淨整齊，皮膚潤滑光亮而有彈性，身體健康，不胖也不瘦，是社會普遍認為美的形式。越看不出化妝的痕跡就越需要功夫，為了達到自然的美，化妝品也就越複雜和專門化，對防曬、皮膚濕潤度的控制、膚色深淺都有很高的技術要求，這個時代的化妝品是集中在如何營造一個「自然」美的面貌而發展的，看來自然，事實上在技術方面卻相當複雜和專業化。許多面霜、底粉都是無色透明的，法國著名的化妝師佛朗斯瓦·納斯（François Nars）說：最現代的化妝應該是能夠使女性充分表現出自己自然的、原本的美，而不是掩蓋它。他是這個時期最具有代表性的化妝師，瑪丹娜在所有重大演出中都請他負責自己的化妝。

不但面部化妝追求自然美，即便髮型也走自然形態的方向，這個時期很多時髦女性的髮型是很簡單而自然的，即便是名模們在Ｔ台上往往留長髮，自然而美觀，很符合這個時期的風氣。人們對於美麗很講究，特別是如何能夠真正獲得自然美，是許多婦女追求的目標，因

此，電視和雜誌都有大量的節目和篇幅讓她們了解自然美的化妝和打扮。一些老的牌子也重新走俏，比如許多名模和名化妝師都有老牌的巴黎底粉列克列克（Pharmacie Leclerc），另外一個很流行的晚霜品牌是克爾（Pharmacie Kiehl），這個牌子是一個德國移民在1851年在紐約創建的，這個時候也成為最流行的晚霜，復舊的推廣方法在這個時期很奏效，提倡恢復女性舊時的長髮、有陽光曬過的黝黑皮膚和充沛的精力（特別是性方面的能力充沛），成為這個時候很流行的廣告方法。

　　美貌現在成為科學，成為生意，為了美貌，可以做出任何犧牲。流行歌星麥可·傑克遜為了達到自己夢想的容貌，做了很多的整容手術，皮膚漂白，最後搞得完全不像人樣了。身為百萬富翁的妻子的約瑟琳·威登斯坦因（Jocelyne Wildenstein）為了美貌，做了無數的整容手術，最後在手術台上永遠地毀掉了自己容貌。電視影集〈海灘窺客〉（Baywatch）明星帕米拉·安德遜（Pamela Anderson）為了大胸脯做了好多次隆胸手術，最後也因為大胸脯不再流行而不得不把植入的矽膠取出，都是一些很極端的例子。紋身也時興了一陣子，後來也因為時尚的變化而衰退。錢太多，科學技術太發達，而心智太不成熟，是這個時期的情況。

　　追尋完美與千禧年的到來心態是一致的，但是美的標準，或者說完美的標準已經不同了，高提耶讓普通人當他的時裝模特，走上Ｔ台，到九〇年代末期，時裝表演上的模特兒有家庭婦女、白髮老人和幼稚的兒童，這種觀念是以往一百年中的時裝發展史中沒有見到過的。到了廿世紀的末期，人們對於美的追求依然如故，只是追求的目標卻大相逕庭了。

4·這個十年的偶像

這個時期的偶像在某些方面與以往相似，比如還是把電影明星做為偶像，還是把知名權貴做為偶像，無論是莎朗·史東還是英國的戴安娜王妃都屬於這種舊的崇拜套路。但是也出現了一些新類型的偶像，比如用數位技術創作的一個少女拉娜·克羅夫特是不存在的人物，僅僅存在電子遊戲中，居然也成為時代偶像，是這個時期與以往不同的地方。

科特妮‧拉夫（Countney Love，1965-）生於舊金山，被稱為九〇年代的「洋子」（已故「披頭四」成員約翰‧藍濃的妻子），事實上她們之間的確是有許多相似之處，她們都故意裝扮得對金錢與權力沒有興趣，其實卻慾望極大，不同的是拉夫沒有以嫁人達到目的，而是自己做了歌星，她也嫁給毒癮很大的歌手庫特‧科賓，科賓後來是毒癮發作而自殺身亡，拉夫改變了自己的形象，成為金髮的娃娃形象，而她的歌曲也贏得了金球獎，從此成為一些女性的偶像。

莎朗‧史東（Sharon Stone）是九〇年代性感電影明星，是許多男性心儀的偶像，她的電影〈原始本能〉（Basic Instinct）獲得極大的票房成功，這個金髮碧眼的漂亮明星是好萊塢電影明星中少有的高智商女性，她的智商指數高達一五四，是極為突出的既有胸又有腦的豔麗明星。她後來的電影卻成績平平，1998年她嫁給《舊金山查詢報》的老闆、報業巨亨費利‧布朗斯坦，也是一時熱門的八卦話題。2001年她的腦部發現腫瘤，手術切除之後情況良好，她的美麗和聰明使她成為一個時代的偶像。她喜歡穿凡賽斯服裝，因此也帶動了影迷們對凡賽斯的追求。

九〇年代中期，五個十九歲到廿五歲之間的女孩子結合起來演唱，她們包括了吉利‧哈威爾（Geri Halliwell）、馬玲‧布朗（Melanie Brown）、依瑪‧布頓（Emma Bunton）、維多利亞‧亞當斯（Victoria Adams）和馬玲‧奇斯霍姆（Melanie Chisholm），她們的合唱團充滿了青春活力，非常受歡迎，她們在1996年首先唱出一支〈瓦納別〉（Wannabe），簡直立即達到當年披頭四的衝擊水準，風靡世界，這個合唱團就是後來非常著名的「辣妹」（Spice Girls）。她們的穿著也成為模仿的方式，穿印有英國國旗圖案的超短裙，舌頭穿環、馬尾髮型、紋身、化妝濃豔、行為舉止和穿著都有強烈的性暗示，這種打扮在九〇年代成為時尚。英國查爾斯親王邀請「辣妹」和自己的兒子哈利王子喝午茶，可見她們的流行水準之高。

這十年中的偶像——美國影星莎朗‧史東

這十年中的偶像——出生於冰島的碧玉

1965年生的歌星碧玉（Björk Gudmundsdottir）十四歲就自己組建樂團「糖塊」（Sugarcubes），她連唱帶跳，具有後龐克的風範，在九〇年代成為時尚青少年的偶像，她的打扮、化妝、表演方式都成為崇拜的對象，她的風格還影響了一些重要的時尚雜誌，比如《面孔》、《ID》等等，包括時裝設計師讓‧保羅‧高提耶在內的不少名人都捧她，自然地碧玉也專門穿高提耶的服裝上台演出。

拉娜‧克羅夫特是一個在1996年11月用數位技術設計出來的娃娃，在新力（Sony）公司的電玩遊戲機Sony Playstation和一般的PC電腦中出現，身材玲瓏剔透，曲線優美，居然能夠在全世界受歡迎，成為這個時期另外一個另類偶像人物。以拉娜‧克羅夫特為主的電子遊戲賣出四‧二五億美元的紀錄，玩家雜誌《細節》（Details）選她為1998年全世界最性感的女郎，流行樂團U2把她編到自己的流行唱集的錄像中，無數的少女模仿她的打扮，是數位時代偶像一個很突出的代表。

講到這個時代最主要的偶像，莫過於英國王妃戴安娜了。戴安娜原名戴安娜‧佛朗西斯‧斯賓塞（Diana Frances Spencer），生於1961年，廿歲時嫁給英國王子查爾斯親王，引起世界轟動，他們在1981年在倫敦的聖保羅大教堂舉行的婚禮透過電視轉播，在全世界有七億五千萬人觀看，她的穿著打扮影響了許多的女性，與穿著打扮一向俗氣的英國女王相比，她是一個很會穿衣服和打扮的女子。她為愛滋病患者、反毒、反地雷、無家可歸者、反貧困而奔走，得到世界各國人民的尊敬和愛戴，但卻使英國女王反感。她投身於公益事業企圖擺脫不幸福的婚姻和皇室惡意的陰影，也企圖擺脫好像噩夢一樣的「狗仔隊」記者的追蹤，最後卻在1997年8月31日與朋友多迪‧法耶德（Dodi Fayed）一起在巴黎因車禍而喪生，立即成為這個時代的偶像。

美國黑人電視節目主持人奧普拉‧溫芙莉（Oprah

這十年中的偶像美國電影明星，奧斯卡影后茱莉亞‧羅勃茲

Winfrey，1954-）是娛樂界的偶像人物，她出生於密西西比州一個極為貧窮家庭，兒童時期的生活極為潦倒，十四歲的時候曾經被母親的男朋友性侵犯，成年之後開始向影視界發展，1986年在大導演史帝芬・史匹柏的電影〈紫色姊妹花〉中演出，得到好評，但是真正使她成名的是她在電視台主持的「奧普拉・溫芙利」節目，這個節目討論民眾關心的各種社會問題和家庭問題，很受歡迎，收視率極高，是她成為最受歡迎的節目主持人之一，也成為世界上第一個十億美元收入的黑人女性。

九〇年代另外一個偶像人物是美國總統柯林頓的妻子希拉蕊・戴安娜・羅德旱・柯林頓（Hillary Diane Rodham），在當第一夫人之前她已經是一個很成功的律師了，她在1973年與柯林頓結婚，1993年成為第一夫人，當時四十六歲。她進入白宮之後開始參與福利改革方案等議案，是能力和參政慾望很強的第一夫人。在總統性醜聞案中，她表現的穩定性格和堅決支援丈夫的立場，使很多女性都對她極為尊敬，她是這個時期很突出的一個偶像人物。

電影明星總是屬於偶像人物一個最主要的類型，這個時代也不例外，茱莉亞・羅勃茲就是這個時期最受歡迎的女明星之一。她從1990年的電影〈麻雀變鳳凰〉開始，一直保持著歷久不衰的票房紀錄，她的成功一直持續到廿一世紀，自然是女孩子崇拜的偶像。

時裝超級名模自然是偶像，九〇年代著名的模特兒有凱特・莫斯、克勞蒂亞・斯奇佛爾、辛蒂・克勞馥，她們容光煥發，形態健康，精神飽滿，是這個時代講究自然美的象徵。伊莎貝拉・羅塞里尼（Isabella Rossellini）和歌星泰娜・透納也是這個時期的偶像。講到健康形象，運動健將中也自有漂亮而健康的偶像，比如溫布登網球公開賽冠軍斯蒂菲・葛拉芙（Steffi Graf）就是很多女孩子仰慕的偶像。

這十年中的偶像女演員伊莎貝拉・羅塞里尼

第十三章

美國時裝

1．導言

美國長期以來都是巴黎高級時裝最大的市場，從廿世紀初期開始，美國上流社會、好萊塢影視界和娛樂界都把巴黎做爲主要的時裝中心，大量購買法國高級時裝。在義大利、日本、英國時裝業相繼發展之後，它們也都發現最大的市場是美國。

但是，長期以來，美國的高級時裝卻沒有形成自己的、能夠與巴黎分庭抗禮的設計力量。美國社會講究實際、講究舒適，沒有歐洲那種嚴格的社會階層畫分意識，也不像歐洲具有比較單一而傳統的文化模式，是美國時裝遲遲沒有能夠如同巴黎那樣起步的主要原因。美國服裝講究實際功能，比如牛仔褲、運動衫，卻沒有那種講究設計表現的高級時裝套路，與歐洲系統大不相同。

第二次世界大戰之後，特別是六〇年代之後，西方各國在生活價值觀上發生了很大的變化，講究實際、講究功能逐步成爲一種新的時尚和潮流，這種趨向是美國時裝能夠逐步成爲主流之一的主要原因。而首當其衝發展起來的，就是運動式服裝了。

「美國婦女最先生活在高節奏的現代社會，因而運動式服裝也就最先在美國出現。」

一般史論都將運動服裝潮流真正在美國的興起，定格於四〇年代。那時，由於納粹德國佔領了法國，大大減弱了巴黎時裝對美國的影響，而二戰期間美國國內高漲的愛國主義情懷，更讓獨立於歐洲風格的美國式時裝有了成長發展的動力。然而，運動服裝的源頭，卻可以追溯到十九世紀。美國婦女一向比她們的歐洲姐妹更獨立、更具好奇心，也更積極地參加體育運動和戶外活動，自然而然，她們對服裝就有自己獨

運動型時裝在美國很流行

（左圖）諾爾曼・卡瑪利的設計
總是充滿朝氣，洋溢愛國情懷，
星星與條紋的圖案隨處可見，但
都運用得自然、貼切

美國時裝印象，美國時裝多在大型百貨店出售

美國運動時裝之母——克萊爾‧麥卡德爾設計的雞尾酒服，說明舒適
簡單的運動型時裝仍然可以是很優雅的

到的理解和要求。美國婦女喜歡那些式樣簡單、舒適合身的服裝。快速的生活節奏下，她們可沒有時間一天換幾套裝扮，所以中意那些可以從早穿到晚的服裝。滿足女性消費者的這些要求，就成了廿世紀裡美國設計師們最根本的任務。

傳統上的美國時裝多是部分用手工部分用機器加工而成的，在式樣上則深受巴黎時裝的影響，不過通常在複製或模仿巴黎時裝的時候，美國人總會將它們加以簡化。在歐洲，設計師、生產廠商、裁縫之間有明確的界定，而在美國，這些界線就要模糊得多。美國的時裝多在大型百貨商店裡出售，顧客記住的是商店而不是設計師的名字。直到三〇年代，洛德－泰勒（Lord & Taylor）商店才開始在他們的促銷廣告上提及設計師的姓名。1938年，第一本美國時裝雜誌《美國時裝》（American Fashion）正式出版發行，從此，伊麗莎白‧豪斯（Elizabeth Hawes）、克拉爾‧坡特（Clare Potter）、波尼‧卡辛（Bonnie Cashin）、卡羅琳‧斯奇努爾（Carolyn Schnurer）、天娜‧列舍（Tina Leser）、米爾特理德‧奧立克（Mildred Orrick），以及湯姆‧布理根斯（Tom Brigance）等運動服裝設計師的姓名，才開始在普通消費者心目中逐漸有了分量。四、五〇年代的運動服裝仍屬廉價服裝，一套運動服裝的價錢只是當時高級時裝的四十分之一到廿分之一。但從六〇年代起，一批新進的設計師加入了運動服裝的設計行列，他們帶來了新的思維，也給運動服裝打上了他們自己的烙印。卡文‧克萊、拉爾夫‧勞倫、多納‧卡蘭等人以其新穎的設計，打造出服裝最新潮流的形象，迅速竄升，成為美國時裝界的巨擘。到了九〇年代，美國時裝以蓋普（Gap）、CK等品牌領軍，一反以往偏安一隅的狹隘性，追隨著可口可樂、麥當勞等成功企業的足跡，迅速擴展在海外的銷售網站，積極打開海外市場，從而躍居國際知名品牌的行列。

美國時裝業以不斷擴張的產品、日新月異的理念、鋪天蓋地的廣告、遍佈各地的分銷網點成為國際時裝市場上不容忽視的生力軍。越來越多的年輕美國時裝設計師，被大西洋彼岸的名牌老店禮聘為創作主管，美國的創造精神正在改變著歐洲時裝的設計傳統和市場意識。這無疑是九○年代至今最令人深感興趣的國際現象。

如果說美國時裝有他人不及的特點，走實用、舒適道路，採用美國特有的全球市場營銷手段、樹立品牌，大約是最有代表性的。美國的各個主要時裝公司的產品，大部分具有實用、舒適的特點，與巴黎的那些華而不實的高級時裝比較，可以立即看出區別。戰後，特別是六○年代之後人們在穿著上越來越講究實用，講究為自己而穿，因此美國時裝設計得到發展廣闊的社會基礎，從而逐漸成為世界時裝設計中的一個新的重要中心。

以下是幾位在國際時裝設計中具有影響作用的美國時裝設計師和時裝公司的介紹。

克萊爾‧麥卡德爾1946年設計的多功能運動型時裝：扣上鈕子是一條休閒的裙子

2‧克萊爾‧麥卡德爾

美國比較早有影響的時裝設計師出現在第二次世界大戰前後，由於戰爭的影響，服裝的實用性和舒適性開始逐步被重視，而戰時對巴黎的高級時裝也是一個壓抑和打擊，因此造就了美國時裝設計師得以發揮的空間。

美國本國的第一代服裝設計師中以女性居多，這個絕不是偶然的現象，這是因為她們在考慮視覺效果之前，更善於考慮服裝的實用性能。四○年代揚名美國時裝界，來自馬里蘭州的克萊爾‧麥卡德爾（Claire McCardell，1905-1958），就是一位以善於解決服裝疑難而著稱的女設計師。當她還在紐約的帕森斯設計學院當學生時，克萊爾曾去法國巴黎生活過一年，臨摹了大量的香奈兒和維奧涅特等人的原作，希望從中找到自己的風格。

雖然克萊爾的創作年代主要是在廿世紀的四○和五○年代，但她的思維卻更像一位九○年代的設計師：她認為服裝的外觀應與穿著者本身的身體相稱。她的設計很注重包紮的效果，喜歡採用肩部的吊帶，或攔腰紮上一根皮帶。她設計的短褲和緊身連衣裙常採用印有條紋的純棉布料。她還嘗試過用粗斜紋棉布來製作晚裝。富運動感、具多種功能、風格輕鬆別緻，一向是克萊爾在設計上追求的重點。她設計的服裝從來不加用墊肩，無需穿調整內衣襯

克萊爾‧麥卡德爾1946年設計的多功能運動型時裝：解下裙子便
是游泳衣

查爾斯‧詹姆斯的設計非常脫俗新穎，但常常要花上好幾
個月甚至經年才能完成。這是他在為顧客試裝

底，沒有任何單純為了裝飾的裝飾。

克萊爾‧麥卡德爾看上去總是很年輕，她身上那些天然
材料製成的服裝，常令人回想起孩提時代的裝扮或是舒適
寫意的沙灘裝。她的設計風格非常有前瞻性：隨後的幾十年
裡，成人服裝的確是越來越簡潔方便、越來越運動化，也
越來越兒童化了。在克萊爾的設計中，1938年設計的「修道
服」是她的代表作：帳篷式的裙子配上一件運動衫，繫不繫
腰帶都很好看。另一個傑作是1942年上市的家居裝，用絮有
軟棉的粗斜紋棉布料做成，還附上一副廚房裡用的隔熱手
套，售價只是六‧九六美元。一經上市就受到熱烈歡迎，很
快就售出上萬件。要知道，當時在紐約的高級時裝店裡，一
件由明波切設計的套裝，平均價格可在八百美元以上呢！

3‧查爾斯‧詹姆斯

查爾斯‧詹姆斯（Charles James，1906-1978）常被稱為
「時裝雕塑家」，因為他設計的服裝大多具有雕塑般
的形式感。

這位1906年出生於英國的設計師，廿歲就在芝加哥開設
了自己的帽子商店，兩年以後，便首次在紐約展出了他設計
的時裝系列。1940年他開設了一家高級時裝店，同年，又受
聘於伊麗莎白‧雅頓公司，在紐約第五大道的雅頓店面裡，
組建一個專售時裝和配件的沙龍。

由於有心理不太穩定的問題，更兼是個極端的完美主義
者，查爾斯‧詹姆斯常常要花上好幾個月才完成一件時裝
的設計和製作，而令他的客戶幾近絕望。他偏好不對稱的輪
廓，特別喜歡採用富有戲劇性效果的面料，如羅緞、貢緞、
天鵝絨等。他的特長尤其表現在顏色的搭配上——杏黃加茄
紫，淡粉紅配肉桂色，信手拈來，令穿著者頓時變成頹廢詩
人、淫蕩嬌娃，或者乾脆就是一朵鮮花。克莉絲汀‧迪奧常
把自己的顧客打扮成百合或玫瑰，查爾斯‧詹姆斯則更喜歡
熱帶蘭和海葵。

1948年，查爾斯‧詹姆斯最好的顧客——一位富有的美國女繼承人靡麗仙特‧羅傑斯，在布魯克林的一所博物館裡，為他舉辦了一個題為「設計的十年」個人回顧展，展出了過去十多年來，查爾斯為她設計的所有服裝。

　　後來，查爾斯‧詹姆斯曾和一位女裝製作廠商打了一場版權專利的官司，官司沒打贏，查爾斯也對時裝業的現實完全喪失了興趣。1958年，他關閉了自己量身訂製的時裝沙龍，以整理自己過去的設計，編號歸檔來打發餘生。

4‧奧列格‧卡西尼

　　出生於1913年的奧列格‧卡西尼（Oleg Cassini）最初只是好萊塢片場的一位助理，然而最終他卻成了將賈桂琳‧甘迺迪打造成美國時尚典範的大功臣。

　　六〇年代，賈桂琳‧甘迺迪以她在各種媒體上所呈現的典雅形象令國人傾倒，特別是在她的丈夫成為美國總統之後，她那種融合了青春少女和風華少婦韻味的優雅風度，更使她一躍而成保守派年輕人的偶像。賈桂琳的成功，是她本人與她的私人服裝師奧列格‧卡西尼共同協作的結果。卡西尼為她設計了一整套體現其生活風格的服裝，包括有：與同色系外套搭配的直身連衣裙、西裝外套加短裙的套服、方箱型輪廓的短大衣、非常簡潔卻有戲劇化效果

蘭道夫‧赫斯特男爵的夫人正在試穿查爾斯‧詹姆斯為她設計的晚禮服。擁有這位設計師的作品可是一件了不得的榮耀：就連時裝女王香奈兒和艾爾薩也穿他設計的時裝呢！

奧列格‧卡西尼向一群時裝評論家們展示他為即將就任的美國第一夫人賈桂琳‧甘迺迪設計的就職典禮服裝　　　　　1941年奧列格‧卡西尼為好萊塢女星珍‧梯爾尼設計的時裝

的晚禮服。所有這些設計大都採用柔和的淺色系，諸如杏色、天藍色、草青色、淺粉紅色、淡黃色、淺米色，或白色等。身為美國的第一夫人，賈桂琳對攝影很有心得，她很懂得適時地加上一串珍珠項鍊，或是戴上一雙白手套，有時則挽上一個白色的搭釦手提袋，使得她的華服更加錦上添花，相片的效果更加出色。

　　整個紐約市的成衣時裝公司都在亦步亦趨地追隨甘迺迪夫人的服裝動向，將這些保守典雅的設計稍做調整以適合所有的女性。而那些熱心的美國婦女更是連第一夫人的蓬鬆短髮和低跟鞋也照單全收。奧列格‧卡西尼透過他的「最佳模特兒」——總統夫人，真正引領了美國的時尚潮流。

5‧魯迪‧簡萊什

五〇年代末至六〇年代初，美國年輕男士的時尚潮流由充滿叛逆精神的搖滾巨星艾維斯‧普利斯萊（貓王）和電影性格男星詹姆斯‧迪恩引領，而年輕女子的穿著則向女大學生看齊。兩件套的運動衫褲、蘇格蘭方格呢短裙、卡布里褲子，甚至流浪者的裝束都很風行。尤其是耀眼如娜塔麗耶‧伍德（Natalie Wood）和奧黛麗‧赫本等電影明星也紛紛以這些裝扮在影片中出現，其誘惑力更是所向披靡，無可阻擋。廿世紀才過了一半，時裝界已經開始「風水輪流轉」：過去都是美國人對歐洲時裝讚歎不已，而今歐洲人卻要緊盯住美國的潮流了。

年輕人支配著六〇年代美國的時尚潮流，連「時尚」這個字眼的本身涵意也都因此起了變化，提起「時尚」人們不再想到「摩登」、「優雅」，而會當成「先鋒派」、「激進」、「嬉皮」的同義詞，時尚已經變成了叛逆和試驗。當時在歐洲出現了科拉吉和瑪麗・匡特，相對地，美國也湧現出魯迪・簡萊什（Rudi Gernreich，1922-1985）這樣的前衛設計師。

魯迪・簡萊什1922年出生於維也納，1938年移民來美國，在加利福尼亞落戶。最初他當過舞蹈藝員，後來在時裝界闖出了自己的一片天地。他的設計帶有強烈的未來派風格：以塑膠來做服裝的鑲嵌、透明的女上衣、用兩條V型帶子做成女式泳裝的上裝，令軀體幾乎一覽無遺（這款近似無上裝的泳衣，售出了三千多件）。而在時裝伸展台上，他的模特兒又以軍裝或旅行裝風格的設計露臉，反映了當時婦女解放運動的新精神。

在內衣設計方面，魯迪・簡萊什也有很多流傳廣泛的創新：肉色的聚氨酯連褲襪就是他在1964年設計的。他採用無填充尼龍製成的胸罩（被人稱為「不是胸罩的胸罩」）令女性的乳房維持其天然模樣。

6・羅依・哈爾斯頓

對於歐洲時裝新星聖・羅蘭的崛起，美國設計師們做出了自己的回應：羅依・哈爾斯頓（Roy Halston，1932-1990）在運動服裝的基礎上，大膽地加入了一些混合的因素，他的招牌設計有：露背晚裝裙、絲質的緊身連衣褲便裝、套領或襯衫領的連衣裙、色彩鮮明的仿麂皮運動夾克，以及從軍用膠布夾棉雨衣獲得靈感的運動型短外套。這些以往簡直不能想像的成功設計，使得羅依・哈爾斯頓成為七〇年代的美國時裝菁英中，最搶眼的一位。

羅依・哈爾斯頓出生於1932年，曾在芝加哥學習藝術。畢業後起初在紐約一家高級百貨公司女帽部工作，直到六〇

魯迪・簡萊什得以成名的1964年泳裝設計，他的男女裝幾乎沒有區別

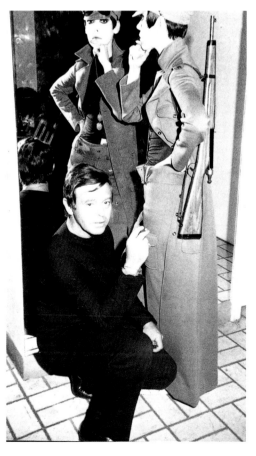

魯迪・簡萊什1970年代推出的軍服式女裝設計，很自然地在肩上背一支來福槍來加強效果

魯迪‧簡萊什在這套1970年代的設計中，繼續秉承了中性化的設計意念，就連髮型都辨不出男女

羅伊‧哈爾斯頓在1997/1998年秋冬時裝展上推出的吊帶裙

年代末期，創建了自己的時裝公司。

　　生活在媒體紀元裡，羅依‧哈爾斯頓不再只是一位沒沒無聞的服裝供應者，他是當時在媒體上曝光最頻繁的美國設計師，成了時尚潮流的領袖。「狗仔隊」到處追蹤、偷拍或搶拍他的照片：羅依在自己公司的接待室裡、羅依在五十四號工作室的門口、羅依在他的著名客戶麗莎‧明涅理或班卡‧嘉吉兒（Bianca Jagger）的辦公室裡，還有那些沒完沒了的真真假假的羅依的緋聞逸事，如影隨形般緊追著每一篇對其設計的介紹和評論文章。

　　不論從卡文‧克萊的設計或是古馳在九○年代的設計中，都可明顯地感受到羅依‧哈爾斯頓對美國時裝設計的深遠影響。湯姆‧福特就曾非常慎重地將這些七○年代的明星設計師們的作品，應用到他自己在九○年代中期推出的服裝系列中。

比爾‧布拉斯對時裝的潮流非常敏感，而且他的設計也很有彈性。此為1961年他所設計的線條豐滿的連衣裙

羅依‧哈爾斯頓染有毒癮，後又患上愛滋病。但人們對他的興趣並未因他的去世而減退，在他因愛滋病逝世六年以後，一個金融集團又將他的商標重新註冊上市。

7‧比爾‧布拉斯

1981年1月，雷根就任美國總統，保守主義的風潮也刮到了時裝界。在社交界工作多年的一批設計師，如比爾‧布拉斯（Bill Blass，1921-1974）等，馬上就抓住了這股奢華的貴族風，設計出華麗的雞尾酒服和晚禮服，面料多採用下垂的塔夫塔綢，顏色以粉紅或黑色為主，綴滿蕾絲花邊，並襯以遍佈全身的各種珠寶首飾。

比爾‧布拉斯是一位資深的美國時裝設計師。他是首位用自己的姓氏做品牌的美國時裝師，深懂如何將好萊塢的炫目花俏與美國人的實用主義天性緊密結合之奧妙。他設計的時裝，包括那些華麗的晚禮服，剪裁都很簡練，而且穿著方便，從不用過分的裝飾來裝腔作勢。他喜歡清爽的顏色，喜歡有對比的紋樣。在他的一些設計中，那些超乎尋常的混合，例如運動型的細羊絨套頭外套和緞子直身長裙的搭配，常令人有意想不到的驚豔。正是這種將美國的運動服裝和歐洲的雍容華貴結合得天衣無縫的不凡功力，使他的客戶們為之傾心。比爾還從男性西裝或其他族裔的民族服裝中，汲取動機來設計女裝，摻進了他特有的幽默感和精巧別緻，也獲得好評。就連他設計的旅行短褲，也自有一種優雅氣質，完全可以當做都市女性的休閒服。

比爾‧布拉斯在談到自己的風格時說過，他早期的好萊塢電影和電影服裝設計大師阿德理安對他的影響極大。

8‧卡文‧克萊

和拉爾夫‧勞倫一樣，卡文‧克萊也是在布朗克斯出世，也是在八〇年代走上成功之途，成為打造現代生活方式

羅伊‧哈爾斯頓在為義大利女演員維納‧麗莎試裝，手中拿著好幾頂供她挑選的帽子，他在設計帽子方面也是一把好手。1960年代裡甘迺迪夫人所戴的藥盒子帽風靡世界，就是出自他的手筆

比爾‧布拉斯設計的
線條簡練的女外套

的巨匠。激動人心的廣告大戰，更讓他獲得廣泛的國際聲譽，他的公司則已成為世界上規模最大的時裝帝國。

　　卡文·克萊於六○年代起家，七○年代中他和一些同代的設計師一道，以男裝為藍本來設計女裝。他設計的單襟翻領運動型夾克，幾乎成了所有美國婦女必備的行頭。他的帶點陽剛氣的長褲女套裝剛由模特兒在伸展台上秀出，便馬上受到熱情的追捧，和精心剪裁的襯衫一起大行其道。〈教父〉、〈博爾薩理諾〉等電影興起了一陣懷舊情愫，電影中黑道老大常穿的細條紋布料、裝著襯衫領子的女上衣、白色亞麻面料的三件頭西裝就都出現在卡文的服裝系列中。

　　到八○年代，卡文·克萊的設計變得比較抽象。他用長褲女套裝、Ｔ恤式的連衣裙，以及緊貼軀體的牛仔褲體現了一種基本的美國風貌：即便是最前衛、最摩登的衣物，也可以登堂入室，也可以是非常別緻的。因為潮流的指標不再是穿「什麼」，而是「怎樣」去穿。而從九○年代中期起，日本的前衛時裝風格和美國傳統運動服裝的規範，常常融合一體，出現在卡文·克萊新推出的的服裝系列中。他的設計，並不企圖引領未來時尚潮流的走向，卻是永不過時的，賦予穿著者一種非常現代的性感。卡文·克萊的審美中心是性別特徵。不論是內衣、牛仔褲廣告，還是香水廣告，營造的都是一種男性文化對異性軀體的迷戀和困惑。

　　卡文·克萊和拉爾夫·勞倫還有一個相同之處：他們不約而同地將時裝看成是一種非常

1980年，芳齡十五的「漂亮寶貝」波姬·小絲為卡文·克萊所攝牛仔褲廣告：「我不會讓任何東西隔在我和卡文·克萊牛仔褲之間」

這是卡文‧克萊在1998/1999年秋冬時裝展推出的新作

卡文‧克萊設計的成功之處是：既有強烈的現代感，又永不過時。這件低胸晚裝是在1995年由英國模特兒凱特‧莫斯表演的

兩款卡文‧克萊在1998/1999年推出的設計，帶有明顯的亞洲風格。從日本傳統和服的束帶獲取靈感

全面的藝術。透過引人入勝的廣告和裝潢高雅的店鋪，卡文要銷售的不僅是衣物，而且是一種現代的生活方式。

9‧拉爾夫‧勞倫

拉爾夫‧勞倫（1939- ）特別喜歡美國西部傳說中那些英雄好漢，欣賞他們神氣的裝扮：皮靴、牛仔褲，還有綴著流蘇的小羊皮外套。經過他的精練加工，這些裝束已被提昇爲美國面貌的一部分，成爲「優秀」、「卓越」的象徵。連他本人也被當成是美國時裝界的牛仔。

其實，拉爾夫‧勞倫倒是很能兼容並蓄的，他的產品目錄中，既有典雅的女服，也有從美國西部風格發展出來的運動服裝，還有從英國鄉紳風格獲取靈感的傳統服裝。有誰能忘記他那個著名的廣告：一個家庭的幾代成員安逸地在家族的莊園裡談笑風生，那麼富足、那麼開心。從一件舒服合身的斜紋軟呢短上衣，直到那種關照周全的家庭生活的感覺，他將這些英國鄉紳的生活方式又帶回到現實生活中，而這正是美國白人上層階級多年來最津津樂道的。

這一款寬鬆而簡練，並有些禪味

拉爾夫‧勞倫1997/1998年秋冬系列之一　　拉爾夫‧勞倫1997/1998年秋冬系列之一　　拉爾夫‧勞倫設計風格多姿多采，既有英格蘭鄉
村的悠閒寫意，又有美國西部的粗獷豪邁；既設
計簡單舒適的運動衣，也設計典雅大方女式套裝

　　人們常讚歎拉爾夫‧勞倫的生意頭腦，稱讚他是絕頂聰明的美國運動服裝的市場高手。
但他自己對此倒並不以為然，他說：「你們想我會怎麼樣？我只想做我喜歡做的事。我壓根
兒不喜歡時髦的服裝，我只喜歡那些看上去永遠也不過時的衣服。」打著繡有馬球球員的著
名商標，拉爾夫‧勞倫將歷史的靈感和逃避現實的古典主義風格結合起來，澆鑄出美國文化
傳統的魅力。從蓋理‧庫伯的鄉村風格，到凱瑟琳‧赫本的趨於中性的冷漠，不一而足，盡
在其中。

　　在拉爾夫‧勞倫一手打造的美國神話中，沒有失敗者的立足之地。他的審美觀一向定位
在社會地位上。至於他自己，這位出生在布朗克斯從俄國移民來美的猶太人的兒子，初初入
行時是靠售賣領帶謀生，卻早就看到了通向完美生活的康莊大道。

10‧諾爾曼‧卡瑪利

八〇年代裡，美國女性設計師已在服裝設計的各個領域嶄露頭角，更不乏有頗具影響力
的潮流倡導者，諾爾曼‧卡瑪利（Norma Kamali，1945-）就是其中之一。她將以往只用
來製作體操服的材料，用到普通服裝上去，發展出一系列功能性非常好的日常服裝來。

空姐出身的諾爾曼·卡瑪利，因工作之便，常流連在比巴等倫敦流行服飾店鋪，翻箱倒櫃地搜尋衣裝，對英國時尚非常熱中。1968年，她和丈夫一起在紐約開了一家服裝店，便以銷售英國的時尚服裝和配件爲主。

1978年離婚以後，諾爾曼·卡瑪利便開始自立門戶，打出OMO（On My Own，靠我自己）的品牌。她以一款非常寬鬆的「睡袋式」大衣，一舉成名，也正好反映出這十年裡時裝界分崩離析、分道揚鑣的現實。

八〇年代的女裝設計，很有「女丈夫」的豪邁爽朗，諾爾曼·卡瑪利也將大墊肩放到她的運動衫裡，表現出強者之風。她還是第一位將健身房裡的緊身連衣褲變幻成時裝的設計師，看到滿街穿著瘦腿運動褲便裝的女士們，真不得不讚歎她的創造力和影響力。

諾爾曼·卡瑪利的設計總是充滿朝氣，洋溢愛國情懷，星星與條紋的圖案隨處可見，但都運用得自然、貼切

11 · 多納 · 卡蘭

八〇年代是所謂的「爲成功而穿」的年代，服裝設計與職業前途有密切關係，白領階級爲事業而穿，因此出現了許多職業服裝設計的典範，成功的女性穿著剪裁講究的上班套裝、穿著剪裁考究的長褲，一時蔚然成風，看見一片典雅的上班裝，人們不免會問：誰能從那些剪裁考究的西裝長褲套裝之中突破而出，創立不同的設計呢？

美國女設計師多納·卡蘭就是在這種背景下脫穎而出的一個傑出的設計師，從時裝設計史的角度來說，這位1948年出生的女子是第一個具有國際影響的美國女設計師。

卡蘭曾經跟隨被稱爲「運動衫女王」安妮·克萊茵（Anne Klein）工作，學習設計，安妮去世之後，卡蘭和路易斯·德爾歐利奧（Louis del'Olio）合作，維持了這個公司的品牌，繼續推出新的運動型服裝系列，在積累了足夠的經驗之後，卡蘭終於在1985

多納·卡蘭是廿世紀末很活躍的設計師。她將氣球裙的動機用到了她在1999年夏季推出的設計中。爲穿著者的行動留出足夠的空間，這是她的典型風格

多納‧卡蘭的設計之一

多納‧卡蘭的設計之一

多納‧卡蘭1999年夏季的設計

多納‧卡蘭嘗試將休閒和嚴肅結合起來，此為她
在1999/2000年冬季推出的設計之一

多納‧卡蘭在1999/2000年冬季推出的設計之一

多納‧卡蘭在1999/2000年冬季推出的設計之一

年5月份推出了她自己的第一套時裝系列。這些設計採用羊毛縐紗為面料製作的上衣，配上不透明的黑色緊身長褲，再加上羅伯特‧李‧莫里斯設計的雕塑感很強的首飾來陪襯，顯得很有才氣，而且還很性感。他的服裝與八○年代流行的職業裝有相似的地方，但是卻更加具有性格、有個人的表現，在中規中矩的基本形式下，又有變化，極受當時女性喜歡，因此很快取得成功，服裝銷售很好，並且也得到時裝界的好評。

多納‧卡蘭的設計很適合職業婦女，這些服裝非常得體，又非常舒適，加上在設計上的考慮，它們可以整天穿著，無須考慮不同的環境要換不同的服裝。她的設計中最基本的是一件緊身衣，緊身衣可以配裙子，也可以配長褲；既可單獨穿著，也可以再添上一件外套。以緊身衣為核心的設計，是她設計的構思最成功的地方。其實，這一身穿著與四○年代曾經流行過的運動型服裝的體現有相似之處，包括包裹嚴實的上裝，印度尼西亞民族服裝——紗籠式的裙子，加上寬皮帶，可隨意，也可以很正式。如果要變化，可以調整緊身衣的色彩和形式，以緊身衣帶動整個服裝系列的改變。她喜歡用簡單的運動衫做為自己系列的中心，在材料上則多用縐紗，加上不透明的連褲襪，上衣多不用鈕釦，不是套頭裝就是無釦的外衣、紗籠裙，有些時候服裝剪裁故意突出交錯不齊的佈局，很具有雕塑感。她的設計給上班族提供了一個既不違反公司教條、公司形象，又具有強烈的個人氣質、比較性感、具有藝術風範和高品味的選擇，因此自然非常成功。

美國許多重要的成功女性都穿卡蘭設計的服裝，比如美國最著名的廣告公司女總裁羅斯瑪麗‧麥格羅沙（Rosemarie McGrotha）就總是穿卡蘭服裝。在九○年代之後，卡蘭的設計開始轉向比較不那麼性感、比較溫柔、比較規範，這個也是順應了時代的變遷的。卡蘭的公司在紐約，她有很好的國際市場運作機制，在許多國家都可以看到她設計的時裝。

12‧安娜‧蘇

九○年代裡，一批於1955至1961年間出生的新一代美國設計師開始嶄露頭角，其中比較重要的人物有邁克‧科爾（Michael Kors）、馬克

安娜‧蘇1999年的設計

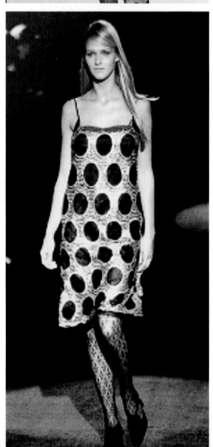

（左上圖）安娜‧蘇1995年的設計

（中上圖）1963年出生的馬克‧迦科布斯是美國時裝界的新秀。1990年代，法國時裝公司眼明手快地將他納入旗下。他的設計中可明顯感到50至60年代風格的影響

（右上圖）做為法國時裝公司維頓的創作部主任，馬克‧迦科布斯將其設計重點放在那些充滿自信的職業婦女身上。圖中的大衣、套頭穿的圍肩、人造革的手提袋都是他設計的

（左下圖）安娜‧蘇形容她自己作品就像用條鋸鋸出來的，並帶有1960年代風潮的影響。此為奈奧咪在表演蘇的拼縫裙

（中下圖）馬克‧迦科布斯成功將美國實用主義和歐洲的傳統結合在一起。他說：「巴黎是美的都市，但你只能在紐約才找得到能量」

‧迦科布斯（Marc Jacobs）、伊薩克‧米茲拉赫（Isaac Mizrahi）、托德‧奧爾德漢姆（Todd Oldham），以及安娜‧蘇（Anna Sui）。

在這批新秀之中，科爾和迦科布斯展現現代主義的風格，營造一種清新現代的九○年代形象；奧爾德漢姆和蘇的美學觀念則更側重趣味性，和八○年代的裝飾精神比較匹配。至於米茲拉赫特別擅長給四○和五○年代的傳統注入新的時代氣息，使之轉換成九○年代的美國新面貌，他也因此特別得到媒體的寵愛。不過，他的生意與他在媒體上的熱度並不成正比：1998年，他關閉了自己的設計事務所，以便可以集中精力投入到電影圈中去。

究竟是做一個錦上添花的形象設計師？還是做一個創造全新事物的設計師？安娜‧蘇也曾在這兩種選擇中掙扎了很長一段時間。從紐約的帕森斯設計學院畢業以後，安娜最初是為她的一位學長——時裝攝影師斯提芬‧邁什爾（Steven Meisel）工作。從孩提時候起，安娜就非常喜歡翻閱漂亮的攝影雜誌，她很懂得如何將不同時代、不同設計師的個別片段組合到一起，變成一幅令人驚歎的攝影作品。再加上她對時裝的理解和敏銳感覺，使她很快就成為一位深受歡迎的形象設計師。

1981年，美國著名的大百貨公司——梅西公司（Macy's）訂購了安娜‧蘇的設計，於是，她終於打出了自己的品牌。一如她向來的風格，她的設計也是比較折衷的。在那些令人賞心悅目的豪放外觀之下，她仍然兼顧到衣服的可穿性和實用性。個中原因其實不難理解：要知道，安娜‧蘇同時還兼職為一家運動服裝製造廠商擔任設計，那可是些高度講求實用的衣物呢！

13‧別西‧約翰遜

以其色彩鮮明的先鋒派性感設計，別西‧約翰遜（Betwey Johnson）在七○年代已經成名。雖然她的一些設計被批評為「沒有品味」，但無可否認，她總是能將潑灑的顏色、特別的圖案與她的設計結合得恰到好處。在紐約，有家名為帕拉佛拉尼亞（Paraphernalia）的公司，一向被設計師們奉若神明。自從這家公司購買了她的幾件設計開始，別西‧約翰遜的名聲就急速竄升，勢不可擋。她最讓人津津樂道的設計是一條裙子，安有一條十英吋長的可拆下的衣領。當茱莉‧克麗絲蒂穿著這條裙子走上伸展台時，別西‧約翰遜在時裝界的地位就確立無疑了。不過，直到1999年，別西‧約翰遜才終於獲獎，評論界也才承認了她的「永恆的才華」。一方面是因為她的設計常受爭議，另一方面也是因為她在每次時裝展後，都會秀出一些更新奇的東西來。

美國時裝在廿一世紀正在進入一個新的發展階段，與巴黎、倫敦、米蘭、東京一樣，紐約時裝也是世界時裝主流中的一個非常重要的環節。

邁克‧科爾特別注重簡潔的優雅，大膽
嘗試新材料，善於從街頭時尚中汲取養
分，難怪他能在1990年代如此成功。

尼娜‧哈根在1977年秋冬
時裝展上表演安娜‧蘇的設計

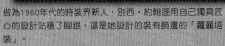

做為1960年代的時裝界新人，別西‧約翰遜用自己獨具匠
心的設計站穩了腳跟。這是她設計的裝有飾邊的「蘿麗塔
裝」。

馬克‧迦科布斯說：「我喜歡將日常服裝變得華麗時髦。」這件女學生模樣的短袖高領套頭衫就很有時尚風味，手中的人革背包也是很好的例子

邁克‧科爾對於美國和歐洲風格的區別也有很深的理解。1997年以來，他擔任了巴黎塞林時裝公司的創作部主任。他說：「法國婦女總是用鵝肝醬來犒賞自己，而美國婦女總是和家人分享生菜菜沙拉。」他將這一認識運用到他的設計之中：在講求舒適的同時，要保留一點著侈。這是他在1999年春夏時裝展上為塞林公司設計的四分之三褲裝

邁克‧科爾在巴黎工作的同時，仍保留了自己在紐約的設計公司。這是他為自己的品牌設計的連身褲裝

1989

國家圖書館出版品預行編目資料

時裝史＝History of fashion／王受之編著.——
　初版.——台北市：藝術家, 2006[民95]
　面19×26公分
　ISBN 978-986-7034-19-9（平裝）
　1.服裝－歷史

423.09　　　　　　　　　　95018252

時裝史
History of Fashion
王受之　編著

發 行 人　何政廣
主　　編　王庭玫
責任編輯　王雅玲・謝汝萱
美術編輯　張庶疆
封面設計　曾小芬

出 版 者　藝術家出版社
　　　　　台北市重慶南路一段147號6樓
　　　　　TEL：（02）23719692-3
　　　　　FAX：（02）23317096
　　　　　郵政劃撥：0104479-8號藝術家雜誌社帳戶

總 經 銷　時報文化出版企業股份有限公司
　　　　　倉庫：台北縣中和市連城路134巷16號
　　　　　電話：（02）23066842

南部區域代理　台南市西門路一段223巷10弄26號
　　　　　TEL：（06）261-7268
　　　　　FAX：（06）263-7698

製版印刷　欣佑彩色製版印刷有限公司
初　　版　2006年9月
定　　價　台幣680元

ISBN-13　978-986-7034-19-9（平裝）
ISBN-10　986-7034-19-9（平裝）
法律顧問　蕭雄淋